U0262976

丝路国际建筑科技发展报告2023

西安建筑科技大学丝路国际建筑科技研究中心 著

Report on the Development of Silk Road International Architecture and Technology (2023)

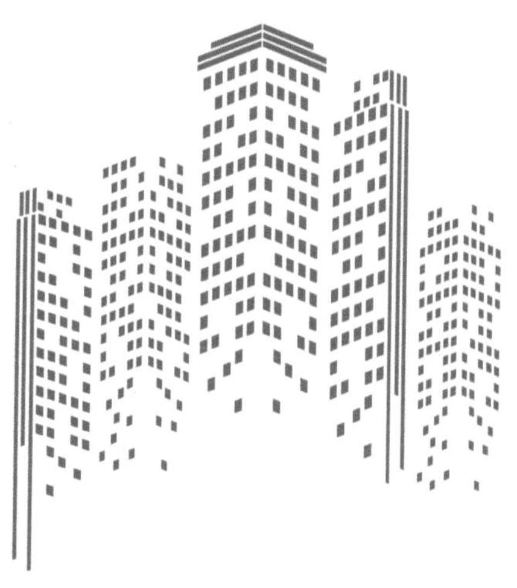

科学出版社

北京

内 容 简 介

建筑业是“一带一路”倡议下社会经济发展的重要组成部分，随着科技进步和社会需求的变化，绿色可持续发展已成为建筑科技领域的重要目标。本报告介绍丝路沿线国家和地区的地理、气候、人口、经济、文化和城镇化等总体发展情况，分析丝路沿线国家和地区城镇建设与地域绿色建筑技术、建造工程技术与工业化、城镇市政设施与生态环境保护、低碳能源转型与建筑能源应用、地域适应性建筑材料与工业支撑、工程管理与城镇运维等建筑科技领域重大问题，提出推动丝路沿线国家和地区城镇化与建筑科技发展的建议。

本书面向丝路沿线国家和地区的政府部门、学者、研究人员、建筑业从业者、投资者和企业家等，旨在为他们提供丝路国际建筑科技发展现状和趋势的参考，为后续推动丝路沿线国家和地区城镇化事业的绿色可持续发展提供基础。

图书在版编目（CIP）数据

丝路国际建筑科技发展报告．2023／西安建筑科技大学丝路国际建筑科技研究中心著．—北京：科学出版社，2023.10

ISBN 978-7-03-076703-5

Ⅰ．①丝…　Ⅱ．①西…　Ⅲ．①建筑科学－研究报告－世界－2023　Ⅳ．①TU

中国国家版本馆 CIP 数据核字（2023）第 189794 号

责任编辑：杨婵娟　吴春花／责任校对：韩　杨

责任印制：赵　博／封面设计：有道文化

科学出版社出版

北京东黄城根北街 16 号

邮政编码：100717

http://www.sciencep.com

北京建宏印刷有限公司印刷

科学出版社发行　各地新华书店经销

*

2023年10月第　一　版　开本：720×1000　1/16

2024年 8 月第二次印刷　印张：20 3/4

字数：351 000

定价：208.00元

（如有印装质量问题，我社负责调换）

编　委　会

顾　问： 朱晓渭　赵祥模

指导组： 黄廷林　牛荻涛　王怡　刘艳峰　陈荣　刘晓武　雷振东　薛建阳　卢金锁　李安桂　李辉　兰峰　朱丽华　李林波　马宗方　蔺宝钢　邵珠山　杨延龙　卢才武　詹绍文　周元臻　段中兴

主　编： 雷鹏

编　委： 陶毅　刘超　牛广召　杨长青　王登甲　尤涛　信任　李志华　史琛　李玲燕　韩禹锋　吴思婉　颜培　刘喆　邢孟林　瞿伟　纪秉林　顾清华　吴宇　王翔　成辉　屈雯　宋霖　陈雅兰　徐诗伟　宋世一　李丽霞　唐聪聪　张倩　聂红云　王高骏　王宝　宋学文　陈耀文　吴松恒　张歌　杨雨玄　王耀　邢相栋　达永琪　张路　吴奎　李智杰　张帆　王璐瑶　王萌萌　吴思美　张扬　许黎　周勇　侯彩霞　边靓　魏蕊　殷春武　杨朔　韦栓喜　魏云洁　党夏茵　魏萍　朱文久　杨帆　高艺源

前 言

| Preface |

在全球化和信息化的背景下，建筑行业正面临着前所未有的机遇和挑战，“一带一路”倡议为世界各国和地区的建筑行业提供了广阔的发展空间和合作机会。丝路沿线国家和地区多处于干旱半干旱气候区，生态环境相对脆弱，文化多样，城镇化水平仍有较大的提升空间。为应对气候变化、促进城镇发展、增进民生福祉，在贯彻落实“资源共享、优势互补、互惠互利、共赢发展”丝路精神的前提下，丝路沿线国家和地区应共同探讨低碳城镇规划、建造工业化、生态环境保护、能源结构转型、工程管理与智慧运维等建筑科技领域重大问题，全面提升丝路沿线国家和地区的城镇化与建筑科技发展水平。

为梳理丝路沿线国家和地区城镇化与建筑科技发展现状，为后续推动丝路沿线国家和地区城镇化事业的绿色可持续发展提供基础，西安建筑科技大学依托本校立足中国西北、辐射丝路的地域优势和建筑科技全谱系学科链群的学术优势，集合建筑规划、土木结构、环境市政、工程管理、材料冶金、能源化工、信息控制等领域专家，进行了《丝路国际建筑科技发展报告（2023）》的编撰。本书旨在让读者更好地了解丝路沿线国家和地区的建筑科技行业现状和未来发展趋势。

本书内容涵盖丝路经济带总体介绍、丝路建筑科技发展现状与学科链群、丝路沿线国家和地区城市建设与地域绿色建筑发展、丝路沿线国家和地区建造工程技术与工业化发展、丝路沿线国家和地区城镇市政设施建设与生态环境保护、丝路沿线国家和地区城镇低碳能源转型与建筑能源应用、丝路沿线国家和地区地域适宜性建筑材料与工业支撑、丝路沿线国家和地区建筑工程管理与城镇运维等方面。全书从推动丝路沿线国家和地区建筑科技学科链群的高质量发展、解决建筑基础设施互联互通问题出发，促进丝路沿线国家和地区的建筑科技合作和发展，形成建筑行业发展的重要参考，为丝路沿线国家和地区建筑行业的绿色化、智能化和可持续发展贡献一份中国力量。

本书编写过程中，面临着诸多困难和挑战。首先，丝路沿线国家和地区的建筑科技发展情况各异，需要进行大量的调研和比较分析。其次，建筑科技领域的发展速度较快，需要时刻关注最新的技术和趋势。此外，建筑科技领域面临的挑战不仅是技术层面的，更是涉及政策、文化、环境、社会等多方面的综合性问题。本书尽可能全面地考虑这些因素，力求多维度、多角度地呈现出丝路沿线国家和地区的建筑科技发展现状和未来趋势。同时，建筑科技行业的发展离不开各方面的支持和合作。本书特别强调合作、共享、创新的理念，突出建筑科技行业的开放性和合作性，希望能够促进丝路沿线国家和地区的建筑科技合作，推动建筑科技行业的共同发展。

在本书付梓之际，感谢所有为本书提供支持和帮助的机构和个人，感谢为本书献智献力的专家和学者，感谢科学出版社的大力支持和帮助。希望本书能够成为丝路国际建筑行业发展的重要参考，为人类社会的发展和进步做出更大贡献。同时，我们也期待读者对本书的反馈和建议，以便在后续的更新中不断完善和提升。

西安建筑科技大学丝路国际建筑科技研究中心

2023 年 8 月

摘 要

| Abstract |

建筑业作为“一带一路”社会经济发展的重要组成部分，一直处于不断变革和创新的过程中。随着科技的进步和社会需求的变化，建筑业未来的发展趋势也在不断演变，可持续发展已成为建筑业的重要目标。未来，建筑将会利用新兴科技手段，更大程度地节约能源，提高资源利用和生态保护效益；运用绿色建筑相关的工程技术和建筑材料，并结合当地文化，通过能源转型与工程管理等手段，实现低碳乃至零排放的建筑设计和施工。

本书编委会组织知名专家团队，结合丰富实践案例，完成《丝路国际建筑科技发展报告（2023）》的编撰。本书共包括八章，旨在介绍丝路沿线国家和地区建筑科技行业发展情况，并探讨建筑业在实现可持续发展过程中可能面临的挑战及应对策略。第 1 章为丝路经济带总体介绍，阐述丝路沿线国家和地区的地理、气候、人口、经济、文化和城镇化等总体发展情况。第 2 章主要围绕丝路建筑科技，介绍中国、俄罗斯等不同国家和地区建筑科技现状和学科链群。第 3~8 章围绕丝路沿线国家和地区，介绍城市建设与地域绿色建筑、建造工程技术与工业化、城镇市政设施建设与生态环境保护、城镇低碳能源转型与建筑能源应用、地域适宜性建筑材料与工业支撑、建筑工程管理与城镇运维。

质言之，随着丝路沿线国家和地区建筑科技的迅猛发展，丝路建筑科技学科链群已逐步形成，丝路建筑科技向建筑工业化、智能建造、绿色建造等方向发展。各项技术的应用，将不断提高建筑行业的精益化水平，加快建造过程的数字化与智能化转型。丝路建筑科技的发展，需要实践探索，更需要理论自觉，一是加强建筑领域自主发展的科技热点研究，提升建筑新效能；二是加强丝路建筑科技合作运行机制研究，打造丝路新方案；三是加强经验传播研究，讲好中国故事，让其他国家分享中国建筑科技经验。为推进丝路建筑科技学科链群的高质量发展，为解决人类共同面临的诸多全球性问题发挥更重要作用。

希望本书能为丝路沿线国家和地区建筑行业的企业家、政策制定者和相关领域的专业人士提供有益的参考资料，促进丝路沿线国家和地区城镇化事业的健康和可持续发展。

目 录

| Contents |

7

8

1

丝路经济带总体介绍

丝绸之路经济带（“一带”）是由中国国家主席习近平于2013年9月7日在哈萨克斯坦纳扎尔巴耶夫大学发表演讲时首次提出的，其同当年10月习近平主席访问东盟国家时提出的21世纪海上丝绸之路（“一路”）共同构成了新时期中国的陆海两翼倡议，即“一带一路”倡议。目前，该倡议已从一个静态的历史贸易路线概念转变为强调一个区域的社会建设产物，并被不断塑造、想象和重新诠释。

丝绸之路经济带（以下简称丝路经济带）体现着协调发展、互利共赢、民心相通的思路，其东边牵动亚太经济圈、西边联动欧洲经济圈，致力于构建全方位、多层次的互联互通网络体系。

1.1 地理范围

古丝绸之路跨越世界古代文明发祥地中国、印度、两河流域、埃及、希腊、罗马，是促进沿线各国繁荣发展的重要纽带，是东西方交流合作的象征，是世界各国共有的历史文化遗产。古丝绸之路包含陆上丝绸之路和海上丝绸之路。陆上丝绸之路始于中国的古都长安（今西安），向西经河西走廊，通过玉门关和阳关抵达新疆，后跨越中亚、西亚和北非，最终抵达非洲和欧洲。海上丝绸之路以广州、泉州等地作为重要起点，分为三大航线：东洋航线由中国沿海港至朝鲜、日本；南洋航线由中国沿海港至东南亚诸国；西洋航线由中国沿海港至南亚、阿拉伯和东非沿海诸国。

丝路经济带是在古丝绸之路概念基础上形成的一个新的经济发展区域，是贯通亚欧两大洲的经济大陆桥。根据商务部、国家统计局、国家外汇管理局历年的《中国对外直接投资统计公报》，纳入统计的“一带一路”国家共有63个，其所属区域如表1-1所示。丝路经济带以中国作为东端起点，向西包括哈萨克斯坦、吉尔吉斯斯坦、塔吉克斯坦、乌兹别克斯坦、土库曼斯坦等中亚国家；印度、巴基斯坦、阿富汗等南亚国家；伊朗、伊拉克、沙特阿拉伯、土耳其、埃及等西亚和北非国家；并涵盖俄罗斯、乌克兰、波兰等中东欧国家。

表 1–1 丝路沿线国家及所属区域

区域	国家
东亚	中国、蒙古国
中亚	哈萨克斯坦、吉尔吉斯斯坦、塔吉克斯坦、乌兹别克斯坦、土库曼斯坦
东南亚	印度尼西亚、缅甸、柬埔寨、老挝、泰国、越南、菲律宾、新加坡、东帝汶、文莱、马来西亚
南亚	阿富汗、孟加拉国、印度、巴基斯坦、斯里兰卡、尼泊尔、马尔代夫
西亚北非	巴林、伊朗、伊拉克、以色列、约旦、科威特、黎巴嫩、阿曼、巴勒斯坦、卡塔尔、沙特阿拉伯、叙利亚、亚美尼亚、土耳其、阿联酋、也门、埃及
中东欧	阿尔巴尼亚、保加利亚、匈牙利、波兰、罗马尼亚、爱沙尼亚、拉脱维亚、立陶宛、格鲁吉亚、阿塞拜疆、白俄罗斯、摩尔多瓦、俄罗斯、乌克兰、斯洛文尼亚、克罗地亚、捷克、斯洛伐克、北马其顿、波黑、塞尔维亚、黑山

丝路经济带具有明显的区段特征：东边连着繁荣的亚太地区，西边通往欧洲发达经济体，但是在中国与中亚地区之间形成了一个经济拗陷带。在中亚及环中亚地区，各国经济发展水平差异较大，除沙特阿拉伯等油气资源丰富的国家外，其他国家整体经济水平偏低（表 1–2），地区边界稳定、能源资源丰富、经济贸易合作的天然需求和开发潜力大。在建筑科技发展方面，丝路经济带关联区域国家的共性特点主要包括如下几个方面。

表 1–2 中亚及环中亚国家收入情况

国家	地区	收入水平
中国	东亚	中高等收入
哈萨克斯坦	中亚	中高等收入
吉尔吉斯斯坦	中亚	中低等收入
塔吉克斯坦	中亚	低收入
乌兹别克斯坦	中亚	中低等收入
土库曼斯坦	中亚	中低等收入
印度	南亚	中低等收入
巴基斯坦	南亚	中低等收入
孟加拉国	南亚	中低等收入
缅甸	东南亚	中低等收入
伊朗	西亚	中低等收入
阿富汗	南亚	低收入

续表

国家	地区	收入水平
叙利亚	西亚	低收入
亚美尼亚	西亚	中高等收入
伊拉克	西亚	中高等收入
沙特阿拉伯	西亚	高收入
土耳其	西亚	中高等收入
白俄罗斯	欧洲	中高等收入
乌克兰	欧洲	中低等收入
埃及	北非	中低等收入

资料来源：世界银行 WDI 数据库（https://datahelpdesk.worldbank.org/knowledgebase/articles/906519-world-bank-country-and-lending-groups）

（1）经济欠发达：建筑科技及城镇化发展的需求与欧美发达国家不同

丝路沿线国家和地区自然与文化资源丰富。然而，由于经济总量低、基础薄弱、积累能力和建设能力不足，因此沿线一些国家未能充分整合和有效开发这些资源。在城镇化的进程中，欠发达地区难以套用发达国家的发展模式，只能依靠发达地区产业转移实现较快发展，但转移产业往往是劳动和资源密集型产业，这样不仅对脆弱的生态环境造成更大的压力，也会使欠发达地区重蹈“先污染，后治理”的覆辙。在此背景下，丝路沿线国家和地区应当深入挖掘和整合自身的资源与动力，制定与其特点和需求相符的一系列政策与举措，实现有序稳定的发展。

（2）城镇化水平不高：对建筑科技及城镇化发展技术的需求更迫切

城镇化是社会经济发展的重要体现，丝路沿线国家和地区普遍城镇化水平不高，能源利用效率不高。能源和资源消耗比重大，单位能效低，这些国家通常依赖大规模的资源消耗和污染物排放来推动经济增长，导致资源消耗和污染物排放保持快速增长的态势。同时，这也带来不断加大的资源与环境压力。因此，迫切需要根据地域文化特点发展适宜的建筑科技及城镇化发展技术，科学开发利用区域资源，建立健全生态补偿机制，实现经济发展与环境保护并重的可持续发展路径。

（3）气候干旱半干旱：适用中国西部已有建筑科技及城镇化方案

中亚及周边地区处于远离海洋的干旱和半干旱地区，面临严重的生态问题，存在的环境问题主要有沙漠化和荒漠化严重、水资源短缺、水污染、大气污染等。中国西部地区约占其土地面积的60%，同为干旱和半干旱地区。该气候类型下，人口聚集、空间扩张和结构优化等城镇化过程，对生态环境产生负面影响，同时生态环境通过水土资源、大气和生物环境对城镇化过程产生约束。面对相似的气候与资源条件，中国西部针对生态环境与水资源约束下的干旱与半干旱地区城镇化发展模式，以及水资源合理利用、可再生能源利用等方面的建筑技术，可为同类地区城镇化发展提供借鉴。

（4）地域地貌复杂：对建筑科技全链条学科都有需求

丝路沿线大部分国家和地区处于地质变化的敏感地带，地域地貌十分复杂，主要沿着山地、盆地、平原交界线延伸。自东向西主要经过黄土高原—河西走廊—昆仑山脉、天山山脉—帕米尔高原—图兰低地—伊朗高原—美索不达米亚平原—托罗斯山脉—黑海海峡—巴尔干半岛—多瑙河中下游平原—阿尔卑斯山脉—波河平原—亚平宁半岛。复杂的地域条件和地形地貌使得丝路沿线国家需要城市规划、建筑设计、施工建造、环境保护等建筑科技全链条学科的相互配合，因地制宜地开展与自然环境相契合的发展路径。

1.2 自然条件

1.2.1 气候条件

丝路经济带从东向西整体是从温带大陆性气候向地中海气候的过渡，主要气候类型有热带季风气候、热带雨林气候、热带沙漠气候、温带大陆性气候（分为温带草原和温带荒漠化气候）、地中海气候、高原山地气候6种气候类型，主要气候类型及特点见表1-3。自中国新疆地区到欧洲的自然带依次为温带荒漠带、温带草原带、温带落叶阔叶林带，该变化体现了内陆到沿海的地域分异规律。由于气候类型的不同，陆上丝绸之路沿线的生产生活方式产生了分异，其农业生产区经历了（半）湿润—干旱—（半）湿润的过渡。

表 1–3　丝路沿线国家和地区主要气候特点

气候类型	典型区域 / 国家	特点
热带季风气候 热带雨林气候	东南亚	一年分热季、雨季和旱季 3 个季节段。降水量大，水量丰沛，全年降水量在 1500～2000 mm，是世界上降水量最大的地区之一
温带大陆性气候	中国西北部、蒙古国、俄罗斯、中亚	该气候类型对应区域为北温带，主要受大陆气团控制，居于内陆深处，温差较大。就降水而言，多集中于夏季，且多年平均年降水量在 150～1000 mm
热带沙漠气候 高原山地气候	西亚与北非	降水稀少，气候干旱，水资源短缺，荒漠广布
地中海气候	中东欧南部	气候寒冷，四季分明，冬季温和多雨且漫长，夏季炎热干燥

丝路沿线国家和地区大部分区域年平均气温跨度较大，在 -10～27℃，平均为 7.7℃。从气温分布区域来看，年最高气温出现在西亚也门的西南部，最低气温出现在俄罗斯北部。将 1980～2014 年平均气温进行分级，年平均气温在 0℃以下的地区有俄罗斯、蒙古国北部和中国青藏高原地区；年平均气温在 1～5℃的有蒙古国大部分地区；年平均气温在 5～10℃的有中东欧、中亚和东亚部分地区；年平均气温在 20℃以上的有南亚、西亚、北非和东南亚，多分布于 300° N 以南，包括也门、柬埔寨、文莱和斯里兰卡等。

丝路沿线主要国家多年平均年降水量差距较大，年降水量为 50～1500 mm。年降水量小于 50 mm 的地区主要有沙特阿拉伯、埃及东南部和中国西北部；年降水量在 600～1000 mm 的地区有中东欧、中国和南亚；年降水量高于 1500 mm 的地区主要分布在东南亚区域，包括印度尼西亚、文莱、斯里兰卡、马来西亚、老挝和菲律宾等。按 1980～2014 年平均年降水量从高到低排列，前五位的国家年降水量均在 1500 mm 以上，依次为文莱、马来西亚、印度尼西亚、斯里兰卡和菲律宾；排名末五位的国家年降水量均低于 80 mm，依次为也门、埃及、阿联酋、沙特阿拉伯和卡塔尔。

1.2.2 地形地貌条件

丝路沿线区域地表形态复杂，各个区域平原、丘陵、盆地、高原、山地5种地貌类型交错分布。丝路沿线区域地形地貌特点见表1-4。

表1-4 丝路沿线区域地形地貌特点

地形地貌	区域	特点
平原	中国（位于大兴安岭—太行山—巫山—云贵高原以东的第二阶梯）； 东欧（东欧北部：东欧平原）； 中亚西部	地势较低 平坦宽广
山地	东欧南部； 中亚东南部（哈萨克斯坦、吉尔吉斯斯坦）	海拔高于500 m
高原	西亚（伊朗高原）； 北非（非洲高原北部）； 东亚西南部（青藏高原）	面积广大 地形开阔 界线明显 完整的大面积隆起
盆地	东亚西北部、西南部（中国地形第二阶梯）	中心地势低 周边地势高
丘陵	中亚中部（哈萨克丘陵）	坡度较缓 起伏较低 多低矮山丘

1.2.3 资源条件

（1）水资源条件与用水结构

丝路沿线国家和地区的水资源问题主要表现在水资源量缺乏且时空分布不均。在丝路沿线的干旱和半干旱地区，水资源是制约该区域沿线国家间合作的重要约束条件。丝路沿线的中亚、西亚和中国西北地区均为干旱少雨区（表1-5）。例如，土耳其境内年降水量为500～1000 mm，叙利亚和伊拉克境内年降水量不足200 mm，年蒸发量大于年降水量，降水主要集中在10月至次年4月，而农作物生长需要灌溉的5～9月则很少有降水。

表 1-5　2020 年丝路沿线地区淡水资源量统计

地区	年可再生淡水资源量 / 亿 m^3	年人均可再生淡水资源量 /m^3
东南亚	10 765	5 204
东欧与中亚	4 995	12 536
西亚与北非	226	548
中欧	250	2 446

资料来源：世界银行 WDI 数据库（http://data.worldbank.org.cn/indicator）

随着丝路经济带自东向西逐渐推移，用水结构呈现出较大的差异。丝路经济带穿越的大多数地区，如中国西北、中亚、西亚及北非等区域的干旱和半干旱区，农业用水是主要用水大户。中欧地区与其他地区相反，工业用水所占比重较大。

（2）传统能源储备量及产量

丝路经济带经过的中亚、西亚与北非地区是全球能源最丰富的地区。中亚五国[①]的能源资源储存量大，种类繁多，被称为“世界能源基地”。丝路沿线主要国家石油、天然气、原煤产量见表 1-6。2015 年全球原油产量约 43.6 亿 t，其中沙特阿拉伯、伊拉克、伊朗等 12 个原油输出国所占比例约 41.4%。

表 1-6　2015 年丝路沿线主要国家资源量统计

国家	石油			原油	天然气
	剩余探明储量 / 万 t	在产油井数 / 口	产量 / 万 t	产量 / 万 t	产量 / 万 t
中国	278 767.12	71 542	182 339	20 303	8 591
哈萨克斯坦	410 958.90	1 006	6 650	8 319	2 531
吉尔吉斯斯坦	547.95	—	5	—	—
塔吉克斯坦	164.38	—	—	—	—
乌兹别克斯坦	8 136.99	2 190	425	—	—
俄罗斯	821 719.97	105 339	49 575	—	—
印度	77 049.86	3 686	3 320	4 317	3 848
巴基斯坦	4 287.67	204	315	—	—
伊朗	1 885 205.49	1 128	18 625	22 433	12 719

① 中亚五国为哈萨克斯坦、乌兹别克斯坦、土库曼斯坦、塔吉克斯坦和吉尔吉斯斯坦。

续表

国家	石油			原油	天然气
	剩余探明储量 / 万 t	在产油井数 / 口	产量 / 万 t	产量 / 万 t	产量 / 万 t
伊拉克	1 575 342.87	1 685	12 000	—	—
沙特阿拉伯	3 560 273.69	1 560	39 600	—	—
埃及	50 684.56	1 491	3 175	3 542	4 989

资料来源：美国能源署（https://www.eia.gov/opendata/）

（3）可再生能源条件

除了油气资源丰富，中亚地区还有丰富的可再生能源，包括风能、太阳能、生物质能和水能等可再生能源资源。中亚地处北半球风带，是世界上最适合开发风能的地区之一；沙漠广阔，适合兴建大型太阳能电站；人均水能资源高居世界第一。中亚地区可再生能源储量丰富，但开发利用率极低，可再生能源发电占比不足1%[①]。这一现象与多种因素相关，包括技术水平不高、投资短缺、政策环境不佳等。中亚地区作为一个潜力巨大的可再生能源发展区域，有望通过加强技术创新、吸引更多投资、改善政策环境等措施，进一步推动可再生能源的发展，最终实现能源结构的多元化和可持续发展。

1.3 人口及经济发展

人口和经济发展水平是区域间合作与竞争的关键影响因素。人口要素空间分布变化必然导致其他要素的重新配置和组合，进而对社会经济产生重大影响。近年来，发达国家人口保持低速增长甚至负增长，大部分发展中国家人口增长幅度也日趋降低，带来劳动力短缺、老龄化等问题，与经济发展过程中面临的贫困、就业等问题共同受到全球各国的关注（Bashford，2014）。共建“一带一路”国家覆盖全球超过六成的人口和近 1/3 的 GDP[②]（姜彤等，

① Statistics Data[EB/OL]. https://www.irena.org/Data[2023-08-26].

② World Development Indicators[EB/OL]. https://data.worldbank.org/data-catalog/world-development-indicators [2023-07-11].

2018），其中大部分国家正处于经济增长阶段。“一带一路”倡议将促进参与国的经济增长并创造就业机会，从而提高生活水平和人口福祉。此外，随着人们寻求更好的经济机会和更高的生活水平，连通性和交通基础设施的改善也可能导致移民和人口流动的增加，对包括贸易和投资在内的区域和跨境经济合作的发展产生重大影响。

1.3.1 人口发展特征

丝路沿线大部分国家人口分布集中，除中国外，巴基斯坦、俄罗斯、菲律宾、孟加拉国、印度和印度尼西亚 6 个国家人口超过 1 亿人。然而，这些国家人口分布差异显著。丝路沿线大部分国家人口稠密，尤其是南亚和东南亚，其 18 个国家总人口达 23 亿人，平均人口密度达 270 人 /km^2，新加坡、马尔代夫、孟加拉国部分地区，平均人口密度甚至超过 1000 人 /km^2。丝路沿线的东欧、西亚、中亚等地区则人口密度较低，平均仅 26 人 /km^2。丝路沿线部分国家人口增长率见表 1–7。

表 1–7　2020 年丝路沿线部分国家人口增长率

国家	地区	人口增长率 /%
中国	东亚	0.53
乌兹别克斯坦	中亚	1.9
伊朗	西亚	1.29
俄罗斯	中东欧	–0.2
土耳其	西亚	1.45
哈萨克斯坦	中亚	1.3
吉尔吉斯斯坦	中亚	1.67
塔吉克斯坦	中亚	2.1
土库曼斯坦	中亚	1.43
印度	南亚	1.11
巴基斯坦	南亚	1.55
孟加拉国	南亚	1.03
缅甸	东南亚	0.68
阿富汗	南亚	2.3
叙利亚	西亚	2.5

续表

国家	地区	人口增长率 /%
亚美尼亚	西亚	0.17
伊拉克	西亚	2.3
沙特阿拉伯	西亚	1.63
白俄罗斯	中东欧	−0.2
乌克兰	中东欧	−4.4

数据来源：世界银行 WDI 数据库（http://data.worldbank.org.cn/indicator）

虽然共建“一带一路”国家人口规模庞大，人口红利优势明显，但人地关系较为紧张。丝路沿线国家领土面积占世界约 34%，供养全球约 63% 的人口。数据显示，人口规模与国土面积并无直接关系（表 1−8）。

表 1−8　丝路沿线国家人口规模和国土面积排名

排名	人口规模排名前十	国土面积排名前十
1	中国	俄罗斯
2	印度	中国
3	印度尼西亚	印度
4	巴基斯坦	哈萨克斯坦
5	孟加拉国	沙特阿拉伯
6	俄罗斯	印度尼西亚
7	菲律宾	伊朗
8	埃及	蒙古国
9	越南	埃及
10	伊朗	巴基斯坦

1.3.2　经济发展特征

2016 年，包括中国在内的 64 个共建“一带一路”国家 GDP 总量为 23.57 万亿美元，占全球总量的 31.2%，其中中国、印度、俄罗斯为万亿美元俱乐部国家。丝路沿线国家多为发展中国家，人均 GDP 较低，但俄罗斯、沙特阿拉伯、土耳其、印度和印度尼西亚 5 个国家 GDP 总量超过 5000 万亿美元。西亚国家经济水平差异较大，部分国家由于其丰富的石油资源，居民生活水平较高，单位面积 GDP 达 100 万美元以上，而一些邻国由于受战乱、边境冲突等影响，经济水平较差。

如表 1-9 所示，在丝路沿线部分国家中，大部分国家的人均 GDP 增长率为 0% ～ 5%，东欧和西亚地区呈现负增长，东亚、南亚和东南亚增长势头强劲。总体来看，丝路沿线部分国家人均 GDP 增长率呈现出自北向南、自西向东增加的趋势。人均 GDP 增长率能直观地反映一个国家或地区的经济发展状态，在“一带一路”倡议提出的 5 年间，大多数国家的人均 GDP 增长率平均值为正值，表明其经济水平基本处于扩张阶段，经济发展呈中高速增长态势，而人均 GDP 增长率平均值为负值的国家主要是发达国家，经济发展水平较高，趋于饱和，其经济发展逐渐趋于低速、平稳。

表 1-9　2021～2022 年丝路沿线部分国家人均 GDP 增长率

人均 GDP 增长率 /%	国家
<-2	文莱、阿曼、也门、科威特、黎巴嫩
-2～0	俄罗斯、朝鲜、阿富汗、伊拉克、卡塔尔、沙特阿拉伯、叙利亚、约旦、阿塞拜疆、乌克兰、白俄罗斯
0～3	日本、韩国、泰国、斯里兰卡、吉尔吉斯斯坦、巴基斯坦、哈萨克斯坦、伊朗、阿联酋、以色列、爱沙尼亚、捷克、斯洛伐克
3～5	新加坡、印度尼西亚、马来西亚、菲律宾、蒙古国、尼泊尔、不丹、塔吉克斯坦、乌兹别克斯坦、亚美尼亚、土耳其、摩尔多瓦、匈牙利、波兰、立陶宛、拉脱维亚
>5	中国、越南、柬埔寨、老挝、缅甸、孟加拉国、印度、土库曼斯坦

数据来源：世界银行（https://data.worldbank.org.cn/indicator/SP.POP.GROW?view=chart）

1.4　文化与文明发展

古丝绸之路是世界文明史上的“大运河”，连接着几大文明，促进了经济和文化的繁荣发展，积累了宝贵的文明财富。在漫长的历史演进过程中，这些文明汇集各类宗教以及各民族的独特文化，形成了层次不同、表现各异且更加多样化的现代文明。“一带一路”倡议，延伸了这一文明对话理念，践行“和平合作，开放包容，互学互鉴，互利共赢”的丝路精神，提出“文明交流与互鉴”的新文明观。

共建“一带一路”国家众多，文化资源丰富、种类繁多。古丝绸之路是东西方文明交汇之路，经由丝绸之路，中国与亚欧大陆各国开展了广泛的商贸、人文交流，推动了中华文化的海外传播，共同推进了人类文明的发展进程。

商品、技术本身就是物质文化的载体，人们在进行商品、技术贸易时往往伴随着文化交流活动。从西汉开始，中国的丝织品、茶叶、瓷器、陶器、漆器、铁器以及农业灌溉技术、养蚕制丝技术、纺织技术、冶铁技术，开始传播到中亚、西亚乃至世界各地。与此同时，西域的服饰、香料、水果、稀有动物、玻璃制造、制糖技术等传入中国，极大地丰富了人们的社会文化生活，提高了社会生产力。此外，中国古代医学巨著——《本草纲目》经丝绸之路传入欧洲，促进了世界医学技术的改革和发展。中国古代四大发明的推广也是得益于丝绸之路，其推动了人类文明的跨越式发展。

精神文明是人类社会历史发展过程中所创造的所有精神财富的总和，是以物质文明为基础的文明形式。丝绸之路的开辟见证了人们在精神文化层面的交流沟通，不断丰富着人类文明的实质内涵。例如，宗教传播带来了壁画、建筑雕刻、雕像、歌舞等艺术，丰富了中华文化。同时，中国的儒家文化、武术、书法、建筑、戏曲、刺绣等传统艺术也通过丝绸之路传播到世界各地。此外，从西汉开始，历代王朝与丝路沿线国家通过互派使节、联姻等形式建立起良好的关系，大量留学生、旅行者经由丝绸之路频繁穿梭于东西方，成为文化交流的重要力量。

1.5 城镇化发展总体特征

1.5.1 丝路沿线国家城镇化概况

城镇化与人口有很大的关系，表 1-10 是 2020 年丝路沿线部分国家城市人口占比。

表 1-10　2020 年丝路沿线部分国家城市人口占比

城市人口占比 /%	国家
＜30	柬埔寨、阿富汗、斯里兰卡、尼泊尔、塔吉克斯坦
30～40	缅甸、老挝、越南、也门、巴基斯坦、孟加拉国、吉尔吉斯斯坦
40～50	菲律宾、埃及、印度、马尔代夫、不丹、摩尔多瓦、波黑
50～60	印度尼西亚、泰国、叙利亚、哈萨克斯坦、乌兹别克斯坦、土库曼斯坦、格鲁吉亚、阿塞拜疆、斯洛伐克、斯洛文尼亚、克罗地亚、塞尔维亚
60～70	蒙古国、塞浦路斯、亚美尼亚、爱沙尼亚、黑山、中国
70～80	马来西亚、文莱、伊朗、伊拉克、土耳其、巴勒斯坦、俄罗斯、白俄罗斯、捷克、匈牙利
＞80	新加坡、约旦、黎巴嫩、以色列、沙特阿拉伯、阿曼、阿联酋、卡塔尔、科威特、巴林

数据来源：世界银行（https://data.worldbank.org.cn/indicator）

表 1-11 为丝路沿线国家城镇化率增幅。在众多的国家中，选取城镇化率较高、城镇人口比例较大的国家来分析回顾其城镇化特征。城镇化程度越高的地区，人均收入越高，就业机会越多。城镇化对技术创新和经济进步具有积极影响。城镇化和空间发展政策的最终目标不只是城市人口的数量增加，而是空间结构和功能的根本转变。这需要发展城市基础设施，通过扩大住房、改善社会设施、创造就业机会等提高城市的吸收能力，并改善城市治理环境。若一个国家拥有丰富的自然资源，其城市就能够获得稳定、可靠的能源供应，推动城镇化。然而，如果城市扩张过快，城市基础设施建设可能跟不上城市人口的增长速度。此外，城镇化也可能导致生活成本的增加，如房价和租金高企给普通人造成了负担。另外，城镇化也导致了环境问题，如空气污染和垃圾问题等。

表 1-11　2015～2020 年丝路沿线部分国家城镇化率增幅

城镇化率增幅 /%	国家
＜0.5	希腊、俄罗斯、白俄罗斯、格鲁吉亚、亚美尼亚、摩尔多瓦、爱沙尼亚、捷克、斯洛伐克、匈牙利、克罗地亚、塞尔维亚
0.5～1	黎巴嫩、塞浦路斯、斯里兰卡、斯洛文尼亚、波黑、黑山
1～1.5	新加坡、叙利亚、乌兹别克斯坦

续表

城镇化率增幅 /%	国家
1.5～2	蒙古国、缅甸、泰国、文莱、菲律宾、伊朗、以色列、阿联酋、科威特、埃及、哈萨克斯坦、阿塞拜疆
2～2.5	马来西亚、印度尼西亚、老挝、土耳其、约旦、沙特阿拉伯、卡塔尔、土库曼斯坦、吉尔吉斯斯坦、中国
2.5～3	越南、巴勒斯坦、巴基斯坦、马尔代夫、不丹、塔吉克斯坦
3～4	老挝、柬埔寨、伊拉克、孟加拉国、阿富汗、尼泊尔
＞4	也门、阿曼、巴林、印度

数据来源：世界银行（https://data.worldbank.org.cn/indicator）

1.5.2 丝路沿线部分国家城镇化特征

巴基斯坦在城镇化方面取得了显著成就，其通过强大的治理架构和城市自治，推动了城市的快速经济增长和社会发展①。吉尔吉斯斯坦和乌兹别克斯坦在城镇化方面仍面临挑战②（Egamberidieva et al.，2021）。这些地方城镇化率相对较低，缺乏完整的城镇化体系和基础设施支持。吉尔吉斯斯坦的经济结构以农牧业为主，工业发展滞后，仍需努力推动工业化和城镇化的发展。

影响俄罗斯城市人口变化的三个主要因素是出生率、移民和行政改革③。从 1992 年开始，低出生率成为减少城市人口的主要因素之一。俄罗斯各地区在城镇化方面存在较大差异，城镇化对地区生产力的积极影响逐渐减弱。大城市表现出更高的绩效，为整个区域的发展创造积极外部性。俄罗斯的城镇化发展经历了漫长历史，城镇化率稳步增长（图 1-1）。然而，城镇化进程不平衡，少数大城市人口激增，其他地区的城镇化率较低。俄罗斯的城镇化面临许多挑战，如不平衡发展、住房短缺、基础设施落后和交通拥堵。为促

① Urbanisation in Pakistan[EB/OL]. https://www.undp.org/pakistan/urbanisation-pakistan[2023-08-22].

② URBANIZATION SITUATION IN KYRGYZSTAN[EB/OL]. https://www.interacademies.org/sites/default/files/inline-files/Urbanization%20Situation%20in%20Kyrgyzstan.docx [2023-08-22].

③ Urbanization in Russia 2022 [EB/OL]. https://www.statista.com/statistics/271343/urbanization-in-russia/[2023-07-11].

进城镇化，俄罗斯联邦政府采取了加强基础设施建设、环境保护和可持续发展、外商投资和国际合作等措施。俄罗斯拥有丰富的能源、矿产、水资源和土地资源，这些资源对城镇化发展起到重要支撑作用。

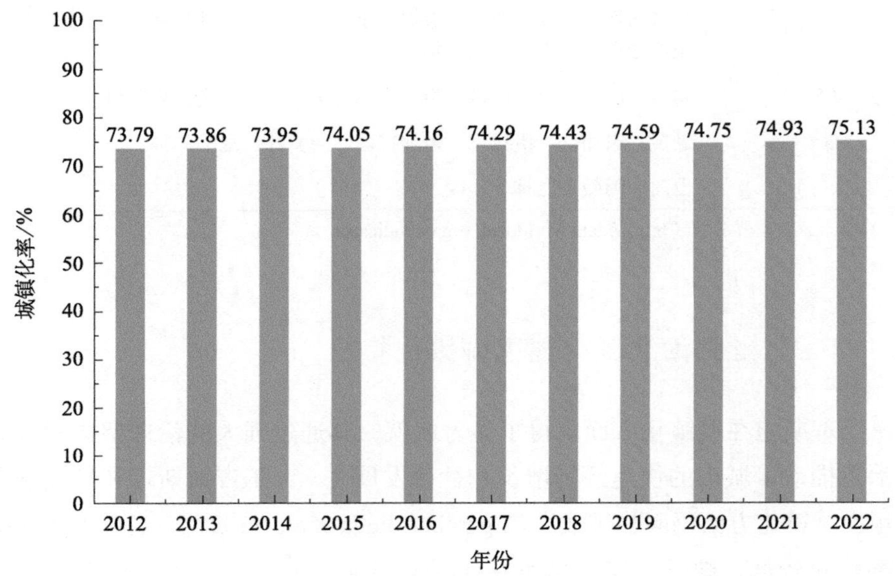

图 1-1　2012～2022 年俄罗斯城镇化率

伊朗城镇化进程中，城镇化率从 1950 年的 31.67% 增加到 2012 年的 71.75%，到 2022 年达到 76.81%（图 1-2），预计到 2050 年将达到 78.2%[①]。为促进城镇化，伊朗政府采取了一系列措施，包括建设住房和公共设施、提供基础设施以促进经济发展。然而，伊朗的城镇化也面临挑战，包括快速城市扩张、基础设施滞后、生活成本上升和环境问题。为解决这些问题，伊朗政府推进可持续城镇化，包括环境、社会和经济的可持续性考虑，建设公共交通系统和鼓励使用自行车等。伊朗拥有丰富的资源，包括石油、天然气、矿产和人力资源，这些资源为城镇化提供了支持。

① Iran：Urbanization from 2012 to 2022[EB/OL]. https://www.statista.com/statistics/455841/urbanization-in-iran/ [2023-07-11].

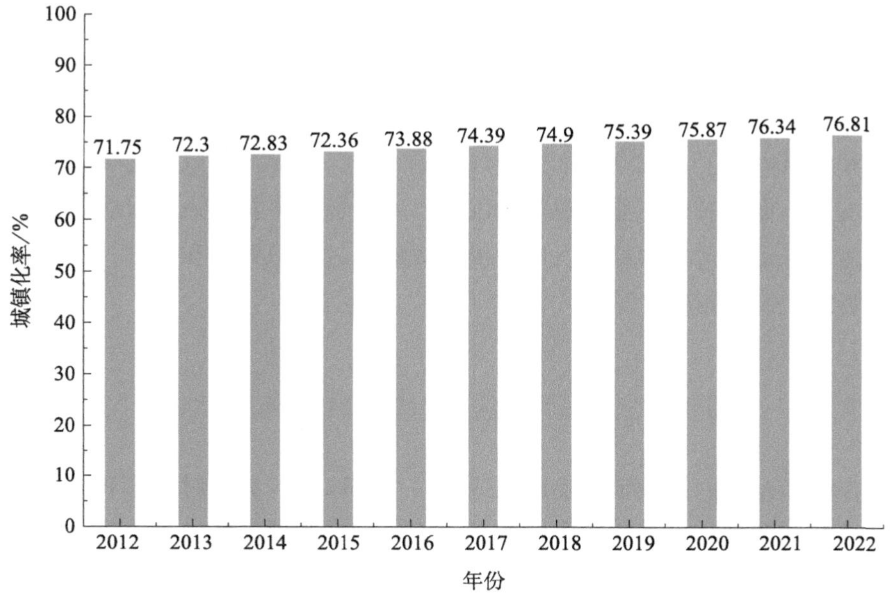

图 1-2　2012～2022 年伊朗城镇化率

埃及是非洲北部和中东地区最大的国家之一，城镇化水平近年来有显著提高。根据相关数据①，2019年城市人口占埃及总人口的比例约为43.5%。城镇化进程始于 20 世纪 50 年代，埃及政府通过基础设施投资、城市规划和改善住房条件等措施推动城镇化进程。然而，埃及的城镇化仍存在一些问题。城镇化进程不平衡，少数大城市人口激增，而其他地区城镇化率较低。城市贫困问题日益严重，城镇化未带来经济发展机会和收入增长，反而加剧了城市贫困。同时，城镇化也带来了交通拥堵和环境污染等问题。为解决这些问题，埃及政府加强了基础设施建设、城市规划管理，注重可持续发展和环境保护，提高城镇化的质量和效率。此外，埃及政府还增加投资、改善住房条件和提升公共服务水平，促进城市经济发展和提高居民生活水平。尽管存在问题，但随着政府管理加强、城市环境改善和国际合作增强，埃及的城镇化

① Egypt - Urbanization 2011-2022[EB/OL]. https://www.statista.com/statistics/455841/urbanization-in-egypt/[2023-07-11].

发展前景乐观。埃及拥有丰富的资源，对城镇化发展起到重要作用。尼罗河是埃及最重要的水资源，支持城市供水、农业和工业发展。石油和天然气为埃及工业提供了重要的能源基础，政府加强能源管理和规划，稳定了城市的工业和经济发展。矿产资源如金、煤、铜、铁、锰等，为城镇化提供重要原材料支持，促进城市工业和建筑业发展。农业资源丰富，为城市居民提供食物保障，推动周边地区经济发展。埃及政府通过资源管理和规划，有效利用这些资源，促进城镇化发展。

1.5.3 丝路沿线国家和地区城镇化成就与挑战

在世界范围内，城镇化发展已成为一个普遍的趋势，对国家和地区的经济、社会和环境产生了深远影响。丝路沿线国家和地区的城镇化发展取得了显著的成就，这些成就主要体现在以下几个方面。

1）区域联系与互联互通：丝绸之路城镇化发展注重加强区域间的联系与互联互通。通过建设交通和物流基础设施，促进城镇之间的交流与合作。丝路经济带推动了沿线国家和地区的城镇化进程。修建铁路、公路和港口等基础设施，提升了交通和贸易便利性，加强了沿线城镇之间的联系。

2）经济多元化与产业发展：丝绸之路城镇化发展致力于促进经济多元化和产业发展。在城镇化进程中，注重培育和发展新兴产业，推动城镇经济的结构调整和升级。丝路沿线国家和地区通过优化产业结构，吸引外资和技术引进，实现了经济的快速增长。例如，哈萨克斯坦首都阿斯塔纳通过大力发展金融、能源和创新科技等新兴产业，实现了城镇经济的多元化发展。

3）文化传承与旅游业发展：丝绸之路城镇化发展注重文化传承和旅游业的发展，通过保护和修复历史文化遗产，提升城镇的文化品质和吸引力，促进旅游业的发展。丝绸之路沿线的古城和遗址成为独特的旅游资源，吸引了大量的游客和投资。例如，乌兹别克斯坦的布哈拉和撒马尔罕等古城，在城镇化发展中注重保护和利用历史文化遗产，成为独特的旅游目的地。

4）生态环境保护与可持续发展：丝绸之路城镇化发展注重生态环境保

护和可持续发展。在城镇规划和建设中，注重生态环境的保护和恢复，推动可持续发展。丝绸之路沿线的一些城镇通过引进清洁能源、改善环境治理和推广可持续生活方式等措施，改善了城市的环境质量。丝路经济带注重推动绿色发展和生态保护，推进了城镇化进程与生态环境的协调发展。

除了以上总体特征，丝路沿线国家和地区的城镇化发展还存在一些挑战和问题。

1）城乡差距与不平衡发展：丝路沿线国家和地区的城镇化发展存在城乡差距和不平衡发展的问题。大城市和经济发达地区的城镇化进程相对较快，而农村地区和边远地区的城镇化水平相对较低。这导致了资源和服务的不均衡分配，加剧了城乡差距和社会不平等。

2）就业与社会保障：在城镇化进程中，城市就业机会的供给成为一个重要问题。城镇化带来了农村劳动力的转移，但城市就业岗位的增长速度有限，难以满足大量劳动力的需求。同时，城镇化还带来了社会保障和公共服务的压力，需要政府加大投入和改善管理。

3）地方政府能力与治理：推动城镇化进程需要地方政府具备较强的执行力和良好的城市治理水平。然而，在丝路沿线的一些国家和地区，地方政府的能力和治理水平相对较弱，面临着城市规划管理不善、资源管理不当、腐败等问题。

综上所述，丝路沿线国家和地区的城镇化发展在推动经济增长、促进文化交流、改善生态环境等方面取得了显著成就。然而，城乡差距、就业问题和地方政府能力等仍然是需要解决的挑战。未来，需要加强政府管理和规划，加大投资力度，改善城市基础设施和公共服务水平，推动丝路沿线国家和地区的城镇化发展迈向更加可持续和包容的方向。同时，还需要加强国际合作，共同应对全球性挑战，实现共同发展和繁荣。

本章参考文献

姜彤，王艳君，袁佳双，等．2018．“一带一路”沿线国家 2020—2060 年人口经济发展情景预测 [J]．气候变化研究进展，14（2）：155-164.

Bashford A. 2014. Global Population: History, Geopolitics, and Life on Earth [M]. Columbia: Columbia University Press.

Egamberidieva M M, Amanbaeva Z A, Pazilova U K. 2021. Features of urbanization processes and changes in the territorial structure of cities in The Republic of Uzbekistan[J]. Nat. Volatiles & Essent. Oils, 8（4）: 11962-11968.

2

丝路建筑科技发展现状与学科链群

2.1 概　　述

美好家园，是人类的不懈追求。城镇化发展是人类社会进步与文明发展的必然趋势，是经济发展和科技进步的必然产物，也是衡量一个国家现代化程度的重要标志。本章内容从建筑科技对城镇发展支撑关系、建筑科技现状及发展趋势、建筑科技学科链群三方面对丝路沿线国家和地区建筑科技现状进行阐述。

2.2 建筑科技对城镇发展的支撑

在城镇化发展中，建筑品质和功能的提升是城镇化发展的重要体现。在促进社会物质财富和精神财富迅速增长的同时，支撑建筑高质量和城镇高质量发展最关键的是建筑科技水平的提升。

2.2.1 建筑科技范畴、定义与框架

1. 建筑科技范畴

建筑科技包含城乡规划、建筑、土木、水暖电等建筑所需的相关学科，是建筑全生命周期中规划、设计阶段的重要支撑。简单地说，建筑全生命周期是指从材料与构件生产、规划与设计、建造与运输、运行与维护直到拆除与处理（废弃、再循环和再利用等）的全循环过程。建筑工程项目具有技术含量高、施工周期长、风险高、涉及单位众多等特点，因此建筑全生命周期的划分就显得十分重要。一般将建筑全生命周期划分为四个阶段，即规划阶段、设计阶段、施工阶段、运维阶段。

全生命周期的四个阶段分别有不同的任务，规划和设计是在建筑项目定位的基础上，为使功能、风格符合其定位，而对其进行比较具体的规划及总

体上的设计。工程施工是建筑安装企业归集对工程成本核算的专用科目，是在建设工程设计文件的要求下，对建设工程进行改建、新建、扩建的活动。运维则包含建筑物的操作、维护、修理、改善、更新、物业管理等过程。以上任务涵盖建筑工程建设与运行的全部过程，使建筑从规划到投入使用，其中规划、设计阶段是建筑工程实施的前提和基础。

明确建筑科技学科范畴，确定建筑全流程建设时各学科的工作范围、内容是建筑科技学科链群建设的基础。根据主要任务，可将建筑科技学科分为上游和下游。其中，上游主要包括城乡规划、建筑学、风景园林等学科，这些学科的运用使建筑满足使用功能性，下游主要包括材料科学、土木工程、市政工程、暖通空调、建筑电气与智能化等学科，而这些学科的应用赋予了建筑生命力。以上建筑科技相关的专业背后有丰富的物理、化学、力学等基础学科支撑。下面对建筑科技上游及下游的学科及其在建筑建设过程中的相关任务范畴进行介绍。

建筑学、城乡规划、风景园林属于建筑科技的上游，使建筑满足了使用的功能性，协调建筑与外部环境的关系，是建设过程的统领。

城乡规划的任务与目标是基于经济、社会、环境的综合发展目标，以城乡建成环境为对象，以土地及空间利用为核心，通过规划编制和规划管理，对城乡发展资源进行空间配置。合理地配置城乡发展资源，需要认识区域、城镇和乡村发展的本质规律，才能在付诸实施中取得预期成效。由于城乡发展的影响因素涉及社会、经济、体制、历史、文化、技术、生态、环境等，是多维度的空间现象，因此要从地理学、社会学、经济学、政治学、历史学、生态学、环境学等各自的学科视角研究城乡发展的规律，由此形成以城乡发展为研究对象的学科集群，同时关注城乡发展的各种影响因素之间相互作用所形成的综合效应。

在城乡规划确定好建筑位置、范围后，则需要进行建筑群或建筑单体的设计，即“建筑学”范围内的工作。它所要解决的问题包括建筑物内部各种使用功能和使用空间的合理安排，建筑物与周围环境、与各种外部条件的协调配合，内部和外表的艺术效果，各个细部的构造方式，建筑与结构、建筑与各种设备等相关技术的综合协调，以及如何以更少的材料、更少的劳动力、更少的投资、更少的时间来实现上述各种要求。其最终目的是使建筑物做到实用、经济、坚固、美观，横跨了工程技术与人文艺术。建筑学涵盖范围广泛，包括历史建筑保护、建筑设计、城市设计、改造、居住区规划设计、景观设计、建筑物理、构造技术、室内设计与装饰等内容。

除了建筑外，户外空间营造也是城乡建设的重要组成部分，风景园林与建筑在城市构成底图中相辅相成，因此风景园林也是人居学科群支柱性学科之一，规划、设计、保护、建设和管理户外自然和人工境域该学科的根本使命是协调人和自然之间的关系，解决有效保护和恢复人类生存所需的户外自然境域；规划设计人类生活所需的户外人工境域的问题。风景园林融合了工、理、农、文、管理学等不同门类的知识，主要包含空间与形态营造理论、景观生态理论和风景园林学美学理论，分别以建筑学、城乡规划学、生态学和美学为内核，广泛吸收地理学、林学、地质学、历史学、社会学、艺术学、公共管理、环境科学与工程、土木工程、水利工程、测绘科学与技术的理论成果。综上，建筑学、风景园林、城乡规划作为建筑工程的基础，明确了建筑与城市构成图底关系，解决了建筑功能性的问题，统领建筑工程建设。目前，随着科学技术的发展与人类对建筑安全、舒适、节能等方面的需求不断提升，建筑上利用各种科学技术的成果越来越广泛深入。在上游学科搭建的建筑功能基础框架下，需要结构、给水、排水、供暖、空气调节、电气、燃气、消防、防火、自动化控制管理、建筑声学、建筑光学、建筑热工学、工程估算等方面的知识，因此需要下游建筑科技相关学科的密切协作。

材料科学、土木工程、市政工程、暖通空调、建筑电气与智能化属于建筑科技的下游，目的是满足人们对建筑安全、舒适、节能等方面不断增长的需求，赋予建筑生命力。

建筑工程中会应用到各种材料，从结构到保温再到装饰，可以说建筑的使用性能与材料密不可分。因此，建筑工程材料科技是工程建设的前提，材料科学这门学科是建筑科技学科链群中的重要一环。材料科学集物理学、化学、冶金学等于一体，在现代工程材料不断进步的基础上，建筑建设所采用的结构、保温、装饰等材料也在发生重大变革。合理正确地选用材料，能够使土建工程获得结构安全可靠、使用状态良好、美观、节能且经济的性能。材料科学的相关知识，对于进行建筑工程建设、保证工程质量、促进技术进步、降低工程成本等都至关重要。

建筑结构的基本要求是建筑设计与建造的基础，它决定着建筑物在经受天然环境、经济拮据、时间考验时的性能水平。而土木工程学科的目标是在房屋、桥梁、道路等工程的建筑物、构筑物和设施中，以建筑材料制成的各种构件相互连接组成的承重体系，使房屋结构体系安全、适用、经济、耐久。结构工程学科研究结构体系的选型、力学分析、设计理论和建造技术，通过运用基本的数学力学知识和现代科学技术，创造性地使用建筑材料和结构形式，使工程结构安全可靠、经济合理地满足各种功能要求。

在建筑满足结构安全、稳定的基础上，为了方便人类居住，满足人类对室内环境舒适度的要求，需要市政工程与暖通空调两个专业的配合。市政工程学科能够解决城市和工业的给水工程、排水工程、城市废物处理与处置工程等的规划、设计、施工、管理与系统运行的问题，包括城市水资源工程理论与技术、水质工程科学与技术、城市管道工程科学与技术、建筑给排水理论与技术等。目的是解决水资源短缺、水体污染防治、水质安全保障、输配水管网及污水管网系统优化与节能、城市污泥与固体废物处置与利用等问题，为实现水的良性循环提供理论与技术支持。暖通空调学科则是在尽可能减少对常规能源的消耗，降低对环境污染的基础上，为人类生产和生活要求所需等提供各种适宜的人工环境，提高生活质量的设计、施工和设备研制等有关的理论、方法和工艺。主要包括民用与工业建筑、运载工具及人工气候室中的湿热环境、清洁度及空气质量的控制，为实现此环境控制的采暖通风和空调设备系统，与之相应的冷热源及能源转换设备系统，以及燃气、蒸汽与冷热水输送系统。

为了使建筑的居住功能完备，满足人类舒适度要求，通常会采用多种设备。建筑电气与智能化学科主要服务于这些设备，其学科主干包括电气工程、控制工程与科学、土木工程。信息时代的到来，使传统的建筑行业发生了深刻变化，形成了信息技术与建筑的结合产物——智能建筑。在这样的背景下，对建筑电气与智能控制科技提出了新要求，需要具备建筑结构知识、建筑设备知识、供暖通风与空调知识的专业人才掌握一定的强弱电知识和建筑设备自动化系统知识，同时具备一定的建筑照明知识。建筑电气与智能控制科技涉及电气照明技术供配电系统和建筑电气安全技术等内容。

2. 建筑科技定义

建筑科技是服务于新型城镇化发展，打造适宜于人居环境的城乡规划、建筑、土木、水暖电等所需的相关建筑科技支撑学科及链群。从城乡规划、建筑学、风景园林，到土木工程、材料科学、暖通空调、市政工程、建筑电气与智能化等，都属于建筑科技范畴。

3. 建筑科技框架

建筑科技可分为上游（城乡规划、建筑学、风景园林）、下游（土木工程、材料科学、暖通空调、市政工程、建筑电气与智能化等）（图 2-1）。

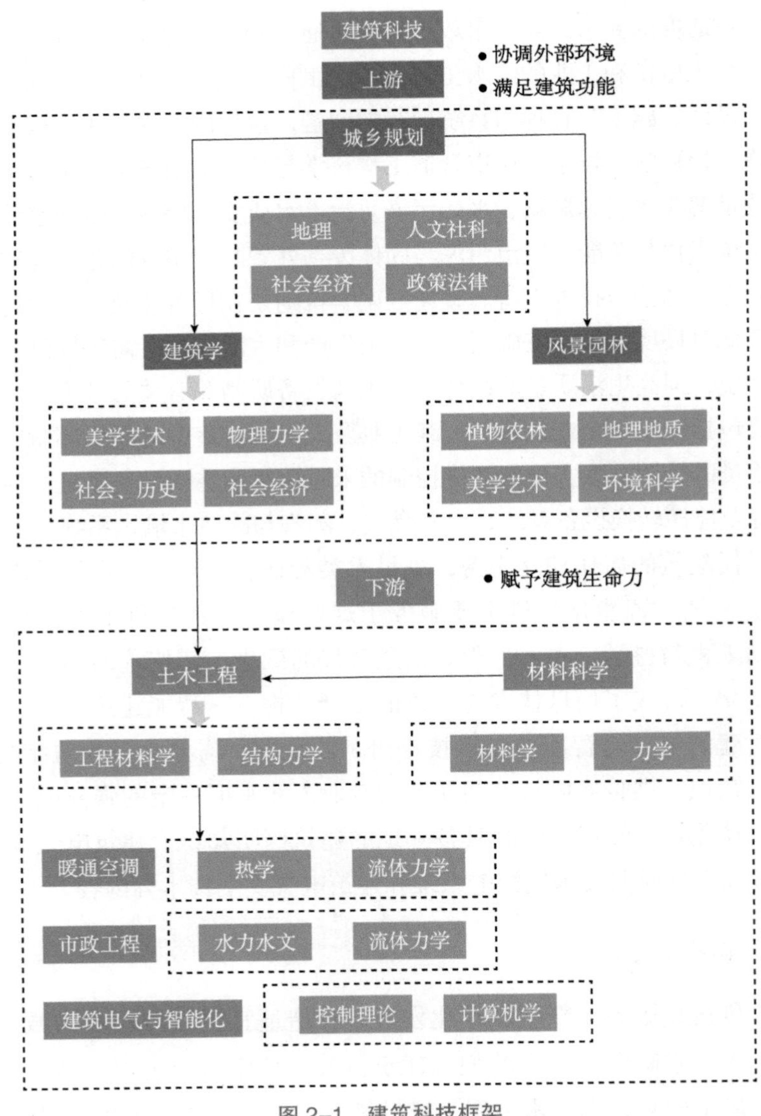

图 2-1　建筑科技框架

2.2.2 建筑科技推动城镇化发展

改革开放以来，我国城镇体系日益完善，城镇人口持续增长，城镇化质量稳步提高。从宏观看，我国城镇空间合理布局的“大分散、小集中”的格局正在形成，表现为与我国地理环境资源基本相协调的东密、中散、西稀的总体态势；从微观看，城市内部空间，中心城区、近郊区、远郊县的城镇空间结构层次日益显现。如图 2-2 所示，与同时期其他国家相比，改革开放之后，我国城镇化率持续稳定增长，城镇人口在 1978 年约 1.7 亿人，城镇化率只有 17.9%，而 2018 年末我国城镇常住人口达到 8.3 亿人，常住人口城镇化率为 59.58%。城镇化质量随着城市建成区面积逐步扩大，住房条件、城市交通、供水、热电、绿化、环境卫生、电信等基础设施体系不断完善，城镇人口容量不断增长，城镇现代化水平不断提高。

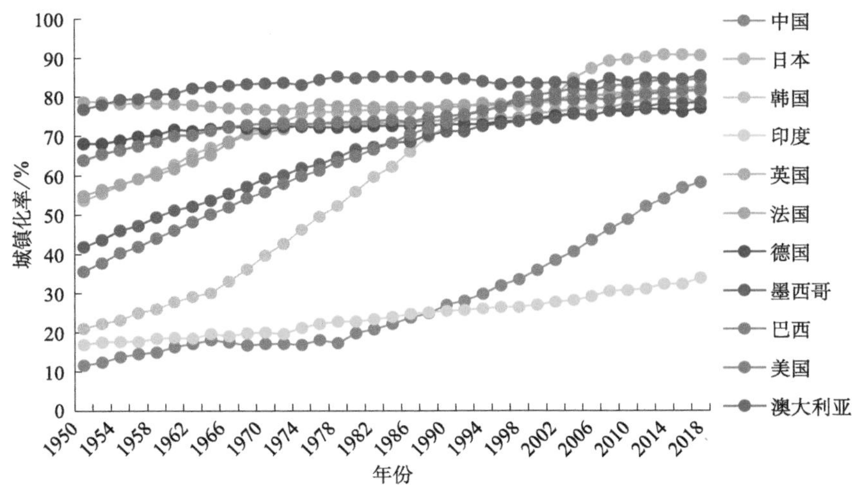

图 2-2 世界各国不同阶段城镇化率变化趋势

数据来源：世界银行公开数据（https://data.worldbank.org.cn/）

城镇化建设是现代化发展的必由之路，是解决新时代我国社会主要矛盾、推动经济高质量发展的强大引擎。而发展建筑科技是推动城镇化发展的重要动力，是新型城镇化建设扎实推进、城市发展质量稳步提升、区域协调发展的有力支撑，也是扩大内需和促进产业升级的重要抓手，具有重大现实意义。建筑科技推动城镇化发展主要体现在：助力城镇建设智慧便捷及长远发展、保障城市建设安全可靠及坚固耐久、引领城市建设绿色低碳及生态宜居三个方面。

1. 建筑科技助力城镇建设智慧便捷及长远发展

作为城市建设的“排头兵”，建筑科技的发展承担着都市物质、文化、生态等多方面建设的重任，引领着都市现代化发展方向。而随着城镇化进程的加快，新时代也对建筑科技的发展提出了新的要求，新型城镇化背景下建筑科技的发展承担着打造智慧城市、促进城镇化发展的重任，而建筑科技的发展离不开建筑学、城乡规划、风景园林、建筑电气与智能化等专业的发展。

建筑学专业致力于建筑设计、建筑文化与遗产保护、建筑技术科学、建筑文化与遗产保护、建筑数字技术等领域的发展。近年来，建筑学专业基于可持续发展原则发展绿色建筑设计，构建创新型建筑设计理论体系，加强建筑文化传承与遗产保护研究的关键技术研发和创新。创建建筑信息模型（building information model，BIM）与新一代信息技术融合应用的理论、方法和支撑体系，以推动建筑业供给侧结构性改革为导向，研究工程项目数据资源标准体系和建设项目智能化审查、审批关键技术，建立建筑产业互联网平台，促进建筑业转型升级，推动城镇化建设。

城乡规划专业是以城市和区域发展为对象，研究土地和空间使用安排和决策、规划实施管理为核心的知识体系，致力于解决城乡发展问题，为建设美好人居环境的实践活动提供理论和知识基础。在新型城镇化背景下，城乡规划专业承担着构建创新型城市设计理论体系，认识城乡建设和发展规律、预测城乡未来发展趋势、预先综合安排各类城乡建设和发展活动、保证城乡规划得以实施的重任。该专业开展基于城市信息模型（city information model，CIM）平台的智能化市政基础设施建设和改造、智慧社区运维、城市运行管理服务平台建设等关键技术装备研究和理论体系建立，加快智慧城市建设进度，助力城镇化建设。

风景园林专业主要研究风景园林规划、区域规划、植物学等方面的基本知识和技能，进行风景园林的规划建设、传统园林的保护修复等，致力于城市景观系统设计、城市生态环境设计、历史文化遗产和风景名胜资源的保护等方面的发展。在新型城镇化背景下，风景园林专业以服务国家生态文明建设为己任，大力发展城市生态环境建设、推动城市可持续发展，构建人类生活宜居环境，助力城乡建设迈向绿色长远发展的道路。

建筑电气与智能化专业以建筑行业为背景，结合 5G、大数据、云计算、人工智能（artifical intelligence，AI）等新一代信息技术与住房和城乡建设领域的深度融合，加快推进基于数字化、网络化、智能化的新型城市基础设施建设，促进城市高质量发展。利用智能化和信息化相关技术以推动建筑业供给侧结构性改革为导向，推动楼宇智能控制、能源综合调度、建筑智能施工、工程项目全生命周期智能化监管等关键技术和理论体系的建立，促进建筑业转型升级，推动城镇化建设进程。

2. 建筑科技保障城市建设安全可靠及坚固耐久

高性能的土木建筑结构和材料的研发是增强城市防震减灾能力、提升建筑使用寿命、推动城市绿色发展的重要举措。在城镇化的建设进程中，建筑科技的发展以提高建筑耐久性、抗震性、安全性为前提，以增强城市抵御风险的能力为目标。土木工程专业作为建筑行业的骨架，承担着城市建筑和基础设施建设的重任，而对土木工程的发展起关键作用的，首先是作为工程物质基础的土木建筑材料，其次是随之发展起来的设计理论和施工技术。而为了保障城市建设安全可靠、坚固耐久，需要大力发展与土木建筑结构和材料相关的装配式混凝土结构技术、钢结构建筑、新型建筑结构、高延性混凝土材料、绿色低碳建材等关键技术和理论体系，加快我国城镇化进程。

在新型城镇化背景下，土木建筑结构作为城市建筑和基础设施建设的支柱，以提高城市应对风险能力为目标，研究韧性城市建设可持续发展理论与方法、建筑和市政基础设施韧性提升、施工安全、超高层建筑运行风险监测、探测识别与防控预警技术和装备等关键技术和理论体系。大力发展构建装配式混凝土结构、钢结构、高效预应力结构等新型土木建筑结构，加快我国建筑工业化的发展，提高生产效率、节约能源，建立全过程、多尺度城市基础设施风险防控技术体系，建设韧性城市，为城镇化发展保驾护航。

在新型城镇化背景下，土木建筑材料作为城市建筑和基础设施建设的物质基础，以保障结构安全、优化施工工艺、推动城市绿色发展为目标，大力发展高性能土木工程材料、能源节约型绿色建材、环境友好型绿色建材等关键技术的研发和理论体系的建立，提升建筑抗震能力，增强城市抵御风险的能力，推动绿色环保技术，减少建筑物建造和使用过程中的碳排放，为建筑行业的可持续发展与城镇化建设的扎实推进提供积极的条件。

3. 建筑科技引领城市建设绿色低碳及生态宜居

建筑科技以支撑城乡建设绿色发展和碳达峰碳中和、促进城市服务设施优化和人居环境品质提升为目标，聚焦城市能源与资源系统技术优化、市政基础设施低碳运行、零碳建筑及零碳社区、城市生态基础设施体系构建，从城市、社区、建筑三种不同尺度、不同层次加强清洁能源绿色低碳技术研发，形成绿色、低碳、循环的城乡发展方式和建设模式，提高城市综合承载力，助力城镇化发展稳步前行。

建筑环境与能源应用工程专业致力于通过采用建筑设备及系统营造民用、工业生产、医疗、交通等领域所需的室内环境。在新型城镇化背景下，建筑环境与能源应用工程专业大力发展建筑节能与可再生能源利用、零碳建筑和零碳社区技术体系、建筑供暖供燃气通风及空调制冷、人居环境品质提升技术、城市建设能源综合管理等关键技术和理论体系的建立，推动城市建设低碳化、绿色化发展，助力城镇化进程大步迈进。

给排水科学与工程、环境科学与工程等专业致力于城市水环境、生态环境的健康发展。在新型城镇化背景下，大力开展供水、排水、燃气、热力、环卫、交通、园林绿化等基础设施建设运维全过程碳减排的基础理论、应用基础、技术路径、关键技术、设备产品的研究。推动城市生态网络修复、城市生态基础设施建立、城市绿地更新与品质提升、城市水系构建、城市水生态重构及保护生物多样性的关键技术和装备，构建城市水资源体系、城市生态资源绿色低碳技术体系与标准体系，助力城镇化发展稳步进行。

2.3　丝路国际建筑科技现状及发展趋势

2.3.1　丝路国际建筑科技发展现状

近 20 年来中国的快速城镇化，推动了高校、研究院所、企业等建筑科技

相关专业领域的迅速发展。全国拥有土木、建筑等建筑科技相关专业的学校很多，截至2022年底，全国开设建筑学专业的大学有289所；开设土木工程专业的大学有572所，其中河北、江苏、山东、河南、湖北、湖南等地区学校数量较多。

1. 中国建筑科技发展现状

中国东部地区是经济发达、人口集中、城镇密集、对外开放程度高、高度城镇化的地区，也是城市群形成发育最早、发育程度最高的地区，从北到南依次包括辽东半岛城市群、京津冀城市群、山东半岛城市群、长江三角洲城市群、海峡西岸城市群和珠江三角洲城市群六大城市群。因中国东部地区城镇化发展较快，故建筑科技发展也相对迅速，更新迭代较快。在我国众多高校中，位于东部地区的清华大学、同济大学、东南大学等“双一流”高校的土木工程、建筑学、城乡规划、风景园林等建筑科技专业相关学科均被评估为A类学科，其主要致力于海洋工程、大型新型土木建筑及高层建筑等城镇化发展。而在我国西部地区，寒冷保暖成为民居首要解决的问题，西部地区高校则肩负着在干旱半干旱、气候恶劣、经济条件相对落后的环境条件下，以建筑、暖通等建筑科技专业相关学科推动城镇化发展。例如，重庆大学、西南交通大学、西安交通大学、长安大学、西安建筑科技大学等高校。诸多高校虽然有重要的学科专业支撑，使得建筑学、土木工程等个别专业学科实力强劲，但链群不全。西安建筑科技大学在土木建筑等各个方向实力均匀，建筑科技专业链群齐整，服务于地方和西部地区的发展，可实现以学校的全学科链群支撑的城镇化发展。

2. 俄罗斯及其他丝路沿线国家建筑科技发展现状

俄罗斯大部分地区冬季漫长寒冷，夏季短暂温暖，与我国北部地区气候相似。因俄罗斯的气候特点，故其建筑以供暖、保温为主要侧重点，因此形成了以莫斯科国立建筑大学、圣彼得堡国立理工大学（皇家理工大学）、圣彼得堡国立建筑大学、莫斯科建筑设计学院等建筑高校体系。20世纪50～60年代，苏联建筑科技主要聚焦于土木、建筑、暖通等学科，圣彼得堡国立建筑大学供热、供气、通风等建筑科技学科以及莫斯科国立建筑大学的建筑学专业等学科，为我国建筑专业的建立提供了诸多支持。因与我国北部城市相似的气候特点，俄罗斯的建筑技术及特点为我国北部城镇化建设发展带来了新思路。

在中世纪期间，乌兹别克斯坦是 7000 mi[①] 长的丝绸之路的中心。撒马尔罕、布哈拉、希瓦、沙赫里萨布兹、铁尔米兹和浩罕是最著名的艺术和科学建筑中心。19 世纪末和 20 世纪初，房屋内独立的房间根据天气变化而建造，并在高温和低温中创造出独特的建筑特点，设计风格简单，体现了乌兹别克斯坦文化的独创性。哈萨克斯坦、吉尔吉斯斯坦、塔吉克斯坦、乌兹别克斯坦等中亚丝路沿线国家的气候类型以温带大陆性气候为主，与我国西部地区类似。我国西部地区新疆，冬季漫长严寒，夏季炎热干燥，春秋季短促而变化剧烈。在干旱气候的影响下，新疆成为中国最干、最热、最冷、风沙最大、温差最大的地区之一，如“火州”吐鲁番的最热、东疆和南疆塔里木盆地的干旱和富蕴之寒、阿拉山口的风沙等。因此，新疆地区建筑的布局和构造需适应当地气候特点，即厚墙、小窗、高密度、内部庭院调节小气候等，与中亚国家的建筑特点类似。

3. 英美及其他欧美国家建筑科技发展现状

纵观全球城市史，英美无疑是两个具有典型代表性的国家，两国城镇化路径虽然不同，但相对于其他国家城镇化发展较早，城镇化体系相对成熟。

英国城镇化开始最早、水平最高、逆城镇化显著（张卫良，2015）。英国是城镇化的先驱，14～15 世纪的圈地运动将农民与土地剥离，农民被迫涌入城市，城镇化趋势初现。之后凭借第一次工业革命发起者的优势，率先开始城镇化进程，城镇化速度加快，是第一个实现城镇化的国家。19 世纪末 20 世纪初城市人口增长进入新的高峰期，1891 年城市人口比例达到 72.0%，1931 年则达到 80.4%，已实现高度城镇化，农村人口比例低于 20%，城乡一体化基本实现。随着城镇化水平的不断提高，郊区城镇化和逆城镇化渐成趋势，1960 年城镇化率减至 78.44%，之后 50 年间，城镇化水平时起时伏，基

① 1 mi=1.609 344 km。

本不再增长，2010 年城镇化率仍在 80% 左右（张卫良，2015）。

美国城镇化相对于英国开始较晚、速度较快、范围较大。1830 年美国城市人口仅占总人口的约 8%，城镇化发展缓慢。直至南北战争实现统一之后，借第二次工业革命的东风，城市发展速度才得以起步，1880 年城市人口比例达到24.9%，接近英国1750 年城镇化开始时的水平。之后城市发展持续加快，到 1920 年城市人口比例达到 51.0%，仅用40 年便迅速完成了城镇化进程（张卫良，2015）。

欧式风格强调华丽的装饰、浓烈的色彩、精美的造型，从而达到雍容华贵的装饰效果。类型有哥特式建筑、巴洛克建筑、法国古典主义建筑、古罗马建筑、古典复兴建筑、罗曼建筑等，喷泉、罗马柱、雕塑、尖塔、八角房等都是欧式建筑的典型标志。而美国建筑风格的最大特点就是新古典主义风格的兴起。

英国等欧美国家城镇化发展成熟，形成以英国伦敦大学学院巴特莱特建筑学院、曼彻斯特建筑学院、剑桥大学建筑系和美国麻省理工学院建筑与规划学院、哈佛大学设计学院、加州大学伯克利分校建筑学院为代表的高校体系，但所需建设数量有限，建筑科技学科需求减少，导致部分学科发生合并，产生如建筑环境设计、景观建筑等交叉学科。因其建筑科技自成体系，发展成熟，以高成本、高性能为主，故不适用于丝路沿线国家借鉴模仿。

4. 日韩等其他亚洲国家建筑科技发展现状

日本、韩国是第二次世界大战后亚洲国家在较短时间内快速、成功地实现人口城镇化的典范。作为第二次世界大战后首个实现工业化的亚洲国家，日本城镇化建设的经验一直受到国际社会的关注。1945 年日本城镇化率只有 28%，到 1950 年为 37%，而到 1980 年上升到 76.2%（王世珍，2017），2005 年这一数字达到 86%。根据有关统计，2011 年日本城镇化率为 91.3%，远远超过东亚地区 55.6% 的平均水平。如今，日本 90% 以上的人口都居住在大城市或中小城镇。高度的城镇化使大多数日本国民的生活水平得到保障。韩国在 20 世纪 60～80 年代也曾经历过人口城镇化的高速增长期，目前已进入后城镇化期。因日韩的城镇化特点，故在城镇化建筑学科设置上，也趋于精细简化，如日本的东京大学、京都大学、早稻田大学等以及韩国的首尔大学和延世大学等。东京大学的建筑系十分出名，建筑学以学术研究为主，其建筑学相关研究科有两个，分别是工学系研究科和新领域创成科学研究科，包括建筑学和社会文化环境学；京都大学的建筑学仅在工学部下，建筑学科分计划、构造、环境三个系列，京都大学在建筑经济学领域有最悠久的传统，是日本建筑界在这一研究领域的领跑者；早稻田大学建筑系在日本建筑界享有很高的声誉，设立理工学部建筑学科。首尔大学相关建筑专业包括建筑学、建筑工学、建设环境学、材料工学；延世大学建筑相关专业包括建筑工学、建设环境工学。日韩建筑专业主要侧重于建筑的历史和设计，与自然科学、哲学、美学、社会学等有密切的关系，并将建筑科技和艺术密切结合，使其相互融合。随着社会的发展，社会服务属性决定了部分建筑学科发生合并，暖通电气设备可由公司直接完成，使得学科设置中少有暖通专业。同时，因日韩地区建设量少、需求量小，且发展成熟，故其发展过程中的经验值得学习借鉴。

2.3.2 丝路国际建筑科技发展趋势

丝路沿线国家和地区干旱半干旱气候特征、可再生能源相对富集、地域民族文化多样、经济相对欠发达、城镇化水平普遍不高的特性极其类似，这些国家均处于城镇化快速发展阶段。现阶段，丝路沿线城镇基础设施不断更新，城镇绿色低碳规划、建筑建造工程与工业化水平逐步提高，绿色建筑与建筑节能技术体系逐步完善，由此带来的城镇生态环境与可持续发展压力也日趋严峻。总体而言，丝路沿线新型城镇高质量、绿色可持续发展与建筑科技相关专业学科水平密切相关。

丝路建筑科技发展承载着沿线国家宜居城市建设、人民安居乐业、全球建筑行业技术经济贸易互通等重大责任。总体上来讲，丝路沿线国家和地区建筑科技发展将逐步形成以下发展趋势。

1. 建筑科技相关专业协同、高质量一体化发展

丝路沿线国家城镇化快速发展，相应地，与建筑领域相关的科学技术都得到明显改善，如建筑设计、建筑结构、建筑设备、建筑电气等相关专业发

展迅速。此外，随着全球及各个国家对历史文化保护、资源永续发展、生态环境保护的不断重视，城乡规划、风景园林、环境保护、资源工程等相关学科也得到了迅猛发展。城市功能属性的多样化、建筑发展的更高质量要求，促使建筑设计和施工之间的联系也趋于复杂化和紧密化，所以以往的协调方式已经不能满足新时期城镇化发展与建筑科技发展的要求。随着城市地理信息模型、建筑信息模型理念的提出和应用，建筑科技相关专业之间的联系更加紧密，建筑的整个设计施工与管理过程也更加具有层次感。

建筑科技协同发展的特点决定了城乡规划、建筑学、土木结构工程、市政工程、建筑设备、环境工程、工程管理、建筑电气与智能化等相关建筑学科需要密切的配合和协作。从社会发展的角度看，建筑科技协同发展能够提高设计质量和社会工作效率，避免社会财富损失。同时，协同的思想加强了社会对“建筑、人、环境”的理解。

丝路沿线国家建筑科技发展既具有相互促进性，也具有竞争性。建筑科技是否具备国际一流水平的竞争实力，即能否提供最好的服务、最快的速度和最低的成本，并以信息技术为支撑，开展跨专业、跨地区乃至跨国等多种形式的协同合作是非常必要的。因此，建筑科技相关专业的协同、高质量一体化发展是丝路沿线国家建筑科技发展的重要趋势之一。

2. 绿色低碳建筑科技引领、建筑行业可持续发展

在全社会各行业中，建筑能耗已与交通能耗、工业能耗并称为我国三大“能耗大户”。2020 年我国建筑能耗约占全社会总能耗的 46%，建筑碳排放约占全社会总碳排放的 51%（中国建筑节能协会建筑能耗与碳排放数据专委会，2022），是能源资源消费、环境污染的重要领域之一。因此，亟须将绿色发展理念融入建筑工程建造的全要素、全过程，全面提升建筑业绿色低碳发展水平，推动建筑业全面落实低碳转型发展任务，为全球环境保护、共建美丽世界做出积极贡献。

以建筑科技引领建筑行业低碳转型发展，首要任务就是大力推进低碳城市规划、绿色建筑设计、循环建筑材料、近零能耗建筑技术等相关学科的大力发展。

通过建筑科技法律法规推进建筑运行绿色化、低碳化，支持发展高星级

绿色建筑，持续开展既有建筑节能改造，加快太阳能、地热能、风能、生物质能等可再生能源在建筑中的应用，节省建筑使用阶段的能源消耗，减少碳排放，提高居住品质，改善居住环境。加强建筑废弃物绿色再生利用，推动建筑废弃物综合利用产业优化升级，培育具备示范引领作用的建筑废弃物综合利用基地，实施建筑废弃物综合利用产品应用示范工程，促进建筑废弃物综合利用产品推广应用，引导建筑废弃物综合利用行业健康有序发展。加强绿色低碳建筑技术标准支撑，主要手段包括加强建筑领域高质量、国际化工程建设标准制定。通过以上手段，全面推进建筑行业绿色低碳转型、可持续发展。

3. 建筑科技高效智能化发展、不断推进工业化水平

信息技术使人们的生产、生活等方式发生了巨大变化，作为人们居住和活动场所的建筑物要适应信息化带来的改变，因此智能建筑的产生和发展是必然趋势。智能建筑通过将建筑物的结构、设备、服务和管理根据用户的需求进行最优化组合，从而为用户提供高效、舒适、便利的人性化建筑环境。建筑智能化提高用户工作效率、提升建筑适用性、降低使用成本已成为发展趋势。

丝路沿线国家建筑科技逐步推动建筑工业化发展，通过现代化的制造、运输、安装和科学管理的生产方式，不断代替传统建筑业中分散的、低水平的、低效率的手工业生产方式，促成建筑设计标准化、构配件生产工厂化、施工机械化和组织管理科学化。

以智能建造为例，智能建造师是以土木工程专业为基础，融合计算机应用技术、工程管理、机械自动化等发展而成的工程建造 + 数字化、智能化、信息化的新型高度融合型人才，是智能智慧建设项目的建设者和实施者。智能建造师能够应用现代化技术手段，进行智能测绘、智能设计、智能施工和智能运维管理，能胜任传统和智能化建筑工程项目的设计、施工管理、信息技术服务和咨询服务，同时能胜任一般土木工程项目的智能规划与设计、智能装备与施工、智能设施与防灾、智能运维与管理等工作。

城市发展迫切需要融合建筑智能化系统、BIM+ 物联网、楼宇自动化系统、智能化系统集成等智能化技术，进一步提升城市精细化管理水平，加强

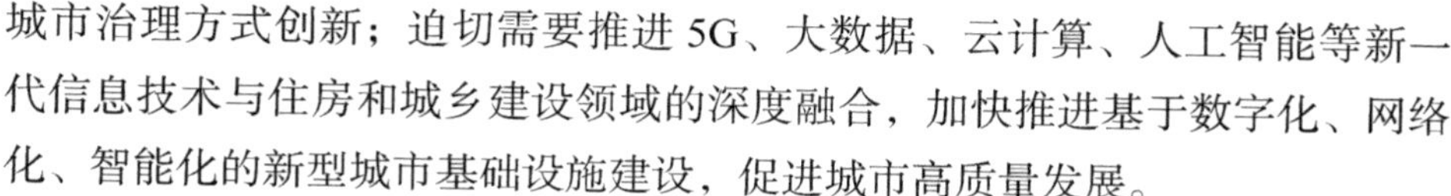

城市治理方式创新；迫切需要推进 5G、大数据、云计算、人工智能等新一代信息技术与住房和城乡建设领域的深度融合，加快推进基于数字化、网络化、智能化的新型城市基础设施建设，促进城市高质量发展。

4. 建筑科技推动标准体系建设、建筑行业规范化发展

标准规范是建筑业安全高质量发展的准绳，是行业发展的法律法规。在兜住建筑行业安全底线方面，坚持高标准、严要求，构建以国家强制性标准为核心的建筑工程建设标准体系，不断提升涉及人身健康、生命财产安全、生态环境安全、经济社会管理等方面的强制性国家标准水平，为丝路沿线国家发展、人民安居乐业构筑安全屏障，使得工程建设领域“质量第一、安全第一”的发展理念深入人心，人民群众获得感增强。

只有高标准才有高质量，高标准就是话语权。在促进行业转型升级方面，坚持服务丝路沿线国家宏观调控目标和产业发展需求，通过不断提升标准技术水平，推广应用新技术、新工艺、新材料，促进建筑品质和工程质量提高，倒逼产业转型升级。

在国际通用建筑行业标准化领域，应由各国根据自身优势，提出和主导制定工程建设国际标准，丝路沿线国家互鉴，促进建筑行业高质量协同发展。

以中国为例，应进一步改革建筑工程建设标准体制，健全标准体系，完善工作机制。今后一段时期，工程建设标准化改革的重要任务首先是从“过程管理”向“结果控制”转变，给创新留出路；其次是工程建设以技术立法为准则、以推荐性标准为支撑，确保安全、生态、民生等底线，推动建设标准化改革适应新时代建筑行业发展新要求。

2.4 丝路沿线国家和地区建筑科技学科链群

本节主要列举丝路沿线国家和地区建筑科技学科链群框架、分类、重要机构、学科设置、行业发展情况。

2.4.1 丝路国际建筑科技学科链群与分类

1. 建筑科技学科链群框架

建筑科技学科链群可分为上游（城乡规划、建筑学）、下游（材料科学与工程、土木工程、控制科学与工程等）（图 2-3）。

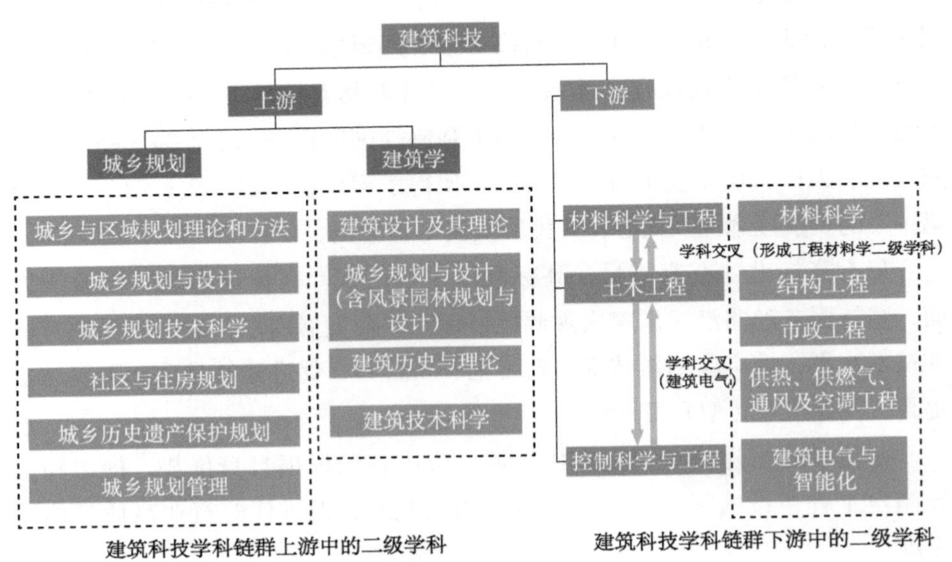

图 2-3 建筑科技学科链群框架

2. 建筑科技学科分类（以西安建筑科技大学建筑科技学科分类为例）

建筑科技上游一级学科包含城乡规划与建筑学（建筑学一级学科内包含风景园林）。建筑学作为一级学科，下设建筑设计及其理论、城市规划与设计（含风景园林规划与设计）、建筑历史与理论、建筑技术科学。建筑设计及其理论主要研究建筑设计的基本原理和理论、客观规律和创造性构思，建筑设计的技能、手法和表现，建筑设计是该方向的主导环节。城市规划与设计（含风景园林规划与设计）主要研究城市空间形态的规律，通过空间规划和设计满足城市的基本功能和形态要求，整合土地使用、交通组织、社区空间、综合功能开发、历史文化遗产保护等要求，使城市及其各组成部分之间相互和谐，展现城市的整体形象；同时，满足人类对生活、社会、经济、美观的需求。建筑历史与理论主要研究中外建筑历史的发展、理论和流派，与建筑学相关的建筑哲学思想和方法论等。建筑技术科学主要研究与建筑的建造和运行相关的建筑技术、建筑物理、建筑节能及绿色建筑、建筑设备、智能建筑等综合性技术和建筑构造等。城乡规划作为一级学科，下设城乡与区域规划理论和方法、城乡规划与设计、城乡规划技术科学、社区与住房规划、城乡历史遗产保护规划、城乡规划管理二级学科。城乡与区域规划理论和方法研究区域、城镇和乡村的发展规律，总结城乡规划理论与实践历史，针对城乡发展状况和发展目标，探索城乡规划的方法论，完善具体的工作方法，为城乡规划的发展提供思想、理论和方法论基础。城乡规划与设计依据城乡经济、社会、环境的综合发展目标，遵循可持续发展的理念，对城乡建成环境进行空间规划和形态设计。城乡规划技术科学针对城乡社会经济的发展需要和科学技术的发展，研究各类城乡物理环境科学、基础设施与工程技术、数理模型、模拟技术和信息技术等在城乡规划中的应用，包括城乡建成环境的控制和优化技术、城乡建成环境的生态保护和低碳节能技术，为城乡规划学科的发展提供技术支撑。社区与住房规划注重住房规划与社区发展之间的关联性研究，包括城乡社区发展与住房政策的基本理论、规划内容和方法；同时，从住房政策所涉及的政治、经济、社会、文化和技术等视角，揭示住房政策的价值取向，为住房规划实践提供理论依据。城乡历史遗产保护规划的研究领域包含城乡物质文化和人文文化遗产两大范畴。城乡规划管理的研究领域包含城乡与区域规划编制的法定行政程序、城乡与区域规划实施管理、城乡规划法规和政策体系等。

根据全国第四轮学科评估结果，城乡规划与建筑学排名前十的大学为清华大学、东南大学、天津大学、同济大学、华南理工大学、哈尔滨工业大学、浙江大学、华中科技大学、重庆大学、西安建筑科技大学。根据教育部第五轮学科评估结果，全国范围内清华大学、东南大学，城乡规划与建筑学评级均为 A+ 档；天津大学、同济大学、华南理工大学，城乡规划与建筑学评级均为 A- 档；哈尔滨工业大学、浙江大学、华中科技大学、重庆大学、西安建筑科技大学，城乡规划与建筑学评级均为 B+ 档。

下游学科中，土木工程一级学科包含内容广、范围宽，与建筑科技链条相关的二级学科包括结构工程、市政工程以及供热、供燃气、通风及空调工程，交叉学科有土木工程建造与管理、土木工程材料。土木工程是建造各类工程设施的科学技术的统称，既指工程建设的对象——建造在地下、地上、水中等的各类工程设施，也指其所应用的材料、设备和所进行的勘测、设计、施工、管理、监测、维护等专业技术。土木工程学科内涵丰富，主要包括基础学科与理论、工程材料、工程分析与设计、工程施工、工程经济与管理、信息技术应用等几个方面，其研究对象为基础设施建设中的各类结构物，如房屋建筑、桥梁、隧道与地下工程、道路、铁路、港口、市政及特种工程、供暖、通风、空调系统等的安全与适用。

根据全国第四轮学科评估结果，土木工程学科排名前十的大学为同济大学、东南大学、清华大学、北京工业大学、哈尔滨工业大学、浙江大学、天津大学、大连理工大学、河海大学、湖南大学。根据教育部第五轮学科评估结果，同济大学、东南大学，土木工程评级均为 A+ 档；清华大学、北京工业大学、哈尔滨工业大学、浙江大学，土木工程评级均为 A 档；天津大学、大连理工大学、河海大学、湖南大学、中南大学、西南交通大学、中国人民解放军理工大学，土木工程评级均为 A- 档；北京交通大学、石家庄铁道大学、沈阳建筑大学、上海交通大学、中国矿业大学、山东大学、武汉大学、华中科技大学、长沙理工大学、华南理工大学、重庆大学、西安建筑科技大学、广州大学，土木工程评级均为 B+ 档。

材料科学与工程、控制科学与工程一级学科包含内容广、范围宽，且与建筑科技链条相关的学科交叉内容较少，其交叉部分主要为材料科学（工程材料）、建筑电气与智能化，学科任务主要服务于建筑建造过程。根据全国第四轮学科评估结果，材料科学与工程排名前十的大学为清华大学、北京航空航天大学、武汉理工大学、北京科技大学、哈尔滨工业大学、上海交通大学、浙江大学、西北工业大学、北京理工大学、北京化工大学。根据教育部第五轮学科评估结果，西安建筑科技大学材料科学与工程评级为 B 档，建筑电气与智能化属于土建类学科，在教育部学科评估中，与土木工程一致，评级为 B+ 档。

以上为建筑建设链条上的主要学科，在该链条上，西安建筑科技大学学科设置门类全，体系完整。西安建筑科技大学的建筑学院、土木工程学院、材料科学与工程学院、环境与市政工程学院、建筑设备科学与工程学院分别设置了建筑科技链条上所需的相关学科，为建立丝路国际建筑科技学科链群与分类提供了全面的新模式。

2.4.2 丝路国际建筑科技重要机构

21 世纪是科学技术迅猛发展的世纪，是中国建筑业与城市发展更加繁荣的时期，随着市场经济的逐步完善，建筑市场已迎来了一个科技应用与发展的大好时期。而建筑高校、科研院所及相关企业对建筑科技发展的推动起到了关键作用。

1. 中国

高校：清华大学（A+ 专业：建筑学、城乡规划、风景园林）、东南大学（A+ 专业：建筑学、土木工程）、同济大学（A+ 专业：土木工程、城乡规划）、哈尔滨工业大学（A 专业：土木工程）、浙江大学（A 专业：土木工程）、沈阳建筑大学（B+ 专业：土木工程；B 专业：建筑学、城乡规划、风景园林）及西安建筑科技大学（B+ 专业：建筑学、土木工程）等。

相关科研院所：中国建筑科学研究院有限公司等。

行业与企业：中国建筑，中国建筑集团有限公司，正式组建于 1982 年，是我国专业化发展最久、市场化经营最早、一体化程度最高、全球规模最大的投资建设集团之一，业务布局涵盖工程建设（房屋建筑、基础设施建设）、勘察设计、新业务（绿色建造、节能环保）等板块；中国中铁，中国中铁股份有限公司，是集勘察设计、施工安装、工业制造、房地产开发、资源利用、金融投资和其他新兴业务于一体的特大型企业集团；中国铁建，中国铁建股份有限公司，已发展成为具有科研、规划、勘察、设计、施工、监理、运营、维护和投融资完整的行业产业链，具备为业主提供一站式综合服务的能力，是全球最具实力和规模的特大型综合建设集团之一；中国电建，中国电力建设集团有限公司，在全球电力建设行业（规划、设计、施工等），其能力和业绩始终位居首位；中国能建，中国能源建设股份有限公司，主营业务涵盖能源电力、水利水务、铁路公路、港口航道、市政工程、城市轨道、生态环保和房屋建筑等领域，具有集规划咨询、评估评审、勘察设计、工程建设及管理、运行维护和投资运营、技术服务、装备制造、建筑材料于一体的完整产业链。

2. 俄罗斯及其他丝路沿线国家

高校：莫斯科国立建筑大学（优势学科：建筑学、暖通专业、城市规划、水利工程等）、圣彼得堡国立理工大学（皇家理工大学）（优势学科：施工技术和工艺）、圣彼得堡国立建筑大学（优势学科：建筑学、暖通、给排水等建筑学科）、莫斯科国立建筑设计学院（优势学科：建筑学、城市规划等）等。

相关科研院所：俄罗斯建筑与建设科学院（Russian Academy of Architecture and Construction Sciences，RAACS），是俄罗斯联邦四个国家科学院之一，是俄罗斯建筑技术、城市规划和建筑科学领域的最高科学组织，负责协调建筑技术、城市规划和建筑科学领域的基础研究。哈萨克斯坦建筑科研设计院，其主要经营领域包括：研究并将现代信息技术引入施工；将建筑信息模型技术用于设计；设计任何复杂程度的建筑、设施，包括在不同气候区的常规和地震区开发典型项目；国际和国内的城市规划和建设等。

行业与企业：JSC 建筑研究中心（JSC Research Center of Construction），是俄罗斯建筑领域的科学和工程领导者。90 多年来，JSC 建筑研究中心一直致力于确保建筑、土木和工业工程以及俄罗斯建筑部门的效率、可靠性和安全性。JSC 建筑研究中心是俄罗斯建筑科学、建筑和工程领域的领先公司。Mostotrest PJSC，该公司成立于 1930 年，是俄罗斯最大的定制和大型桥梁建设集团。在多年的经营中，该公司已新建和改建了 7700 多座基础设施，包括桥梁、立交桥、隧道和交通交会处。BI Group，是哈萨克斯坦最大的建筑控股公司，在世界建筑公司中排名第 198 位。该公司的建筑项目包括：住宅区、公共和工业建筑、行政大楼、体育场馆、桥梁和其他基础设施项目；与俄罗斯、土耳其、沙特阿拉伯等地的不同公司创建和实施联合建筑项目。

3. 英美及其他欧美国家

高校：英国伦敦大学学院（优势学科：建筑学、工程 & 建筑设计理学）、曼彻斯特建筑学院（优势学科：建筑学、建筑与城市规划、景观建筑）、剑桥大学（建筑学院）；美国麻省理工学院（优势学科：建筑系、城市规划系）、哈佛大学（优势学科：建筑系、景观建筑系、城市规划设计系）、加州大学伯克利分校（优势学科：建筑学、建筑及城市设计、建筑艺术）等；墨尔本大学（设计学院）、悉尼大学（建筑、设计与规划学院）等。

相关科研院所：英国建筑研究院（British Building Research Establishment，BBRE），通过开发以科学为主导的解决方案来应对建筑环境挑战，使建筑更有利于人类和环境，为建设一个繁荣和可持续的世界做出贡献。同时，英国建筑研究院通过独立研究获得新的专业知识，用于创造产品、标准和资格，确保建筑、住宅和社区是安全、高效、多产、可持续的，从而实现社会、环境和经济目标。澳大利亚建筑师协会，是国家性质的组织，国际建筑师协会（International Union of Architects，UIA）的成员。澳大利亚建筑师协会及其成员致力于提高所有人的建筑环境质量，并推动建筑的发展。同时，通过提高城市商业和住宅建筑的设计标准，与国际建筑师协会一起在塑造澳大利亚的未来中发挥着重要作用。

行业与企业：Balfour Beatty Plc，英国最大的建工企业，成立于 1909 年，总部位于伦敦，是一家国际性基础设施建造公司，在全球超过 80 个国家和地区开展业务，目前是领先的国际基础设施集团。在整个基础设施生命周期内开展业务，结合世界级的投资能力以及领先的建设和支持服务，承建大型、国家关键的复杂基础设施的地方和区域项目。WinWin，由建筑师威廉姆斯（Williams）男爵（Baron）1919 年创立于英国伦敦，是世界上知名的建筑设计机构，公司业务范围涵盖养老地产策划、养老地产规划设计、旅游地产设计、酒庄设计、其他民用建筑设计、城市设计、城市规划和区域规划的概念和方案设计。RMJM，成立于 1956 年，总部设于英国苏格兰，是一家集建筑、规划、工程、室内设计、视觉艺术及园林设计的大型集团顾问公司。RMJM 还致力于为建筑物能源节约和楼宇持续发展提供专家和经验，探究减少建筑物能耗、保护环境和降低运行成本的替代办法，甚至可以预报建筑物设施的性能和建筑物将来的运行成本，使客户能够将能源支出初始的费用与将来的节约进行比较。全球最大的建筑事务所之一 RMJM 与美国最大的建筑设计公司之一 Hillier 合并，打造了一个拥有空前精湛技术人才和全球影响力的综合实体。合并后的公司可提供建筑、室内设计、总体规划、城市设计、历史建筑保护、技术顾问、土地规划、景观设计、制图和计算机可视化服务。伍兹贝格（Woods Bagot），创立于澳大利亚，是一家拥有 150 多年历史的全球设计咨询品牌。其专注于建筑设计、室内设计、总体规划、品牌设计咨询等业务，已完成了众多设计作品，涵盖城市与场所、综合体、商业设计、办公设计、医疗设计等多个领域。

4. 日韩等其他亚洲国家

高校：日本的东京大学（优势学科：建筑学、土木工程）、京都大学（优势学科：建筑经济学）等；韩国的首尔大学（建筑与建筑工程学院）和延世大学（优势学科：建筑工学系、城市工学系）等。

相关科研院所：建筑研究所（日本）（Building Research Institute，BRI），是一个拥有 70 多年历史的国家研究和发展机构，旨在为住房、建筑和城市社区带来健康有序的发展，对住房、建筑和城市规划进行技术调查、测试和研发，开展地震学和地震工程培训，并进行技术指导和成果传播。日本建筑学会（Architectural Institute of Japan，AIJ），是一个由建筑师、建筑工程师和建筑各个领域的研究人员组成的非营利组织。该学会的主要目的是培养其成员的能力，提高日本的建筑质量。研究人员、其他建筑协会的官员、政府和其他公共机构的官员也是 AIJ 的成员。同时，AIJ 还与大学和其他研究机构保持联系。作为建筑领域唯一的综合性研究所，AIJ 为科学、技术和艺术的发展做出了重要贡献。日本有许多建筑师、建筑工程师、总承包商以及建筑材料和设备公司的协会，在这些协会中，AIJ 一直是最负盛名的学术协会。韩国土木工程与建筑技术研究所（Korea Institute of Construction Technology，KICT），是韩国唯一的政府资助的建筑技术领域的研究机构。凭借几十年来积累的研发经验，致力于在智慧城市、未来道路基础设施、应对气候变化灾害、减少空气中的微细颗粒物（细颗粒物）等国家层面的课题积极展开研究。

行业与企业：清水建设株式会社，创建于1804年，总部位于日本东京，是一家拥有200多年历史的老牌建筑商。清水建设株式会社所涉及的业务领域大致可以分为三部分：建筑、房地产、其他与建筑和房地产相关的服务（如建筑设备、材料的租赁及销售，提供相关金融服务等）。清水建设株式会社成立至今已经发展成为颇具规模的技术研究所，在结构安全、基础工程、地下工程、能源开发、城市绿化、生物工程、信息技术、地震科学等方面开展了广泛的研究和探索。鹿岛建设株式会社，创办于1840年，是日本大型综合建筑公司，全球第三大建筑承包商，在日本建筑业的发展中发挥了重要作用。鹿岛建设株式会社在西式建筑、铁路和大坝建设中，尤其是在核电厂建设和高层建筑建造中享有盛誉。三星物产，作为三星集团的子公司，凭借其优秀的人才和先进的技术，为六大领域客户提供完善的解决方案和服务。这六大领域包括：摩天大厦、高科技工厂设施、道路和桥梁、港口、能源、综合性公寓等。在全世界范围内从事各种建设，包括民用工程、产业工厂、土地开发、核电站建设等。在多领域处于领导地位，如成功在阿联酋建造的哈利法塔，马来西亚最高的标志性建筑“双子塔”和中国台湾台北“101大楼”等，这些伟业使三星物产成为世界领先的建筑工程公司。

建筑科技的发展对建筑行业起到十分重要的推动作用，而高校、科研院所、相关行业与企业的技术储备和创新能力对建筑工程中的经济效益、使用效益和建筑节能环保效益提供了强有力的保障。

2.5 小　　结

本章通过对建筑科技范畴及框架、建筑科技与城镇化关系、建筑科技发展现状及趋势、建筑科技学科链群、丝路沿线建筑科技相关机构等内容的阐述，梳理了丝路沿线国家和地区城镇化与建筑科技发展现状，使读者更好地了解丝路沿线国家和地区的建筑科技行业现状和未来发展趋势，为后续推动丝路沿线国家和地区城镇化事业的绿色可持续发展提供基础。

本章参考文献

王世珍. 2017. 日本与韩国的城市化发展模式研究 [J]. 河南建材，(6)：241-242.

张卫良. 2015. 工业革命前英国的城镇体系及城镇化 [J]. 经济社会史评论，11 (4)：13-24, 125.

中国建筑节能协会建筑能耗与碳排放数据专委会. 2022. 2022 中国建筑能耗与碳排放研究报告 [R]. 重庆.

3

丝路沿线国家和地区城市建设与地域绿色建筑发展

3.1 概　　述

丝路沿线国家和地区覆盖区域广阔，历史文化底蕴深厚，气候环境多样，资源禀赋丰富，文化类型多元，为当地的城市发展和文化传承提供了强大的支撑，也对可持续的城市建设与地域绿色建筑发展提出了巨大的挑战。

丝路沿线横跨中华文明、印度文明、阿拉伯文明、波斯文明、欧洲文明与埃及文明，沿线各国留下了丰富的历史文化遗存，针对城市遗产的保护、传承、更新开展了深入的实践，提出了多元的保护路径；丝路沿线拥有多样的气候类型，涵盖温带大陆性气候区、热带沙漠性气候区、地中海气候区等具有显著气候差异的地域，针对沿线地区干旱、半干旱的气候特征，各国正在推进韧性城市的研究，并逐步在各个城市实施；同时，沿线地区拥有丰富的自然资源、矿产资源、能源资源，针对差异性的资源特征，各国开展了城市水循环规划、城市可持续能源适宜性规划等城市实践。

丝路沿线多样的自然环境和多元的文化特色，孕育出了丰富的传统建筑类型，各种民居建筑精彩纷呈，因地制宜、特色鲜明的生土传统民居尤为突出。20 世纪中期，丝路沿线国家的经济有了显著增长，为适应现代需求、传承地域特色，建筑师深入挖掘本土文化，结合现代材料、技术，形成了具有地域性特征的现代建筑风格。21 世纪，面对低碳节能的全球背景，针对各国的环境特色、资源禀赋，注重生态友好的绿色建筑也形成了丰硕的实践成果。

3.2 丝路沿线国家和地区城市建设

3.2.1 传承历史文化的城市遗产保护

陆上丝绸之路是一条连接欧亚大陆的著名古代商贸交流通道，沿线城镇

众多，历史文化积淀深厚，几千年来留下了丰富的城市遗产。这些遗产不仅是丝路沿线城镇形成、发展的历史见证，是人类文明的共同记忆，也是未来丝路经济带社会经济发展的重要战略资源。近年来，丝路沿线国家和地区纷纷在城市遗产保护领域进行了深入、多样的保护、传承和利用实践，开展了广泛的国际交流与合作，取得了丰硕的成果。

1. 中国新疆：喀什古城

喀什是新疆南部的第一大城，是古丝绸之路北、中、南线的西端总交会处，是中西交通枢纽和商品集散地。喀什建城史始于汉代西域都护府，历经唐代安西都护府、明代地方政权叶尔羌汗国、清代喀什噶尔参赞大臣驻地，至今已经拥有长达两千多年的建城史。喀什古城也是世界上现存规模最大的生土建筑群之一。但随着时光的流逝，喀什古城的许多房子破旧不堪，墙壁开裂过大、墙体坍塌，无法抵挡雨雪地震的侵害。路太窄，消防车也无法通行。最令人担忧的是，喀什处于地震活跃带，生土建筑大多缺乏抗震能力，一旦发生大地震将造成不可估量的损失。

2009 年，喀什古城危旧房改造综合治理全面启动；次年，喀什古城核心区改造工程启动；2013 年，重点推行外围片区改造。"一对一设计"成为喀什古城改造的一大创新。来自住房和城乡建设部、国家文物局、天津大学等单位的知名建筑师和文物保护专家，在对确定保留的房屋进行改造设计时，专门与各家房屋主人"一对一"沟通，使改造的新居实现了"三效合一"：基本保留了原貌，满足了居家新需求，增强了房屋抗震性能。喀什市人民政府提出了 3 种改造方案供居民选择：①易地建楼安置、政府统建房屋主体；②居民自行装修；③居民自建、政府补贴。截至 2020 年底，累计投入资金约 70 亿元，完成喀什古城危旧房改造 49 083 户、507 万 m^2，对古城区 28 个片区按照"串点成线、连线成片、整体推进"的原则，集中连片打造核心区 15 条街巷和外围区域 18 个特色街区，大大改善了古城居民的居住环境，提升了整个喀什的城市品位（图 3-1）。联合国教育、科学及文化组织（以下简称联合国教科文组织）官员赴喀什古城考察后认为，喀什古城改造保留了原有的建筑特征和居民的传统生活习惯，很多经验值得推广[①]。

① 喀什古城:从危城到5A级景区 [EB/OL]. https://xjrb.ts.cn/xjrb/20221009/200037.html [2022-10-09].

图 3-1　喀什古城

图片来源：赵子良摄

2. 乌兹别克斯坦：撒马尔罕古城

撒马尔罕始建于公元前 7 世纪，在 14～15 世纪的帖木儿王朝时期取得长足发展，曾是帖木儿帝国的首都。撒马尔罕也是丝绸之路上最重要的中亚枢纽城市之一，是中亚地区的贸易中心点。撒马尔罕现为乌兹别克斯坦第二大城市，中亚著名古城和旅游、文化中心。撒马尔罕的建筑和城市景观是伊斯兰文化创造力的杰作，在整个伊斯兰建筑发展中发挥了重要作用，是 13 世纪至今中亚文化和政治发展的重要物质载体。2001 年，撒马尔罕古城被联合国教科文组织列入《世界遗产名录》。

自 18 世纪衰落以后，撒马尔罕古城就遭到岁月的无情侵蚀和不断破坏。在联合国教科文组织的支持和援助下，20 世纪 90 年代对撒马尔罕古城最精华的部分帖木儿古城进行了大范围的详细测绘，并在意大利规划师的主持下编制了保护规划。规划借鉴了欧洲中世纪古城的保护策略，强调城市形态的整体保护与严格控制，完善了帖木儿古城的道路交通体系，划定了不同类别的保护区和缓冲区，建立起一套源于当地、适应当地情况的保护理

论体系和技术措施体系，成为中亚地区古城保护和国际合作的典范（钱云和张敏，2013）。

3. 伊朗：扎池坎儿井

坎儿井是干旱荒漠地区开发利用地下水的一种古老的地下水利工程，这项建造技术早在公元前1000多年前就在伊朗干旱地区广为流传。在伊朗干旱地区，坎儿井这一古老水利系统的支持使得农业和定居成为可能。2016年，在土耳其伊斯坦布尔召开的第40届世界遗产委员会会议上，分布在伊朗呼罗珊、亚兹德、克尔曼、伊斯法罕、中央省的11条坎儿井以"波斯坎儿井"为名被列入《世界遗产名录》。扎池坎儿井位于亚兹德境内，是亚兹德省扎池市地区各种生物的生命大动脉，为干旱沙漠地区的农作物等生物提供并保障了充足的水源，使这里成了宜居的城市[①]。2022年，在泰国举行的联合国教科文组织文化遗产保护奖的颁奖典礼上，伊朗的扎池坎儿井获得了文化遗产保护杰出奖[②]。

4. 土耳其：伊斯坦布尔历史区域

伊斯坦布尔建立于公元前667年，是一个同时拥抱着欧、亚两大洲的名城，是丝绸之路亚洲部分的终点。作为古代三大帝国——罗马帝国、拜占庭帝国、奥斯曼帝国首都的伊斯坦布尔，保留了辉煌的历史遗产。它的杰作包括古代君士坦丁堡竞技场、6世纪的圣索菲亚大教堂和16世纪的苏莱曼清真寺。伊斯坦布尔坐落在博斯普鲁斯海峡欧洲一侧的海角上，所处位置控制着通向亚洲的要道，是重要的海上与陆地交通中心。伊斯坦布尔历史区域三面环水，一面是城墙，市中心是陆路交通的发散点（图3-2）。1985年，伊斯坦布尔历史区域被联合国教科文组织列入《世界遗产名录》。

---

① 世界文化遗产 | 波斯人伟大的发明：坎儿井 [EB/OL]. http://www.360doc.com/content/17/0714/23/15549792_671402512.shtml [2017-07-14].

② 2022年联合国教科文组织亚太遗产保护奖获奖项目公布 | 中国四项目获奖 [EB/OL]. https://mp.weixin.qq.com/s?__biz=MzU0MTQ1MzUwMA==&mid=2247493584&idx=1&sn=f831c8f8b8a1770a9f5f75318500fb1c&chksm=fb2b1a03cc5c9315bd49795bcd3e69d41015ae74812a62ae9aa90fc5a6a3e6760e1ac014fb32&scene=27[2022-11-28].

图 3–2 伊斯坦布尔历史区域

图片来源：视觉中国

5. 丝绸之路：长安和天山廊道的路网

2014 年，在卡塔尔多哈召开的联合国教科文组织第 38 届世界遗产委员会会议上，由中国、哈萨克斯坦、吉尔吉斯斯坦三国共同申报的“丝绸之路：长安 – 天山廊道的路网”被成功列入《世界遗产名录》。这是我国第一个跨国联合申遗项目，也是世界上第一段列入《世界遗产名录》的丝绸之路遗产。丝绸之路有力见证了公元前 2 世纪至公元 16 世纪，亚欧大陆在经济、文化、社会等方面的交流，尤其是游牧与定居文明之间的交流；丝绸之路在长途贸易推动大型城镇和城市发展、水利管理系统支撑交通贸易等方面是一个出色的范例。同时，它与张骞出使西域等重大历史事件直接相关，深刻反映出佛教等宗教在古代中国和中亚地区的传播。联合国教科文组织世界遗产委员会认为，丝绸之路是古代东西方之间融合、交流和对话之路，近两千年来为人类的共同繁荣做出了重要的贡献①。

6. 中国与中亚国家在城市遗产保护领域的合作

希瓦古城是乌兹别克斯坦首个世界文化遗产，在乌兹别克斯坦具有重要

① 丝绸之路：长安 – 天山廊道路网申遗成功 共 33 个遗产点 [EB/OL]. https://www.chinanews.com/sh/2014/06-23/6308181.shtml?t=1506497020142[2014-06-23].

地位。2014 年初，中国国家文物局、商务部与乌方共同选定花剌子模州希瓦古城的两处历史古迹进行保护修复，由中国文化遗产研究院实施设计方案和具体施工。该项目积极探索援外文物保护合作交流机制，组织国内专家不定期赴乌磋商相关工作，既注重学习研究中亚文物建筑修缮传统工艺，又帮助举办对乌文物保护技术人员的业务培训。

通过历史古迹修复，实施古城民居整治、南北主干道提升、北门及城墙整饬、广场景观塑造等措施，极大改善了希瓦古城北门区域的人居环境。中国文物保护团队在希瓦古城的工作成果，受到联合国教科文组织和乌兹别克斯坦社会各界的充分肯定，开启了中乌文物保护交流与合作的新纪元。

2017 年，应吉尔吉斯斯坦方请求，中国国家文物局部署敦煌研究院对纳伦州戈奇戈尔区库姆—多波镇古代城堡遗址保护修复项目开展保护可行性研究，项目已纳入我国政府援外项目库。从乌兹别克斯坦花剌子模州希瓦古城的古迹保护，到为吉尔吉斯斯坦纳伦州戈奇戈尔区库姆—多波镇古代城堡遗址研究和保护工作提供技术援助，我国与中亚国家的文化遗产保护与国际交流合作步伐坚定[①]。

3.2.2 应对气候变化的韧性城市建设

气候是人类生存环境的重要组成部分，城市建设受当地太阳辐射、降水、温度、风等气候因素的影响，不同气候区的城市各具特色；同时，城镇化过程又会影响当地的气候环境，对城市发展提出了新的挑战。结合丝路沿线干旱、炎热等多样的气候条件，应对气候变化的韧性城市成为城市建设的重点。俄罗斯等国在相关文件中指出，城市规划与建设应在保障居民安全和良好生活条件的基础上，合理利用自然资源并限制人类活动对环境的负面影响。伊朗等国家的学者也针对韧性城市开展了深入的研究。

① 我国与中亚五国文化遗产交流合作取得新成效 [EB/OL]. http://www.ncha.gov.cn/art/2023/5/23/art_722_181773.html [2023-05-23].

1. 俄罗斯

作为世界上国土面积最为辽阔、化石能源资源丰富，且温室气体排放量巨大的国家，俄罗斯在应对气候变化、提高城市韧性方面的立场、政策和行动尤为重要，不仅对俄罗斯本身，还对全球气候治理都有着举足轻重的影响。俄罗斯联邦政府于2020年批准了“2025年前第一阶段适应气候变化的国家行动计划”。该行动计划中明确规定了俄罗斯联邦第一阶段（2020～2022年）应对气候变化的具体工作，覆盖以下4个方面：①分析国内气候变化的形势，督促经济、农林业、自然保护和卫生保健等各个部门采取具体措施，做好进入适应气候变化第二阶段（2023～2025年）的准备工作；②针对气候变化建立联邦级机构，搭建法律架构，制定行业和部门计划，并利用信息和科学技术提供决策支持；③完成《关于俄罗斯联邦气候变化及其后果的第三次评估报告》，其中包括脆弱性评估和适应性方案，作为俄罗斯开展第二阶段工作和未来长期工作的基础科学依据；④出台关于俄罗斯各联邦行政主体开展适应气候变化工作的地区方案，俄罗斯自然资源和生态部、联邦水文气象和环境监测局及其他部门将联合起草并制定“俄罗斯各联邦主体气候安全示范证书”。

俄罗斯的城市规划对城市韧性和可持续性发展尤为重视，规定各类发展规划项目需综合考虑城市抵御自然灾害和人为灾害的能力，以及应对未来气候变化和其他危险影响的途径和方法。《俄罗斯联邦城市规划和设计规范》（以下简称《规范》）规定，城市规划和建筑设计应在保障居民安全和良好生活水平的情况下，合理利用自然资源并限制经济和其他行动对环境的负面影响，要求城市韧性和可持续性相关规划政策的制定应与土地使用功能分区相对应。其中，在应对气候等环境影响方面，《规范》对城市总体规划内容进行了强制性要求，包括自然以及人为危险影响和灾害风险区规划；特定地区（市）内受相邻基建设施危险影响区规划。在规划制定和城市更新实施方面，《规范》提出地区或地方当局可根据城市的特殊性进行专项城市规划法规的制定，并使用市政府决议的行政监管工具来审批本市的建设项目。

有研究表明，当前俄罗斯以应对气候变化为核心的韧性城市建设所面临的主要挑战是城市中心缺乏绿色基础设施（Klimanova et al., 2021）。尽管广

阔的林地仍然是城市绿色基础设施的最大组成部分，但大多数城市森林位于郊区的低密度地区。城市内部绿色基础设施的类型正在逐步转变，新的建成区和人工绿地正在慢慢吞噬原有的林地（Danilina et al.，2021）。尽管新建人工绿地可以提供一定的热缓解或水体净化等生态服务，但其服务能力有限，总体而言仍然使城市韧性受到影响。

近些年，以圣彼得堡和莫斯科为代表的俄罗斯大城市陆续出台了一系列生态发展战略，强调构建以绿色基础设施为特色的健康城市环境，以提升城市应对气候变化的能力，建设韧性城市。《莫斯科 2035 年前城市总体规划》将城市韧性和环境可持续发展作为城市发展的主要方向，特别强调以“绿色建设”为优先途径。措施包括以生态公园取代莫斯科市中心的大型酒店、废弃与当地生态系统融合不佳的莫斯科河堤美术馆大楼建造计划等。同时，相关绿色建设项目对降低废物产生、节水、水处理、节能、建筑供暖技术的使用也提出了更严格的标准。俄罗斯科学院经济预测研究所（Institute for Economic Forecasting, Russian Academy of Sciences）的鲍里斯·波菲里耶夫（Boris N. Porfiriev）等学者指出，绿色建筑政策和实践是城市地区向韧性城市转型的关键催化剂，关注绿色建筑标准及认证体系的现有状态和发展前景，特别是绿色认证体系和绿色建筑标准，包括已建立的国际体系和俄罗斯各自的新兴体系（Porfiriev et al.，2017）。莫斯科国立建筑大学的 E.V. 谢尔比纳（E.V. Shcherbina）等学者建议在城市规划层面进行休闲区规划设计时，增加编制按休闲负荷水平（分区）划分的区域分区方案，以及使用地块和房地产或公共设施的城市规划条例，这些措施将显著减少游憩负荷对自然区域的负面影响，确保城市绿色空间的可持续性[①]。

俄罗斯联邦北极地区是一个高度城市化的地区，该地区市政发展计划非常重视当地的气候变化和环境问题（Bobylev et al.，2021）。例如，摩尔曼斯克市政府认为减少空气污染将有助于缓解气候变化，并提出了一些减少危险排放的具体措施。此外，俄罗斯联邦政府也提出了一系列针对受损生态系

① Urban-planning sustainability problems in a city natural framework[EB/OL]. https://www.researchgate.net/publication/317118902_Urban-planning_sustainability_problems_in_a_city_natural_framework[2023-04-10].

统恢复的策略，包括战略环境评估、针对优先（即问题最严重）地区城市采取清理举措、建立监测系统等。俄罗斯北部城市对废物（固体和液体）的处理也较为重视，大多数北极地区政府将建设废物处理厂和安全储存厂作为城市规划建设的重要优先事项，如蒙切戈尔斯克市和阿尔汉格尔斯克市分别在2016年和2008年制定了相应的规划建设细则。

目前，受经济、气候和人口等影响，俄罗斯城市收缩趋势愈发明显，超过70%的城市在过去30年内经历着不同程度的收缩变化（Barasheva et al.，2021），同时伴随着城市韧性下降。俄罗斯联邦政府制定了一系列政策措施来应对城市收缩，特别是针对受气候影响较大的北部及远东地区。既有政策性方法集中在气候适应性规划、产业发展促进经济增长复苏、提升城市形象定位、完善基础设施建设等方面。在气候适应性规划方面，采用紧凑的城市布局方式、连续的建筑界面、控制建筑朝向和色彩等城市规划的方法塑造人性化的城市社会环境，进而改善北方地区的人居环境，提升城市韧性；在产业发展促进经济增长复苏方面，推动环境产业发展提升城市总体经济发展水平，即工业废物的处理和再循环、采矿产品的二次和附加处理、伐木废物的热能利用和发电等；在提升城市形象定位方面，对当地历史文化、传统风俗等进行投资，提升城市活力和创造力；在完善基础设施建设方面，加强交通设施建设以解决因气候和地理位置所产生的“隔绝”情况，为城市经济发展提供便利，同时进一步减少人口流失（伊琳娜·巴拉舍娃等，2020）。莫斯科国立建筑大学的E.V. Shcherbina和E.V. Gorbenkova等学者对俄罗斯联邦各地区农村住区发展现状及模式进行了大量探索，发现因人口减少导致的城市收缩现象明显[①]（Shcherbina and Gorbenkova，2018a），针对地方和州一级办事处的空间规划任务的组成，以生态、经济、行政、人为（物理）和社会五大系统构建农村地区可持续发展模型（Shcherbina and Gorbenkova，2018b），从人口的角度对城市收缩原因进行识别，提出了13个可应对农村地区城市收缩、提升城市韧性的可持续发展驱动要素（Gorbenkova et al.，2018）。

① Transformation of Belarus and Russian agricultural settlement system in the new economic conditions (post-Soviet period) [EB/OL]. https://www.matec-conferences.org/articles/matecconf/abs/2016/49/matecconf_ipicse2016_07002/matecconf_ipicse2016_07002.html[2023-04-10].

2. 伊朗

伊朗是一个自然灾害频发的国家，灾害类型包括洪水、地震和干旱。同时，作为世界上碳氢化合物储备最丰富的地区之一，伊朗在全球气候变化中成为最具影响力的国家之一。在上述背景下，伊朗学者开展了城市韧性的研究。Bastaminia 等（2018）进行了一项题为“应对自然灾害时社会弹性的解释和分析”的研究，并确定了社会韧性的三个重要方面，包括社会表现者应对和克服所有明显困难的能力、适应能力和转型能力。Barzaman 等（2022）以伊朗的瓦拉明地区为例，考虑人类－环境系统、不同类型住区的土地利用等，通过分析网络过程（analytic network process，ANP）研究了城市不同类型住区应对灾害的恢复能力。Moradpour 等（2022）使用文献综述的方法来确定伊朗城市的韧性，选择 152 项针对伊朗 52 个城市的研究进行系统评价后发现，伊朗城市的韧性水平较低，非正规住区、破旧的城市结构和城市中心的韧性水平低于其他地区。在建立具有地域文化属性的城镇空间研究方面，Jahanbakhsh 和 Shokouhibidhendi（2022）提出了“伊斯兰城”的新理念和新模式。该规划设计的理念强调与西方现代主义城市规划所倡导的不同，包括生产性家园、充分的与自然的互动、土地价格的降低、空间正义和消除隔离、以家庭为基础的规划、宽敞的房屋、以清真寺为核心的规划、邻里尺度。基于这些地域的文化原则，城镇空间模型以“bio-living complexes”的形式呈现，并具有伊斯兰地域的传统建筑风貌特征。伊斯兰城的规划设计试图重新定义新城镇和定居点的建设模式，包括一个大型和具有生产功能的居住单元，同时提供城市服务，并赋予居民营造环境的可能性。此外，研究者还从土地供给、水和能源供应、建设成本、法律等方面对其建设的可行性进行了充分论证。

3.2.3 基于资源特征的可持续城市发展

丝路沿线各个城市的水、土地、矿产等不可再生资源以及太阳辐射、风等可再生资源各具特色。干旱少雨的伊朗、沙特阿拉伯、埃及等国家针对水资源紧缺的问题，大力发展城市水循环规划、城镇集聚规模规划，结合太阳辐射充足的特点又在探索太阳能作为城镇能源供给的基础设施布局、城镇空间结构和用地布局的适配性优化等。而在亚寒带针叶林气候区，则需要面对高寒、寒冷气候环境下城市长期供暖产生的高能耗需求、分布密度过低导致的城市中心过疏化、户外空间景观单调、城市收缩等问题。

1. 哈萨克斯坦

哈萨克斯坦是世界上最大的内陆国家以及领土面积第九大的国家，国家大部分领土为沙漠或半沙漠地区。哈萨克斯坦大陆性干旱气候显著，冬季长达 5 个月，夏季短暂。冬季极其寒冷且太阳辐射有限，建筑朝向需获得最大程度的日光辐射。土壤排水能力差，容易造成地下水淤积，引发洪涝灾害。地下水位线对城市用地的选择制约作用突出。

哈萨克斯坦正在各个层级开展改善城市环境的规划。可持续发展战略是区域政策的基本思想，目标是在优先发展有前途的经济增长中心与满足经济潜力低的区域最低生活质量之间保持合理的平衡。

在城市绿化方面，创建城市绿色框架是可持续城市规划的重要组成部分，旨在提高居民生活质量，发展环境友好型住区。为了实现此目标，必须在城市及乡村区域建立连续的绿地和开放空间体系，同时在城市发展过程中满足不同用途的绿化覆盖率应在 40% 以上且居住区内绿化率不应低于 25% 的要求。

在哈萨克斯坦首都阿斯塔纳的总体规划历程中，“首都总体规划概念方案国际竞赛优胜方案——黑川纪章方案”以“城市与自然环境和谐发展”为基本思想。方案提出在阿斯塔纳周边建立 17.18 km^2 的“绿化带”。确保阿斯塔纳免受夏季干燥风、冬季风暴和飓风的侵扰。在《阿斯塔纳总体规划 2030》中，面向城市可持续发展的目标，规划提出了整合多种方式解决城市交通问题的城市交通网络组织，自行车线路系统规划，适宜步行的街道、绿化与公共空间系统、卫星城镇的规划等（Zhumabekova，2016）。

在阿斯塔纳博览城的总体规划和设计中，设计团队基于气候条件、文化环境和可达性等（图 3-3）具体情况，从两个主要方面进行了技术创新：

①基于不同类型空间的主、被动能源消耗与收集规律，以降低能源消耗、增加能源收集并同时保障舒适度为目标，确定基地内建筑单体的最佳朝向、街区规格、建筑体量等；②基于“后世博遗产”的总体理念，通过公共交通和景观绿道将项目和城市有机融合，充分考虑后世博的功能转换需求，打造一个后工业革命城市（戈登·吉尔等，2018）。

图 3–3 阿斯塔纳博览城后世博遗产模式总体规划

图片来源：视觉中国

2. 阿尔及利亚

阿尔及利亚是非洲面积最大的国家，位于非洲西北部。北临地中海，东临突尼斯、利比亚，南与尼日尔、马里和毛里塔尼亚接壤，西与摩洛哥、西撒哈拉交界。海岸线长约 1200 km。北部沿海地区属地中海气候，中部为热带草原气候；南部为热带沙漠气候。每年 8 月最热，最高气温 29℃，最低气温 22℃；1 月最冷，最高气温 15℃，最低气温 9℃。阿尔及利亚经济规模在非洲位居前列；石油与天然气产业是阿尔及利亚国民经济的支柱，多年来其产值一直占阿尔及利亚 GDP 的 30%，税收占国家财政收入的 60%，出口占国家出口总额的 97% 以上；粮食与日用品主要依赖进口。工业以油气产业为主，钢铁、冶金、机械、电力等其他工业部门不发达[①]。在阿尔及利亚目前正在施行的《全国国土规划纲要 2030》中确定了四大城市区，即阿尔及尔（Alger）、奥兰（Oran）、安纳巴（Annaba）和君士坦丁（Constantine），均位于北部地中海气候区。

阿尔及利亚建筑与城市规划学院（École Polytechnique d’Architecture et d’Urbanisme）的城市质量、环境与可持续发展（Urban Quality，Environment and Sustainable Development）研究团队，以阿尔及尔大都市为对象围绕可持续发展重点展开了四个方面的研究。第一，控制城市增长的理论研究。研究目标在于城市的高效性（高效、经济、公平）和城市系统的动态性。研究内容是面对已经出现的城市问题及新城市功能，响应可持续发展要求的大都市地区城镇化的新模式以及构建其模式的地方城市规划的新方法。第二，城市韧性、重大风险和气候变化的运筹学研究。研究目标在于城市的韧性（安全、自主和适应性）和城市系统的灵活性。研究内容是城市对气候变化的脆弱性和气候适应性手段，应对自然资源稀缺和重大风险复苏的生态城市规划，极限状态下的城市规划技术和工具。第三，城市质量、绩效和可持续环境的运筹学研究。研究目标是城市的高效（热情、舒适、宜居）和城市生态系统的质量。研究内容是定义、评估和观察当地城市吸引力及其演变，大都市城市环境中的生活环境质量和城市环境规划，以及检测城市绩效的工具和技术。第四，城市智能的应用研究。研究团队中的“全球城市环境扫描”研究组为地方当局或各个地方天文台服务，生产用于监测城市系统、设计、决策支持和城市管理的工具。

在低碳城市研究方面，Chaker 等（2021）提出了基于工业共生理念的地方城市尺度能源优化和二氧化碳减排情景方案与量化模拟测算，以及考虑最优情景的城市设计策略。在规划评估方面，Magri 和 Berezowska-Azzag（2019）研发了城市水资源承载能力评估的新工具，其特殊性在于能够结合两个决定性因素，促进地方可持续发展：住宅占用的最高门槛和地方经济政策预定义的最佳人均收入（GDP）。Hocine（2021）针对大都市郊区的领土管

① 阿尔及利亚 [EB/OL]. https://www.yidaiyilu.gov.cn/gbjg/gbgk/65323.htm[2023-04-10].

理，提出基于系统理论和系统因果关系产生的建模方法，构建阈值指数的通用树模型，提出一种城市可持续发展的评估工具。在评估和监测城市气候方面，Athamena（2022）从城市形态学与小气候相互作用的视角，开展了温带海洋性气候下穿越城市形态对室外热舒适性影响的小气候耦合研究。

3. 埃及

埃及地理环境极为特殊，绝大多数的国土都是根本不可能供人生存的沙漠，只有少数绿洲和水源附近有少量人口生活。真正适合人生活的是尼罗河两岸的狭窄土地和尼罗河三角洲，总计约 6 万 km^2。这部分土地虽然狭窄，但是十分肥沃，农业产量高。其中，狭窄的尼罗河河道被称为“上埃及”，尼罗河三角洲被称为“下埃及”，首都开罗就位于上下埃及的交界处。在长期发展中，埃及城镇空间的扩张依赖于尼罗河两岸和三角洲的可灌溉土地，因此产生了城镇人口增长与优质耕地被侵占的问题。同时，埃及新增人口的就业压力全部集中在首都开罗都市区。20 世纪七八十年代，开罗都市区在原有开罗城、新开罗城、吉萨等城区的基础上，又陆续建设了一批非常有产业特色的新城。但是这几个工业中心显然不能帮助开罗缓解“城市病”。2015 年，埃及政府正式公布了开罗新首都的建设项目。考虑到对耕地的保护，新首都项目选址位于 45 km 处的荒漠中。一旦建成将覆盖 715 km^2，是美国首都华盛顿特区的 4 倍，拥有 21 个居民区和 25 个功能性分区，可容纳 650 万居民。在计划中，新首都是一座智慧城市：垃圾回收及时，电力供应稳定，有监测中心关注基础设施的保养情况，保障治安，具备快速处理交通事故与火灾的能力，屋顶会铺设太阳能电池板，平均每个居民将拥有 15 m^2 绿地，未来还会实现无现金支付。除了新首都，埃及全国还有 13 个第四代城市正在建设中[①]。针对埃及新首都建设的地域特征和发展诉求，开罗大学城市与区域规划学院启动了“绿色城市，规划和设计”的首个特殊学分制课程，向学生输出规划和设计可持续绿色城市所需的价值观、技能和知识[②]。

---

① 埃及，终于要迁都了？ [EB/OL]. https://www.thepaper.cn/newsDetail_forward_12347856 [2023-04-10].

② Green Cities, Planning& Design[EB/OL]. https://www.frup.info/green-cities-planing-and-design-program/[2023-04-10].

3.3 丝路沿线国家和地区地域绿色建筑发展

3.3.1 基于独特环境的传统建筑

《墨子》中曾记述营造宫室的法则：地基的高度足以避免湿润，四边足以御风寒，上面可以抵挡雪霜雨露。森佩尔（Semper）提出的“建筑四要素”理论中屋面、围合、火炉、基座则是明确了建筑各部分应对气候的作用形式。二者的理论皆是指建筑与雨雪风霜等自然现象之间的联系（戈特弗里德·森佩尔，2016），即建筑的变化受制于外部约束条件的变化，具体表现为建筑形态、空间、界面等要素对气候条件的适应。

可见，建筑的发展很大程度上取决于它所存在的地域环境和气候特征。丝路沿线气候覆盖区域广泛，孕育了多样的自然环境，也因此造就了各地别具特色的传统建筑。

1. 亚穆特帐篷

亚穆特人是土库曼人的一个分支部落，他们生活在里海东岸的伊朗东北部地区，冬季居住在气候温和的戈尔甘平原，夏季居住在凉爽的巴尔干山脉。

亚穆特人居住的帐篷一般由三个部分组成，分别为下部、中部和顶部。下部由木棍捆绑成“X”形，以圆柱形固定在地上，高度为1.6～1.7 m，直径为4～6 m，通常的形式是一个可折叠的帐篷，可以打开，帐篷上覆盖着毛毡，外面用芦苇编织而成。帐篷的底部覆盖着编织好的稻草，顶部有毡垫，门总是面向南方或东南方，远离盛行的风向。大多数的帐篷在布置上都有象征意义，都会在正对入口的位置布局一块小空间作为祭坛，内部从中轴划分两侧空间，中央布置炉灶（Oliver，1997）。

2. 伊朗卡什卡伊帐篷

卡什卡伊游牧民族主要通过畜牧业谋生，利用季节性的天气变化而

迁移，在一个特定地区选择露营点、土地所有权、放牧地位置、部落和家庭关系直接相关。卡什卡伊帐篷以其黑色的色彩和良好的质感而著称。

卡什卡伊黑色帐篷（图3-4）为矩形，尺寸一般在3 m×5 m～4 m×8 m，每个帐篷分为两部分，一部分是妇女用于日常活动的空间，如做饭、照顾孩子、储存等；另一部分则是男主人的主要起居空间。帐篷的中部主体空间则是用来休息、吃饭、接待客人。卡什卡伊帐篷平面呈长方形，其屋顶由两组短木杆支撑，两边有6根或更多，有3根或更多的木杆在帐篷的中间。顶部为“V”字形的木杆，构成帐篷的主要结构，帐篷越大，木杆的数量越多，一般为6～50根。冬天，帐篷的屋顶从中间向两边倾斜，以引导雨水流向地面，并且帐篷周围挖有一条狭窄的沟渠，引导雨水远离帐篷的周围。帐篷顶部的杆子用绳索固定，用木桩钉在地上，木桩以其张力支撑着帐篷。帐篷的三面内墙用手织地毯覆盖，外面用芦苇覆盖，以保安全，天气好时，短杆会被帐篷边缘的长杆取代，使得帐篷更宽敞。整个夏天，帐篷都是半开的，家庭的日常活动都在外部进行。

除黑帐篷外，卡什卡伊人还使用另一种用白棉布缝制的帐篷，分两层，组装成圆锥状。这些主要用作学校、婚礼和招待会的场所（Oliver，1997）。

图3-4　伊朗卡什卡伊帐篷

图片来源：视觉中国

3. 伊拉克民居

阿纳是幼发拉底河上游流域最远的定居点，距离巴格达西北约 26 km。它始建于公元前 7 世纪，是亚述人的营地。该镇沿着幼发拉底河南岸的狭窄肥沃地带发展布局，总体形式呈线性，总长度约 3 km，最宽处为 25 m。

阿纳的建成区面积约占总面积的 1/3，其余则多为空地、果园和花园。同时，又因此地的人口密度很高，约 930 人 /hm^2，出于保障农耕土地的考虑，逐渐形成了一种高效利用建筑空间的地域建筑风格。

当地民居几乎都是两层，装饰很少，并且对着街道的开口数量也有限。在空间上，所有的住房单元都与一个开放的庭院相连。该庭院是一个融合烹饪、娱乐、饲养的多用途的空间。室内除了用于客人接待的客厅之外，其他房间都可以灵活用于睡觉和生活。

在材料上，石灰岩是该地区的常用建材，其使用使当地建筑特征鲜明，墙体多由不成形的石头和石膏砂浆建成，厚度 5～7 cm。除清真寺和澡堂外，所有建筑的结构体系都为墙承重，多运用棕榈树干制成梁，横梁支撑着由树枝制成的椽子，其上面再覆盖一层石膏。

此外，由于棕榈树干的承载能力所限，当地民居房间的跨度很少超过 4 m，于是形成了富有特色的模块化空间体系，房屋在适应不断变化的家庭规模方面具有很大的灵活性。在需要时，可以在现有房屋上方和旁边便捷地增建新的房间（Oliver，1997）。

4. 利比亚民居

利比亚继承了该地区的沙漠城镇文明，形成了别具风格的地域传统建筑。当地传统建筑营建深受宗教的生活方式的影响，重视隐私和男女分离是穆斯林建造房屋的主要原则。此外，风、雨、太阳的方向和高度等自然要素亦在传统建筑的规划和设计中备受重视。气候决定性地影响了当地民居的空间模式，进而影响其形态。

位于班加西地区的传统建筑主要呈现出三种不同的类型。第一种庭院型是最古老和最典型的早期传统；第二种是带院子的里瓦克型，有时被称为“院子和伊万”型；第三种是组合型，大多是奥斯曼和意大利风格的房屋。带有广场

的里瓦克街以意大利风格建筑为主，与当地的伊斯兰风格相融合。

奥斯曼或东方风格的建筑大多呈明确的院落式布局，从而构成其最具代表性的对称式立面，这一特点在正立面尤其明显。院落式布局之所以在当地非常普遍，是因为它具备朴素的气候适应性特征——作为主要生活空间的庭院既可以利用从海上吹来的微风，也可以为家庭提供足够的隐私。

此外，最有趣的当地立面处理还有拱门和各种形状门窗的使用，这可能是当地建筑商效仿外来风格的一种本土化发展（图 3-5）。在里瓦克和拱形街道上，人们喜欢用尖形和分段式的拱门，还有一些圆形和马蹄形拱门（Oliver，1997）。

图 3-5　利比亚民居

图片来源：视觉中国

石头、泥巴和木材是当地传统建筑的主要建材。不同质地的石头被用来强调建筑中的特殊元素，特别是在前立面、墙角、风口、门和边缘，或在选定的图案中。受意大利建筑影响而引入的拱门、桥墩和拱顶也被用于大跨度和大空间，而圆顶和拱门则是公共建筑的基本元素。

5. 埃及民居

基于开罗的伊斯兰文化遗产，埃及民居体现出对穆斯林特殊生活需求的回应。在马穆鲁克时期，房屋多为2～3层，中央围合庭院，庭院四周设柱廊。室内层高较高的厅堂空间用于接待访客，坐北朝南的室外院落空间则用来招待亲密的朋友，这是房屋的核心空间。埃及的传统民居由砖、土坯砌筑而成，椰树叶、棕榈叶被用来铺设屋面。建筑中的木质花格屏被用来遮挡当地炎热的光照，这种特殊的构造既是对文化与气候的回应，又保证了内部空间的私密性。

随着埃及城镇化进程的推进，大量的农民向城市移居，由于地块的限制，传统民居的形态发生了变化。此时，民居面宽较小，通常为3～4层，窗台向街道方向凸出。民居的庭院逐渐被狭长的天井取代，但厅堂与院落仍旧是民居的核心空间。同时，19世纪埃及的殖民历史带来了欧洲文化，原本的花格屏被地中海风格的木百叶所取代，用以实现原本的遮蔽阳光和视线的功能（图3-6）（Oliver，1997）。

图3-6　埃及传统民居

图片来源：视觉中国

3.3.2 传承丝路特色的新地域建筑

丝路建筑地域性与现代性的结合始于20世纪50年代中期。中亚、西亚与北非等第三世界国家在取得独立之后，民族意识高涨，经济上也有了长足的进步。同时，一批在西方先进工业国学成归国的本土建筑师，面对国家大量出现的，需要适应现代生活要求的建筑任务，如体育场、学校、医院、图书馆、商场和办公楼等，试图寻找一条既符合现代又异于从前的建筑之路。建筑风格上当时社会存在两种声音，走西方的现代化道路还是走本国的民族主义道路，人们对这一问题长期争论不休。这些建筑师经过对过去与现代、外国与本国的比较后，认定了要走地域性与现代性相结合的道路。第二代与第三代建筑师中的许多人，其作品也自发参与到探索地域性与现代性相结合的队伍中。他们努力挖掘与接受以当地为基础的本土文化，并且认为这些本土文化不会屈从于比它强大与极富侵略性的现代主义文化①，事实上，这些文化已经证明了自己在长期对立和压迫下的灵活性与适应性。建筑师以自身的条件来审视现实，从本国的角度来重新阐释本土文化的内在力量、复杂性与个性，同时无法割舍当代世界的现代性。

1. 埃及

埃及建筑师哈桑·法赛（Hassan Fathy）是20世纪首位不从西方引进建筑意识形态的建筑师，相反他输出了新的意识形态。为解决穷人住宅问题，法赛长期致力于运用本土、最廉价的材料与最简便的建构方法（日晒砖筒形拱）进行大规模住宅的实践与研究。他为此制定了既符合功能又经济实惠的建筑尺度、结构与施工方法，使之标准化，并在建造中对隔热、通风、遮阳等做了周密的考虑与妥善的安排。早在20世纪40年代他便在埃及卢克索附近成功地建造了新古尔纳村（Village of New Gournia）。

20世纪60年代，在政府的支持下，法赛在哈尔加绿洲处建了新巴里斯城（New Bariz）。新巴里斯城规模很大，由6座卫星城组成，是埃及大规模

① 就西方自身，也有许多人对西方现代化正在成为全球模式的趋向提出质疑与批判。正如荷兰建筑师凡·艾克所说，西方文明习惯于把自己视为文明本身，它极度傲慢地假定凡是不像它的都是邪说，是不先进的（Frampton，1992）。

治沙定居计划的重要项目之一。为了适应当地的恶劣气候，居民住宅通过狭小的内院来组织空间，住宅之间以迂回曲折的弄堂相联系。此外，在市场处还建了土法的垂直通风塔，以利于通风与降温。

法赛的建筑显然具有强烈的乡土性，但其作品的乡土性并非源自浪漫的怀旧或别致的形象，而是基于社会现实的需要，将传统与乡土性向现代延伸（罗小未，2004）。

日晒砖与木结构固然在阐述地域文化上有其优势与独特性。但当代城市生活对建筑在数量与规模上的需求却是它们难以承担的。因此，人们不得不寻求新的材料与结构方法来适应新的要求。

2. 土耳其

S.H. 埃尔旦（Sedad Hakki Elden）是土耳其在探求民族传统与现代结合中最有影响的建筑师。他在 20 世纪 50 年代初创造了带有现代与乡土特色的住宅，主张继承土耳其民居的一些特征，如向外出挑的屋顶、厚重的直条形窗与模数化的木结构特征，但是要用现代的方法——钢筋混凝土框架结构与填充墙将其表现出来。中东地区的气候干热，因此遮阳与隔热就成了关键因素。埃尔旦的设计手法既符合当地建筑的形式特点，也符合气候要求。他的代表性作品很多，在伊斯坦布尔的社会保障大楼（Social Security Complex）被第三届阿迦汗建筑奖评为土耳其具有文脉的建筑中最优秀的先例之一。它那富于变化的形式、尺度、节奏、比例都得自它的外观，也来自于功能和内部空间的布局（H-U · 汗，1999）。

在土耳其新地域性建筑的探索中，有与埃尔旦齐名的 T. 坎塞浮（Turgut Cansever）。他的作品虽然不多，但极富哲理性。他与 E. 叶纳（Ertur Yener）共同设计了在安卡拉的土耳其历史学会（Turkish Historical Society）大楼。坎塞浮的设计目的是“使其与这一地区的文化和技术相匹配，同时与当时盛行的国际式建筑倾向相抗衡……要实现用当代的语言来表现伊斯兰的内向性和统一性的理想”（罗小未，2004）。房屋采用钢筋混凝土框架结构，在填充砖墙的外表贴以安卡拉红石面饰。屋内有一个三层楼高的中庭，上覆以玻璃窗。房间环绕中庭而布置，交通也在中庭四周。在太阳晒得到的中庭墙面上装有可以开合的土耳其传统图案的橡木透风花屏，以便通风与遮阳。玻璃顶

中庭在当时尚属新鲜事物，而木制的透风花屏又富有地域性，故此建筑深受业主与其他建筑师的赞扬（罗小未，2004）。

3. 伊拉克

伊拉克在20世纪50年代因石油而致富，从而成为中东地区建筑成就较为突出的国家。当时西方建筑师云集中东，其中有不少就在伊拉克，因此现代建筑思潮比较活跃。1958年伊拉克革命之后，民族主义情绪高涨，要求复兴地域文化的热情大大影响了建筑。当时有两位建筑师被认为是最杰出的，分别是M. 马基亚（Mohamed Makiy）和R. 查迪吉（Rifat Chadirji）。稍后又有第三位建筑师H. 莫尼尔（Hisham Munir）出现。他们的作品与设计思想被认为反映了现代阿拉伯建筑的精神。马基亚以设计和建造大型清真寺而闻名，他所负责的项目大多规模很大，他为了使清真寺在继承文脉和新的建造方法中取得一致而煞费苦心。其中包括对传统的券拱与拱廊在尺度与构图上重新阐释，并且在材料与结构中，既用了砖、石、钢筋混凝土，还局部采用了钢等现代材料。胡拉法清真寺（Al Khulafa Mosque）建于巴格达一座源于9世纪的历史场址上，并与一座13世纪遗留下来的密那楼（又称邦克楼）比邻。由查迪吉与伊拉克咨询公司共同设计的烟草专卖公司总部（Tobacco Monopoly Headquarters）标志着伊拉克建筑“进入一个新的表现主义时期”。

查迪吉提倡地域的国际主义建筑，认为建筑必须表现材料特性、满足社会需要和展示现代技术。该建筑形象受伊拉克建于8世纪的乌海迪尔宫启发，外形为一个个垂直的砖砌圆柱体，其间点缀着垂直与狭长的券形窗。这座建筑对中东20世纪60～70年代的建筑创作影响深远。莫尼尔的巴格达市市长办公楼（Mayor’s Office）是一座位于城市中心区的8层大楼，它从细部到环境都匠心独具。整体采用钢筋混凝土结构，也将当地的传统材料——砖与彩色釉面砖做局部的结构与装饰。设计中充分采用当地的各种建筑元素，如中央庭院大片的伊拉克式透风花屏、砖砌尖拱与几何图案的木装饰等。顶部向外挑出的是市长办公室与专用的庭院，院内有传统式样的喷泉与餐厅等。市长办公楼与莫尼尔其他的作品一样，到处闪烁着设计人对融合传统要素与现代要求的关注（罗小未，2004）。

4. 伊朗

在伊朗可以看到同样的受地域性启发的现代建筑。石油的收益使国家启动了一系列建设新城和建造住房的计划。20 世纪 50～80 年代，由房地产开发商主持的“建造—出售”事业十分兴旺，成果良莠不齐。

伊朗在此期间最杰出的建筑师是卡姆兰·迪巴（Kamran Diba）和纳迪尔·阿达兰（Nader Ardalan）。迪巴主持修建的胡齐斯坦省的舒什塔尔新城（Shushtar New Town）是一个规模巨大的新城，是附近一个蔗糖厂为了安置其雇员而建，规划居民 4 万人。其内除了有大量住房外，还有公园、广场、林荫道、柱廊、清真寺、学校等。布局采用传统的内向形式，同时考虑中东干热地带不同季节的风向与当地烈日直射等自然条件。其中公共空间比较宽敞，住宅室内宽舒，室外庭院仍按传统习惯比较狭窄，以形成阴影。当地人晚上有睡在内院中或屋顶平台上的习惯，因而平台周围筑有矮屏风以保证私密性。住宅采用当地生产的砖墙承重，钢筋混凝土基础和钢屋架，为了隔热在梁与梁之间架设浅弧形的砖砌筒形拱，跨度为 4 m。该新城可谓把满足当地生活方式与现代工业发展需求结合的典范（罗小未，2004）。

德黑兰当代美术馆（Museum of Contemporary Art）是迪巴与阿达兰在伊朗深受西方建筑影响的时代（20 世纪 60～70 年代巴列维王朝后期）共同设计的一座被认为是该时代标志的建筑。美术馆共有 7 个展廊，设计人巧妙和充分地利用基地，按照地形的坡度将房屋斜向地环绕着一个不规则的内院——雕塑庭院而布局。建筑全部顶上采光，像有一个个水平与垂直的半筒拱状的采光筒，使人联想到路易斯·康（Louis Isadore Kahn）和塞特（Josep Lluís Sert）与此相仿时期的作品。其实这种半筒拱在伊朗并不陌生，因为伊朗传统建筑中用以捕捉风流的迎风塔有的也是如此（罗小未，2004）。

20 世纪 50 年代以后，丝路沿线国家的建筑实践总的倾向是向着一个目标而努力，那就是，建筑总是联系着一个地区的文化与地域特征，应该创造适应和表征地方精神的当代建筑，以抵抗国际式现代建筑的无尽蔓延。

3.3.3 面向可持续发展的绿色建筑

随着经济技术的发展以及当下低碳节能的时代背景，各国都在积极引导绿色建筑的设计，以期建立可持续发展的生存环境空间。其中，“绿色”从广义上来说，是指对环境无害，能够充分利用自然资源，以及做到人、建筑、自然三者之间的和谐统一。它既包括充满生态智慧的传统地域建筑，又发展为主被动式结合的现代生态建筑，更是涵盖了建筑发展的所有时空跨度。绿色设计理念着重强调了建筑对自然的尊重与友好，尤其是建筑对气候环境的回应，如太阳辐射、光照、降水、风向等基本要素。

丝路既促进了各国之间的经济贸易发展，也推动了彼此之间的历史文化交流，是各国之间的共赢方向。建筑是人们生活中最重要的依靠之一，经济发展的目的是让人们过上更美好的生活，绿色低碳建筑并不只是出于节能减排的一种考虑，它的发展是为了满足人们更好的居住环境与舒适需求。因此，对各国绿色建筑的学习与分析，能够更好地实现建筑的可持续设计，主动学习和借鉴其中的设计理念与策略，对我国绿色低碳建筑发展有很重要的意义。

1. 俄罗斯

俄罗斯气候严寒干燥，在这种恶劣的自然环境下诞生的传统民居为井干式木构建筑，又称木刻楞房（图 3-7）（毕昕等，2020）。作为最主要的民居结构类型，其以木材建造，材料来源于俄罗斯广袤土地上丰富的森林资源，保温性能良好。该类型房屋十分高大，墙体厚实，可以起到很好的防风保暖、抵御寒冷的作用，夏季房间内温度凉爽，是真正冬暖夏凉的居民建筑。其房屋的整体结构呈四方形，由客厅、卧室、厨房和储藏室四部分组成；房屋底下一般要垫苔藓，冬暖夏凉；而屋顶则呈倾斜状态，且倾斜度较高，使雨雪不会覆盖在屋顶，防止屋顶承重过大而发生坍塌。

基于此，可以将俄罗斯的地域建筑创作视作两种理念（牛翔，2014）。一是就地取材，发展木构建筑，如具有民族独特风格的帐篷顶、木构架支撑浑圆饱满的战斗式穹顶以及色彩鲜艳的、精美的建筑浮雕。二是理解自然，要着眼于建筑的生态内涵，如接近自然、模拟自然、适应自然气候。二者共同代表着俄罗斯传统民居中的被动式设计内涵，是值得传承与发展的绿色设计理念。

图 3-7　木刻楞房

图片来源：视觉中国

近年来，俄罗斯运营建筑的总面积约 50 亿 m^2，因采用区域供暖技术，每年约 4 亿 t 标准燃料用于供暖，约占该国能源资源消耗的 1/4（王涛，2019）。此外，俄罗斯的发电量 40% 都用在建筑设施上，建筑节能的要求刻不容缓（谢尔盖，2020）。

通过对俄罗斯居住建筑热损耗的分析认为其主要分为两类，一部分为热传导损失，主要途经建筑外围护结构，如墙体、窗户、屋顶等；另一部分为空气渗透热损失，由门窗缝隙所造成（王涛，2019）。基于此，俄罗斯提出了相应的主动式技术优化策略，一是减少热传导损失，可优化建筑物和构筑物的外围护结构来有效节省建筑能耗，如将保温隔热层附加于建筑外墙的外部可降低建筑物的热能成本，且可能降低 40%～50%。二是安装自通风窗户以减少因换气而频繁开窗造成的热损失，并在窗户上加装防渗透帘幕。

除居住建筑外，公共建筑的低碳节能设计也成为俄罗斯绿色建筑可持续发展的重要内容。在 2019 年获得安波利斯摩天大楼奖（Emporis Skyscraper

Awards）的 10 座建筑中，俄罗斯的拉赫塔中心（Lakhta Center）位列第一，它高达 462 m，是俄罗斯和欧洲最高的建筑，由 Gorproject 和 RMJM 两家设计公司合作完成。拉赫塔中心造型独特大胆，外部由 5 个旋转近 90° 的机翼组成，结构呈现出熊熊烈火的形状，其设计灵感源于圣彼得堡历史悠久的塔尖和穹顶结构（图 3-8）。该中心已获得美国绿色建筑委员会的 LEED 白金认证，是全球最环保的摩天大楼之一。作为世界上最北端的超高层建筑，拉赫塔中心虽暴露在极端温度下，但其双层外墙的设计可防止不必要的热量损失；同时，由于红外辐射器的创新使用，多余的热量不会浪费，而是反馈到系统中，真正实现了建筑的可持续节能设计。

图 3-8　拉赫塔中心

图片来源：视觉中国

2. 哈萨克斯坦

建筑师达米尔·乌瑟诺夫（Damir Ussenov）与他的建筑设计团队 Lenz Architects 在哈萨克斯坦阿拉木图的山丘地带设计了一栋住宅。该建筑拥有独特的金属框架结构，使得室内空间充满阳光，还避开了浓密灌木丛和复杂地形的阻挡；建筑立面由动态的铝板组成，可通过电动系统来控制窗户的开合状态，并将住宅与周围环境隔离开来，起到保护和隔音的作用，同时这些铝板经白色石膏的外墙外保温系统（external insulation and finish system，EIFS）处理，具有隔热和清洁性能。这座住宅被称为“壳状住宅”，其设计理念旨在接近自然、拥抱自然。

与住宅建筑不同的公共建筑，其设计要求更为复杂。在哈萨克斯坦严寒多雪的气候环境下，建筑师叶尔兰·博斯金（Yerlan Boskin）和耶尔詹·托伊甘巴耶夫（Yerzhan Toigambayev）在海拔3200 m处建造了一座特尼尔（Tenir）生态酒店（图3-9）。建筑中使用了模块化预制施工技术，每栋房屋30 m^2，由3个4.5 m×2.7 m ×3.15 m大小的模块组装而成，材料包括钢框架、铝夹芯板和环保石棉，这使它们既坚固又具有良好的保温性能，能够应对地震和恶劣的山区气候，同时在设计时考虑生态因素，预制模块安装在钢柱上，而不是厚重的混凝土基础，极大地减小了对雪地的影响；每座建筑都具有独特的几何形体外观，兼具观赏性的同时也利于承受风荷载和雪荷载。此外，立面材料使用了天然木瓦和喷漆铝板，兼顾可持续性。

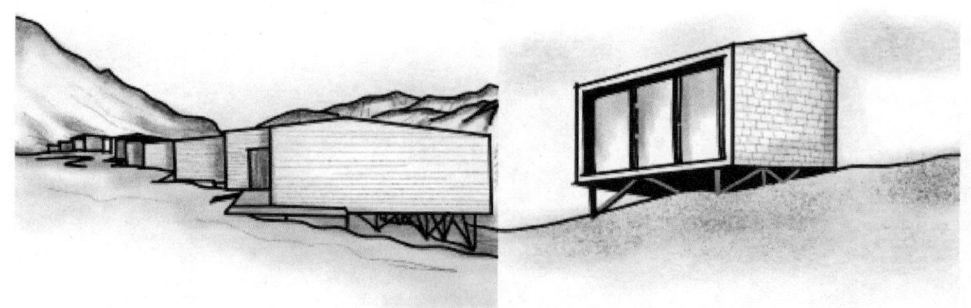

图3-9 Tenir生态酒店
图片来源：作者自绘

3. 伊朗

位于温带沙漠气候的伊朗是具有悠久历史的文明古国，其独特的自然环境和人文环境创造了充满地域特色的建筑风格，其中更是蕴含了珍贵的绿色营建智慧，以及与自然和谐统一的思想内涵。

例如，针对干旱炎热，伊朗高原中部地区传统建筑在发展中创造出了适应气候环境的设计策略：Badgir捕风器（风塔）（图3-10），它高耸于屋面，风遇到后在风塔迎风面产生正压，背风面产生负压，由于压力的不同，风会被吸入风塔内部通道中，通过和风塔内壁通道的热交换，自然降温后进入室内主要空间，给室内提供舒适的凉风。而针对寒冷多雪的气候特征，伊朗东北部与西北部的传统建筑为岩居（图 3-11），形似蜂窝的石头，典型的四层住宅，一层牲畜居住，二三层人类居住，顶层用作储藏室，岩石具有较高的热容量和热惰性，故能够在冬季保持室温恒定（李海英，2019）。

图 3-10 伊朗风塔

图片来源：视觉中国

图 3-11 伊朗岩居

图片来源：视觉中国

传统的绿色建筑营建智慧值得传承，现代伊朗建筑的绿色设计策略亦值得借鉴。在首都德黑兰的 Kohan Ceram 大楼，以净零技术而闻名，该大楼外围护设计为双层墙，其中外墙以“镜框砖”砌筑，它集透明性和坚固性于一身，取代了普通的墙壁和窗户，定义了建筑中不同的空间，同时又是可回收的，对生态系统的影响很小，在德黑兰的气候条件下维护成本更低。内墙上设置主窗户，用户可根据需求使用以满足采光和太阳热能的获得。同时，在双层墙体中间有 0.6 m 绿植夹层可实现空气的过滤，以改善室内舒适度。这些系统都大大降低了建筑物的能耗。

4. 埃及

回顾埃及建筑史，不能忽视一位建筑师：哈桑·法赛（Hassan Fathy）。他一生致力于设计“穷苦人的建筑”，设计理念植根于乡村自然环境和历史文化，用最少的耗费创造经济与生态的环境，以真正服务于社会建筑。在他的建筑作品中，经常可以看到如正方形穹顶单元、矩形拱顶单元、风廊、捕风窗、土坯砖或者内庭院等建筑手法，这些都是源于埃及传统建筑中的空间语汇，与地域气候环境实现自然契合，完成建筑与自然的和谐统一（张维，2021）。目及当下，埃及著名建筑师阿卜杜勒哈里姆·易卜拉欣·阿卜杜勒哈里姆（Abdelhalim Ibrahim Abdelhalim）被评为 2020 年 Tamayouz 终身成就奖获得者，他被认为最具开创性的一点，就是把传统建筑设计元素和方法融入当下的建筑设计，尊重过去，适应环境。

现如今，仍然有大量的“非正式”① 建筑延伸在埃及的农业土地上，亟须改善，政府对此做了系统的研究。在埃及吉萨高原金字塔的 Nazlet El Samman 村，改造住宅将原有建筑材料进行回收利用，其立面采用大量原土砖，并包括可回收的传统窗户以及来自村庄循环经济的百叶窗；建筑垂直分层，其结构有效抵御阳光，同时在水平面上实现最佳空气冷却流量；屋顶材质根据季节的不同折叠或展开，创造出一个开放的、有盖或无盖房间，使空间与周围的环境保持自然联系。以上的改造策略从自然生态角度出发，创造

① 据估计，目前全球有超过60%的建筑都是在没有建筑许可的情况下完成的，这就产生了所谓没有建筑师的建筑，也就是非正式建筑。

了当代乡土建筑与现有建筑之间的对话，解决了非正式建筑的必要突变，是当代乡土建筑绿色可持续发展的重要转变途径之一。

3.4 小　结

丝路既促进了各国之间的经济贸易发展，又加强了彼此之间的历史文化交流，还推动了沿线城市的发展与建设。城市与建筑是人类生活中最重要的基础，经济发展的目的也是给人们创造更美好的生活，可持续的城市建设和地域绿色建筑发展不仅是为了节能减排，更是为了给人们创造更好的居住环境。因此，对各国城市发展与地域绿色建筑的研究与分析，能够更好地传承历史文化、回应环境保护需求、延续地域特色、创造美好人居环境，对各国的可持续发展具有重要意义。

本章参考文献

毕昕，李成翰，李晓东. 2020. 符号学语义下的民居建筑装饰艺术研究——以俄罗斯传统民居为例 [J]. 河南城建学院学报，29（2）：52-56.

戈登·吉尔，安东尼·威欧拉，亚历山大·斯达切提，等. 2018. 2017 阿斯塔纳博览城——未来能源的会后遗产规划 [J]. 建筑学报，8：51-57.

戈特弗里德·森佩尔. 2016. 建筑四要素 [M]. 罗德胤，赵雯雯，包志禹，译. 北京：中国建筑工业出版社.

李海英. 2019. 传统伊朗建筑应对气候的设计策略 [C]// 中国城市科学研究会. 2019 国际绿色建筑与建筑节能大会论文集. 北京：中国城市出版社：187-192.

罗小未. 2004. 外国近现代建筑史（第二版）[M]. 北京：中国建筑工业出版社.

牛翔. 2014. 赖特与苏俄民族形式建筑理念今昔的释义与解读 [D]. 北京：北京交通大学.

钱云，张敏. 2013. 撒马尔罕城市历史与古城保护 [J]. 中国名城，(10)：61-67.

王涛. 2019. 俄罗斯居住建筑外墙与窗户节能构造探究 [D]. 北京：北京交通大学.

谢尔盖（Gushchin Sergei）. 2020. 不同地区建筑节能现状及节能途径分析 [D]. 哈尔滨：哈尔滨工业大学.

伊琳娜·巴拉舍娃，冷红，宋世一. 2020. 严寒地区的收缩城市研究——以俄罗斯克拉斯诺亚尔斯克地区的三个极地城市为例 [J]. 国际城市规划，35（2）: 54-61.

张维. 2021. 关于哈桑·法赛（1900—1989）建筑二元性的研究 [J]. 华中建筑，39（2）: 16-21.

H-U·汗. 1999. 20 世纪世界建筑精品集锦（1990—1999 第 5 卷中·近东）[M]. 李德华，译. 北京：中国建筑工业出版社.

Zhumabekova B. 2016. 成为首都：哈萨克斯坦首都阿斯塔纳的城市规划 [J]. 沙永杰，徐洲，译. 上海城市规划，6:57-65.

Athamena K. 2022. Microclimatic coupling to assess the impact of crossing urban form on outdoor thermal comfort in temperate oceanic climate[J]. Urban Climate, 24(4):101093.

Barasheva E, Leng H, Barashev A, et al. 2021. Typology of urban shrinkage in Russia: Trajectories of Russian cities[J]. Journal of Urban Planning and Development, 147(4): 05021035(1-9).

Barzaman S, Shamsipour A, Lakes T, et al. 2022. Indicators of urban climate resilience (case study: Varamin, Iran) [J]. Natural Hazards, 2022, 112:119-143.

Bastaminia A, Rezaei M, Saraei M. 2018. The explanation and analysis of social resilience in coping with natural disasters[J]. Psychology, 10: 159-166.

Bobylev N, Gadal S, Konyshev V, et al. 2021. Building urban climate change adaptation strategies: The case of Russian Arctic Cities[J]. Weather, Climate, and Society, 13(4): 875-884.

Chaker M, Berezowska-Azzag E, Perrotti D. 2021. Exploring the performances of urban local symbiosis strategy in Algiers, between a potential of energy use optimization and CO_2 emissions mitigation[J]. Journal of Cleaner Production, 292:125850.

Danilina N, Tsurenkova K , Berkovich V. 2021. Evaluating urban green public spaces: The case study of Krasnodar Region Cities, Russia[J]. Sustainability, 13(24): 14059.

Frampton K. 1992. Modern Architecture, A Critical History[M]. London: Thames and Hudson.

Gorbenkova E V, Shcherbina E V, Belal A. 2018. Rural areas: Critical drivers for sustainable development[J]. IFAC-PapersOnLine, 51(30):786-790.

Hocine M. 2021. Proposing SMaR^{2}T-ATi, an assessment tool for urban sustainable development and experimentation on Eucalyptus municipal territory, Algiers province[J]. Land Use Policy, 101:105177.

Jahanbakhsh A, Shokouhibidhendi M. 2022. The pattern of productive Zistshahr (Livable city): Drivers of the movement towards Islamic urban planning[J]. Journal of Researches in Islamic Architecture, 10 (2):124-145.

Klimanova O, Illarionova O, Grunewald K, et al. 2021. Green infrastructure, urbanization, and ecosystem services: The main challenges for Russia's largest cities[J]. Land, 10(12): 1292.

Magri A, Berezowska-Azzag E. 2019. New tool for assessing urban water carrying capacity (WCC)

in the planning of development programs in the region of Oran, Algeria[J]. Sustainable Cities and Society, 48.

Moradpour N, Pourahmad A, Hataminejad H, et al. 2022. An overview of the state of urban resilience in Iran[J]. International Journal of Disaster Resilience in the Built Environment, 14(2): 154-184.

Oliver P.1997.Encyclopedia of Vernacular Architecture of the World[M].Cambridge：United Kingdom at the University Press：1582-1603.

Porfiriev B N , Dmitriev A, Vladimirova I, et al. 2017. Sustainable development planning and green construction for building resilient cities: Russian experiences within the international context[J]. Environmental Hazards, 16(2): 165-179.

Shcherbina E V, Gorbenkova E V. 2018a. Modelling the rural settlement development[J]. Materials Science Forum, 931(PT.2):877-882.

Shcherbina E V, Gorbenkova E V. 2018b. Smart city technologies for sustainable rural development[J]. IOP Conference Series: Materials Science and Engineering, 365:22-39.

4

丝路沿线国家和地区建造工程技术与工业化发展

4.1 概　述

丝路沿线国家和地区在区域建造工程技术与工业化发展领域受制于本地区自然属性呈现出多样性与差异性，不同国家因经济发展水平不同亦呈现出不同发展阶段的建造技术与工业化程度。

首先，东南亚地区的民族文化和生活模式多种多样，建筑文化深受宗教影响，特别是佛教。因此，各国形成了各自独特的建筑风格。欧亚地区的一些国家由于对住房和各种用途建筑设施的需求较大，因此开始采用一些绿色环保装配等技术，而西亚地区和其他国家，由于经济发展水平的不同，其建筑技术也呈现出多样化。一些欠发达地区的村镇建筑、传统民居或清真寺等仍采用夯土、石头或土坯等天然材料建造，而发达地区则使用钢筋混凝土剪力墙结构、筒体结构等现代化建造技术，并采用高强混凝土、钢筋和型钢等建筑材料。此外，北非地区的一些国家在经济实力方面存在差异，其大型建筑项目不同程度地依赖于国外设计和建设单位，自身实力相对较差。受其所处地理位置影响，这些国家施工环境恶劣，且建筑建造技术较为落后。

建筑工业化起源于西方国家，特别是在第二次世界大战后。战争期间人口锐减和劳动力短缺的情况下，西方国家开始推动建筑工业化，采用建筑设计标准化、构件生产工厂化和施工过程机械化等手段来应对战后重建任务。丝路沿线的发达国家推出了一系列有利于建筑工业化的政策，使得建筑工业化发展较为成熟，并且智能化、数字化建筑及其相关技术得到了广泛应用。然而，一些欠发达国家面临住房需求和劳动力不足等问题。因此，这些国家继续推进建筑工业化，以改善民生。

随着工业革命和技术的进步，建筑机械化逐渐成为现实。在第二次工业革命中，内燃机和电气化技术的发展促使建筑机械水平大幅提升，并开始向建筑自动化的方向发展。第三次技术革命中，电子计算机技术的突破为建筑机械的自动化提供了基础，同时推动了建筑业朝着装配式建造方式转型。建筑机械的数字化、智能化转型成为实现更高层次建筑工业化的前提条件。全球各大工程建设机械制造企业都在积极投入资金，推动建筑机械的智能化转型升级。建筑机械的发展主要呈现出无人化操控、高精度自动就位和建筑机器人等特点。此外，建筑工业化也注重数字化、无人化、远程控制、网络化智能控制、全过程质量监控和监管等多方面的发展。

4.2 丝路沿线国家和地区建造工程技术

4.2.1 欠发达地区工程建造技术水平

丝路沿线各国的经济实力具有较大的差异，欠发达地区的村镇建筑、传统民居或清真寺等建筑仍采用夯土、石头或土坯等天然材料建造，发展出生土、砌体、砖木或石木结构建造技术。尤其是北非几个国家，受其所处地理位置影响，施工环境恶劣，且建筑建造技术更为落后。同时，欠发达地区的大型建筑都几乎依赖于国外设计单位与建设单位，自身实力较差。

西亚国家坐落于两河流域或伊朗高原，很多国家年降雨量不足 200 mm，尤其在阿拉伯国家沙漠分布广泛，具有缺石少木的特点。由于经济发展的不均衡性，不发达地区的建筑仍采用较为原始的建材及相应的建造技术。例如，在伊朗和阿拉伯国家的风塔传统民居［图 4-1（a）］，一般采用珊瑚石和黄泥砌筑墙体，采用木材做梁，也有采用纯土砖、泥浆砌筑的房屋；再如，土耳其东南部和叙利亚北部，传统民居为蜂巢屋，最初多以黄土和动物粪便建造，后来加入砖石支撑，蜂巢屋一般由 3～4 个相连的土塔状建筑构成，土塔状建筑主体用规则的多边形土坯砌成，站在屋内仿佛置身于蜂窝中［图 4-1（b）］。另外，以色列和希腊等国的传统民居以石砌体建筑为主。

西亚的传统民居和村镇建筑以天然建材为主，竖向承重墙体和横向承重的梁板连接较弱，基本没有抗震措施。1983 年 10 月 30 日，土耳其东部发生了里氏 7.1 级的强烈地震，147 个村庄毁于一旦，1336 人丧失生命；1999 年土耳其地震造成了10万余间房屋倒塌，多为传统民居，近300万人无家可归。可见，地震区传统民居最大的问题之一就是抗震安全性不够。

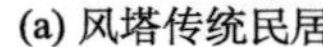
(a) 风塔传统民居

(b) 蜂巢屋

图 4-1　原始建材建造案例

图片来源：视觉中国

竹子是一种廉价、环保和可再生的建筑材料。作为“竹子王国”的越南，各种类型的竹木建筑成为越南的特色建筑形式。作为国际知名的竹结构建筑事务所，VTN引领了越南建筑业的发展。其设计的竹木建筑大致可以分为两种结构体系：一是框架结构单元，二是柱体支撑单元。为使整个建筑牢固耐用，采用将多根竹子捆为整体的办法，即便结构受损，也只需要替换掉受损的竹子，轻松完成维护。VTN从首个竹木建筑项目开始，就运用了装配的方法，将施工现场工作量降到最低，提高了工作效率和施工精度。

泰国城镇化建造技术也体现出了与传统文化的有机结合，如泰国北部的兰纳建筑。现代兰纳建筑使用天然材料，将木材或竹子等作为主要建筑的材料，构件的连接则通过紧固螺钉和螺母代替传统的木质槽口。可再生材料配合新型施工技术，使房屋结构更加经济环保、坚固耐用。印度尼西亚提出将竹子作为定向刨花板的基本成分，进而发展了定向刨花板绿色建筑（oriented strand board green building），成为采用竹材进行绿色建筑施工的解决方案。

吴哥古迹是柬埔寨珍贵的历史文化遗产，由于长期遭受雨水侵蚀、生物

腐蚀、树木横生和人为破坏等，产生了建筑基础塌陷、石材老化、结构坍塌等。1998年起，中国政府派出专业队伍展开周萨神庙、王宫遗址、茶胶寺的保护修复工程。中国文化遗产研究院与相关单位合作，先后开展30余项专项探测研究工作，严格遵循《吴哥宪章》设计修复方案，确保文物原状，在工程中最大限度地采取了“可逆”的工程措施，共计完成了全部24项修复工程内容，还增加了庙山五塔整体维修以及东内塔门、西内塔门、北内塔门的排险加固工程。

在蒙古国内，部分人仍然过着传统的游牧生活，在农村地区使用传统的蒙古包，如图4-2所示。传统蒙古包由架杆、顶窗、柱子、围墙、门等构件组成，各个构造间通过覆面结构、网片结构、穹顶结构、捆绑结构等方式进行连接，形成这种独特精巧且便于拆卸的建筑空间。

图4-2 传统蒙古包

图片来源：视觉中国

位于土耳其伊斯坦布尔的圣索菲亚大教堂（图4-3）开建于公元532年，这座教堂是在两度被摧毁的拜占庭皇家教堂的原址上重新建立的，以此彰显拜占庭皇室的坚定信仰与虔诚。大教堂采用砖块作为主要建造材料，耗时5年时间建成；作为古典与中世纪两个时代的风格过渡，圣索菲亚大教堂传承了源自罗马共和时代的大理石柱、帝国时代的巨大穹顶，以及在拜占庭时代才开始大放异彩的细密镶嵌画。其标志性圆形穹顶，技术肇始于古希腊，经过罗马的发扬光大后成为西方世界的一大建筑特征。此类风格后来还被意大利的教堂建筑所继承。

图 4-3　圣索菲亚大教堂内部

图片来源：视觉中国

突尼斯老城（图 4-4）位于突尼斯首都突尼斯城，具有浓郁的阿拉伯风格，建城已有 1300 多年历史。在北非伊斯兰城市中，突尼斯老城是城市建筑规范的典范之一。在城市环路内，占地 270acre① 的突尼斯麦地那由曲折交错的街衢、拱状通道、胡同和死巷组成，其城市结构的协调统一令人瞩目。白色房屋形成了突尼斯的城市景观。借鉴不同风格而修建的重要建筑（如 732 年修建的大清真寺）和单一风格的建筑（如 1675 年修建的具有土耳其风格的清真寺）和谐地构成一个整体。突尼斯对东马格里布地区的建筑和装饰艺术产生了重大影响。从突尼斯的宫殿、房屋、穆斯林学校和广场的风格可以看出，突尼斯与典型的伊斯兰教城市相比在空间组织和日常生活等方面风格迥异。

多哥东北部古帕玛库（Koutammakou）农村，村舍都是泥巴墙圆柱形，有草屋顶，也有平屋顶，二层楼，底下是谷仓。这样的泥屋是多哥的一大特色，既是它的象征，还延伸到邻国贝宁。目前，巴塔马利巴人居住地（Land of Batammarimba，Koutammakou）已经成为一座文化景观，并列入世界遗产。这确是人类的遗产，这样的泥屋，是几百上千年来人类劳动智慧的结晶。当地富有特色的塔奇恩塔泥制塔屋（图 4-5），被认为是多哥著名的象征。在该景观中，自然和宗教仪式以及社会信仰紧紧地联系在一起。这个占地 5 万 hm^2 的文化景观因是塔奇恩塔泥制塔屋的建筑风格而闻名于世，这种

① 1acre=0.404 686 hm^2。

风格反映了社会结构、当地的农田和森林，以及人与景观的联系。许多建筑高为二层并且都带有谷仓，谷仓下面是圆柱形的基座，上面覆有圆形顶部。有些建筑的屋顶是平的，其他建筑则带有锥形的干草屋顶。这些建筑分布在村落中，还包括宗教场所、泉水、岩石和举行成人仪式的场所。

图 4–4　突尼斯老城

图片来源：视觉中国

图 4–5　塔奇恩塔泥制塔屋

图片来源：视觉中国

居住建筑是最基本的建筑空间，可满足埃及人生存、居住空间的需求，包括公寓、住宅等。埃及以伊斯兰教为主要宗教信仰。当地居住建筑的主要颜色会选择白色、蓝色和石材本身裸露的颜色。白色可增强建筑反光，减少热能吸收，但有部分建筑好像未完成，裸露着红砖墙体和钢筋水泥。

北非国家的大型建筑都几乎依赖于国外设计单位与建设单位，自身实力较差。受其所处地理位置影响，这些国家施工环境恶劣，且建筑建造技术较为落后。尤其是对于北非的独特环境和施工水平，十分适于装配式建筑的发展，快速简单的施工方法和经济的建筑成本能够加速北非几国的城镇化进程。因此，应针对各个国家的自身特点，就地取材，发展符合其自身特点的装配式结构，提高各国的建筑工业化水平，发挥“一带一路”倡议的作用。

4.2.2 发展中地区工程建造技术水平

随着经济全球化的飞速发展，丝路沿线国家和地区建造水平现代化也在不断推进。依据各自的地理位置、历史传统、功能价值和资源等情况，各国建筑工程技术呈现多样化，现代结构如钢筋混凝土结构、钢结构和现代木结构等在发展中地区得到了广泛应用。

1. 钢筋混凝土结构

钢筋混凝土结构是现代结构中应用最为广泛的结构。印度城镇居民建筑的主要结构形式就是钢筋混凝土结构，其中大部分为框架结构，少数办公用途的房屋为框架－剪力墙结构。欧洲的城市建设历史悠久，传统建筑众多，广场星罗棋布，为始终保持城市的朴实严谨风格和历史风貌，现代建筑楼层控制在 7～9 层，这些结构相当一部分为钢筋混凝土结构。

由于人口暴增，为应对巨大的住宅需求，西亚多国政府均在积极推动装配式建筑的应用。2015 年 12 月 13 日《沙特公报》报道，2025 年前建造 300 万套住房，面向全球招标；阿联酋《海湾新闻》2019 年 2 月 26 日报道，阿联酋副总统兼总理、迪拜酋长穆罕默德 · 本 · 拉希德 · 阿勒马克图姆批准在未来 6 年投资 320 亿迪拉姆为阿联酋本地国民建设 34 000 套住房。实现上

述住房需求的有效方法便是装配式建筑，同时为了保证建造过程的碳排放控制，部分国家政府或相关部门也出台了相关文件。

俄罗斯、乌克兰、蒙古国三国处于高纬度地区，冬季长而寒冷，从而导致施工工期长，施工成本高，施工效率低，加之城镇化建设出现的住房短缺问题，因而预制装配技术在这三国发展迅速。现场安装装配式结构，可减少工程量，降低现场湿作业量，特别是在寒冷季节施工时，可以节省人力物力，提高效率。据统计，俄罗斯高达 40% 的多层住宅建筑为装配式大板建筑（large-panel construction，LPC），如图 4-6 所示。此外，框架墙板装配建筑（panel-frame construction，PFC）也开始逐渐出现。

图 4-6　预制装配式结构

图片来源：视觉中国

装配式大板建筑主要由预制混凝土承重外墙板、内墙板和楼板，通过机械吊装连接组成，其中墙板间由竖直接缝连接，楼板与墙板间由水平接缝连接。接缝的连接技术主要分为干连接与湿连接，干连接是通过焊接和螺栓进行连接，这种方法在构件尺寸和安装偏差方面要求较高的精度；湿连接主要是通过细石混凝土或高强度砂浆灌浆连接，这种方法相比于干连接方式，结构整体性较好，对构件尺寸和偏差的精度要求不高，因此湿连接方式应用较为广泛。

框架墙板装配建筑是现在较为流行的一种装配式结构，该结构在装配式节点连接处理中主要分为以下两个部分。

1）框架节点连接：干连接方法主要有机械套筒连接、牛腿连接、焊接连接、螺栓连接、榫式连接等，湿连接方法主要有浆锚连接、普通现浇连接、普通后浇整体式连接、灌浆拼装、预应力技术的整浇连接等。

2）墙板节点连接：墙板与主体结构的连接方式主要为干连接，包括焊接连接、螺栓连接等，而墙板之间的连接主要通过钢筋网片进行整体现浇连接。

2. 钢结构

钢材具有强度高、自重轻、整体刚性好、变形能力强的优点，适用于建造大跨度和超高、超重型的结构，且施工工期短，工业化程度高，可进行机械化程度高的专业化生产。钢结构密封性能好，使用焊接技术钢结构可以做到完全密封，可以制成气密性、水密性均良好的高压容器、大型油池和压力管道等，具有良好的耐热性能。西亚石油输出国的石油开采、储存及运输相关的设施建设技术较发达，石油开采及存储设备多为钢结构，便于安装、拆卸和周转使用。

西亚各国将钢结构应用于不同类型的民用建筑。在铁矿较为丰富的伊朗，（轻）钢结构用于住宅建筑，得益于钢结构施工速度，钢结构住宅项目的建设周期较短，一般采用 H 型钢为梁柱构件，压型钢板后浇混凝土作为楼板或屋盖。在沙特阿拉伯和土耳其，由于经济较为发达，钢结构用于各种民用建筑（如土耳其 Gemak 船厂管理办公室、泽塔斯发电厂厂房和沙特阿拉伯麦加高铁站），并且与时俱进，正向模块化钢结构发展。

3. 现代木结构

欧洲人口密度低、木材资源丰富，随着木材加工技术的发展，现代木结构应运而生。现代木结构是集传统的建材（木材）和现代先进的设计、加工及建造技术而发展起来的结构形式。目前，主要的工程木产品有正交胶合木

（cross laminated timber，CLT）、层板胶合木（glue laminated timber，GLT）、层板销接木（dowe laminated timber，DLT）、旋切板顺纹胶合木（laminated veneer lumber，LVL）、平行木片胶合木（parallel strand lumber，PSL）、木工梁（I-joist）、层板钉接木（nail laminated timber，NLT）和定向结构刨花板（oriented strand board，OSB）。

正交胶合木是由至少3层实木锯材或结构复合材料在层与层之间正交组坯黏结而成的一种预制实心工程木板，层板的厚度一般为15～45 mm。基于特殊的组坯方式，正交胶合木不论是横向还是纵向都具有很强的承重能力，并且通过这种横纵交错叠放胶合的方式，解决了木结构的变形、沉降等一系列问题，与传统的木结构工艺相比，正交胶合木拥有更好的力学性能和尺寸稳定性。正交胶合木木材还具有极好的耐火性，倘若发生火灾，其木板材料表层会以一定的速率缓慢炭化，同时能在较长时间内维持内部原有的结构强度，在地震多发地区，正交胶合木成为非常受欢迎的选择。正交胶合木多被适用于建筑物的墙面、屋面、楼面，特别适用于多高层木结构，从住宅和办公大楼到学校和市政建筑。正交胶合木可以裸露在外向大家展示其美观，也可以在需要时采用其他饰面进行装饰。

层板胶合木是将规格材经工程化的设计、胶黏和处理，形成较大尺寸，且符合相关规范材料物理力学分等要求，用于结构承重的复合木材。胶合木可以被加工成多种尺寸和造型，且消防规范允许其可以暴露在外。胶合木是建筑师最喜爱使用的工程木材料，它能给设计师带来无限的设计灵感。作为最早和最广泛使用的木材产品之一，层板胶合木用途广泛，几乎适用于所有建筑类型，如用作柱子、直梁或弯曲梁等，适用于大跨度结构，尤其是异形的造型设计。

层板销接木是一种新型的工程木材料，它是一种厚木板产品，通过硬木销钉将木板材紧密拼接在一起形成厚板结构。层板销接木是一种没有金属紧固件或钉子或黏合剂的全木质木材产品。与其他工程木产品类似，层板销接木被广泛用于各种建筑类型，包括各类商业和公共建筑。历史上层板销接木并不如其他木材产品那么常见，但现在越来越受欢迎，可以用作墙板、楼、屋面板。与层板钉接木类似，层板销接木还可以可用作楼梯和电梯井以及曲面的屋顶结构。同时，层板销接木还可以和混凝土结合形成木材混凝土复合材料（timber-concrete composite，TCC），这是一种用于减小横截面、增加跨度并减少噪声传递和振动的混合材料体系。层板销接木有降噪的功能，保证了空间的安静。

旋切板顺纹胶合木是由多层薄单板按照一致的纹理方向平行叠放在一起，然后用机械压合而成的工程木材。在生产旋切板顺纹胶合木时，木节瘤和树胶囊都被分散了，从而避免了它们对板材性能和稳定性的影响。旋切板顺纹胶合木适合用作梁、桁架和椽条。当交叉黏合以增加刚度时，它可用于形成具有承载能力的墙面和楼面。旋切板顺纹胶合木一般用作建筑物的隐蔽结构部件，但成品也时常被用于直接放置在外部。

平行木片胶合木是将经选择的旋切木片顺木纹方向胶合热压而成，最终制造出这种大体积、高强度的主梁、立柱和过梁。生产平行木片胶合木的原料，是长 610～2440 mm 的花旗松、黄杨和南方松板材。这些板材首先被烘干，经黏合剂黏合，再经过专利的微波工艺压制处理，被牢固地胶合在一起。最终得到最大长度可达 20 m 的合成材，与板材相比，它更长、更厚、更坚固。

木工梁是将实木锯材或旋切板顺纹胶合木用作翼缘与胶合板或定向结构刨花板等木基结构板材黏合而成的规格、性能稳定的承载结构构件，具备卓越的工程性能，亦称工字搁栅。这些预制结构产品具有硬度和强度相同、重量轻的性能，因此非常适合住宅、商业建筑中需要较长跨度的楼面搁栅和屋面椽条。

层板钉接木是一种重型木结构板式构件，可以用来作为结构楼板、墙板和屋面结构，是一种新型体系，被广泛用于大跨度且需要木材外露的项目中。层板钉接木楼板和墙板体系其实发源于百年前，一般用于仓库或者大型建筑中。现在经过建筑师的改良和重新设计，正在成为可以替代混凝土楼板和钢结构楼板的更加低碳坚固的解决方案。其主要优点是可以让木材裸露在外，并且具有很好的防火性能。

定向结构刨花板是一种以小径材、间伐材、板皮、木芯、枝桠材等为原料，通过专用设备沿着木纹方向加工成长 40 ～ 120 mm、宽 5 ～ 20 mm、厚 0.3 ～ 0.7 mm 的扁平窄长刨片，经干燥、施胶和专用的设备将表芯层刨片纵横交错定向铺装后，再热压成型的一种人造板。这不仅增强了木材的强

度和防水性，也循环利用了那些无法成材的废料。作为一种重量轻、强度高且用途广泛的木制品，有时也用作预制工字梁的腹板材料和外围护构造的基层。定向结构刨花板坚固、稳定，通常不会翘曲，并且可以抵抗风和地震，可用于房车及货车的面板与托盘、工业集装箱、船舶、家具等方面的制造。

4. 结构加固修复技术

西亚国家现存很多历史文化名城，如安卡拉、安曼、耶路撒冷等，这些城市存在大量建筑文化古迹，多为伊斯兰风格的砖石建筑，对这些历史遗迹进行保护是非常有必要的。现代建筑技术也应用于保护历史遗迹，如采用钢架约束加固历史风貌石砌体建筑。

西亚国家也在建筑结构加固领域做了很多工作，比较成熟的加固技术是纤维增强复合材料（fiber-reinforced polymer，FRP）加固技术，多用于钢结构、混凝土和石结构加固，同时高性能纤维水泥基复合材料加固技术得到了一些应用。例如，伊朗采用喷射纤维混凝土加固砌体结构校舍。受时局动荡和恐怖主义威胁，一些国家的基础设施常受到子弹侵彻、炸弹爆破等威胁，建筑结构尤其是大型公共建筑的抗爆要求较高，也亟须一些快速加固修复的技术。

4.2.3 经济发展核心区工程建造技术水平

丝路沿线国家和地区大多拥有广泛的经济基础和工业资源，其中一些国家已经成为工业和经济强国。例如，伊朗、土耳其、俄罗斯和中国等国家在工业、交通和科技领域取得了显著的进展，成为丝绸之路经济最发达的国家之一。此外，石油输出国家也在经济上处于领先地位，如卡塔尔、阿联酋和沙特阿拉伯等。在一个国家的经济和工业发展中，工程建造技术水平是一个重要的指标。世界各大超级城市的地标性建筑，如超高层建筑和大型体育场馆，通常是该国先进工程建造技术的代表。本节以典型的建筑设施类型来总结丝路沿线经济发达地区的工程建造技术水平。

1. 超高层建筑

中国是丝绸之路起点，也是超高层建筑应用最多的国家之一。1976 年建成的广州白云宾馆 33 层，是中国首栋百米高层建筑。从 20 世纪 90 年代初开始，中国高层建筑进入快速发展的阶段。目前，中国正在建设的摩天大楼总数量已经超过 200 座，相当于美国现有同类摩天大楼的总和，中国已成为建造摩天大楼的“头号主力”。上海中心大厦 [图 4–7（a）] 是中国第一高楼，其结构采用了“巨型框架 – 核心筒 – 伸臂桁架钢 – 混凝土”抗侧力混合结构体系 [图 4–7（b）]（丁洁民等，2010）。巨型框架结构由 8 根巨柱、4 根角柱以及 8 道位于设备层两个楼层高的箱形空间环带桁架组成。巨柱为型钢混凝土柱，底部平面尺寸为 5.3 m × 3.7 m；角柱也为型钢混凝土柱，底部平面尺寸为 5.5 m × 2.4 m；8 道箱形空间环带桁架既作为抗侧力混合结构体系巨型框架的一部分，又作为转换桁架，将相邻加强层之间的楼层荷载传至 8 根巨柱和 4 根角柱，从而减小巨柱由侧向荷载风或地震引起的上拔力，相邻两层空间环带桁架上下弦杆、斜杆及腹杆均采用 H 形截面，各加强层的 8 道箱形空间环带桁架，作为巨柱之间的有效抗弯连接，与巨柱形成巨型框架结构体系。

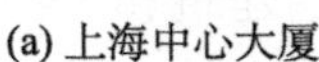
(a) 上海中心大厦

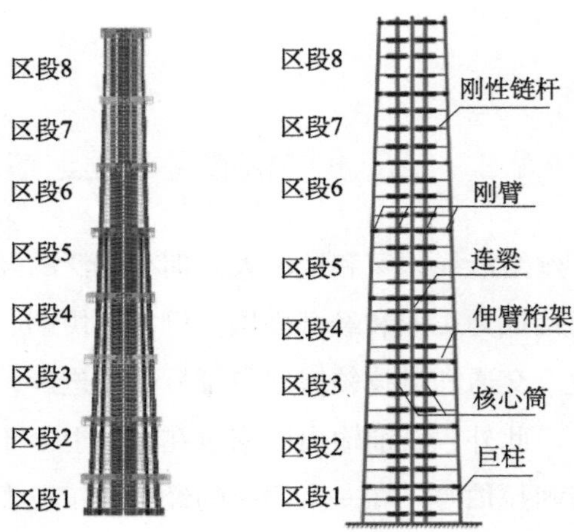

(b) 抗侧力混合结构

图 4–7　上海中心大厦结构体系示意图

图片来源：（a）视觉中国；（b）丁洁民等（2010）

核心筒为钢筋混凝土结构，底部为边长 30 m 的方形混凝土筒体，翼墙厚度 1.2 m，腹墙厚度 0.9 m，顶部翼墙和腹墙厚度均为 0.5 m，截面平面形式根据建筑功能布局，从区段 5 开始削掉四角，并逐渐过渡到高区的“十”字形，为减小底部墙体轴压比，增加墙体受剪承载力和延性。在地下室以及 1 ～ 2 区核心筒翼墙和腹墙内设置钢板，形成了钢板组合剪力墙结构，墙体中含钢率为 1.5% ～ 4.0%。

亚洲另一个热衷于修建超高层建筑的国家莫过于阿联酋。迪拜于 1979 年建成了阿联酋第一栋超高层建筑迪拜世界贸易中心，其高度达 149 m，从此以后超高层建筑便在阿联酋如雨后春笋般拔地而起。比较有代表性的是建成于 1999 年的阿拉伯塔酒店（图 4-8），因其外形酷似帆船，又称为迪拜帆船酒店，酒店共有 56 层，321 m 高。另外一栋则是世人熟知的哈利法塔（图 4-9），也称迪拜塔，其高度达到了惊人的 828 m，至今仍是世界第一高楼。

图 4-8 迪拜帆船酒店

图片来源：视觉中国

迪拜帆船酒店的结构形式不同于同期的一些超高层建筑，它并没有采用比较流行的钢筋混凝土筒体结构，而是采用了空间布置相对比较灵活的剪力墙结构，但混凝土的墙壁很薄，并在其弱轴方向增设了钢桁架斜撑（图 4-10），以增加结构的刚度，是一种当前比较常用的减震技术，钢的特性补偿了混凝土抗剪能力不强的特性；由于桁架结构有 85 m，其在施工现场热膨胀的作用下引起的变形超过 5 cm，如果没有巧妙的解决办法根本不可能精准安装在结构上，最后的解决办法是在结构固定托架内设置一个大垫圈，垫圈的洞口没有对准中心，垫圈会不断旋转直到和对角桁架的洞口对齐，接着用直径约 30 cm 的铸钢螺栓，插入两个洞口将两个洞拴在一起。

图 4-9　迪拜塔

图 4-10　桁架斜撑

图片来源：视觉中国

迪拜塔以 828 m 的高度傲视全球其他超高层建筑，采用下部混凝土结构、上部钢结构的全新结构体系，-30～601 m 为钢筋混凝土剪力墙体系，采用现浇混凝土，601 ～ 828 m 为钢结构，以达到减小上部结构自重和地震响应的目的；它的建筑设计灵感来自蜘蛛兰花的抽象设计，楼面为 Y 字形，设计中包含伊斯兰教建筑风格，形成的三叉形平面有利于抗风，无论从想象力还是高度上来看，它都是一项杰出的作品，是迪拜乃至整个丝路沿线最具有代表性的建筑。

位于俄罗斯圣彼得堡的拉赫塔中心是欧洲最高的建筑，拉赫塔中心的建筑主体是一座高 462 m 的塔楼，如图 4-11 所示，在平面图上，塔为五角星形，建筑呈扭曲的圆锥形。拉赫塔中心应用了 100 多项技术创新，其中应用新型型钢混凝土组合柱作为主体结构的支撑柱，柱截面由型钢、钢筋、高强混凝土组合而成，采用新型组合柱代替传统柱将柱子的建造时间减少了 40%，同时其成本降低了近一半。拉赫塔中心推动了俄罗斯建筑业的发展，为超高层和独特的建筑制定了新的规范文件。

图 4-11 拉赫塔中心

图片来源：视觉中国

阿尔及利亚宣礼塔（图 4-12）总高 265 m，为世界宣礼塔之最，是非洲最高的建筑。该宣礼塔结构形式较为特殊，其中标准层的结构平面为正方形，4 个正方形核心筒分别位于结构平面的 4 个角，通过钢结构斜撑与水平楼板相连形成一个整体，并采用由抗震支座和阻尼器组成的先进的隔震体系。宣礼塔劲性钢结构主要为劲性钢柱和连接劲性钢柱的斜梁、X 斜撑，其中只有 X 斜撑属于外露部分，其他均为劲性结构。祈祷大厅是宣礼塔的核心建筑物，底部使用 246 个抗震支座和 80 个阻尼器以形成隔震体系，可减少约 65% 的地震响应作用，满足抵御千年一遇大震的抗震要求，其理论使用寿命可达 500 年，也可对支座和阻尼器进行维修和更换，使得建筑在遭遇超强地震后可继续使用。

图 4–12　宣礼塔

图片来源：视觉中国

超高层建筑的主体结构一般为混凝土结构或大部分为混凝土结构，其发展离不开混凝土材料技术（包括外加剂、高性能混凝土等）、混凝土泵送设备、先进工程建造设备、先进工程材料、新型结构体系、减隔震技术、建筑信息模型等技术的发展和综合应用，如拉赫塔中心在设计阶段就应用了建筑信息模型技术。

2. 大型公共建筑

大型公共建筑，如体育馆、火车站、机场航站楼等都是一个城市乃至一个国家的名片。相比于超高层建筑，该类大型公共建筑的特点是在平面上体量大，通常具有大跨度、大空间等特点，因此多采用钢结构进行建造。

乌兹别克斯坦国际会议中心建筑为蒙古包造型，外轮廓尺寸 174 m，内部开口尺寸 89 m，屋面高差 18 m（田宇和孙海林，2020）。采用单层索网结构，外环梁采用受压圆钢管混凝土构件，内环梁采用受拉圆钢管，形成水平向自平衡体系。创新性地采用直线索构成曲面网格。48 根顺时针径向索与 48 根逆时针径向索编织形成菱形网格，网格间采用气枕膜。以结构形态、网格表现地域特色建筑元素。

卡塔尔 2022 年举办了举世瞩目的足球世界杯，国内建造了数十座现代体育场，基本都是采用建造速度更快、更能实现超大跨度的钢结构；其中，卢赛尔体育场位于卡塔尔首都多哈往北约 15 km 的卢赛尔新区，这里举办开幕式、揭幕赛、决赛和闭幕式，传奇球星梅西正是在这座球馆圆梦大力神杯。它是世界上同类型索网体系中跨度最大、悬挑距离最大的索网屋面单体建筑，也是本届世界杯最大的场馆，可容纳 8 万人。

卢赛尔体育场是全球首个在全生命周期深入应用建筑信息模型技术的世界杯主场馆项目。建设者通过建筑信息模型技术在钢结构施工、索网及幕墙安装等环节，运用计算机模拟施工现场，预判各种碰撞和困难，及时调整工法，保障顺利施工。

卢赛尔体育场 1000 m 长的压环桁架安装完成后，上面的 100 多个索夹孔尺寸偏差都要求控制在 25 mm 以内，而直径 1600 mm 的圆管，对接错边则要控制在 3 mm 以内；马鞍形屋面的膜结构面积达 56 300 m^2，拱杆 624 根，水平膜索 1152 根；总钢结构用量约 3 万 t，钢结构分为 48 片 V 柱桁架，24 榀压环桁架，48 片幕墙桁架。现场模块化吊装采用大型履带吊，V 柱桁架要从地面卧拼调整为设计的碗状姿态，过程非常不易。建设单位通过 5G 技术远程操控的方式确保每一个构件精准就位。

土耳其伊斯坦布尔拥有最大的隔震国际机场之一，即伊斯坦布尔国际机场（图 4-13）；这个 200 万 $ft^2$① 的建筑经过精心设计，可以在灾难发生后立即完全投入使用；它采用三重摩擦摆隔振器，具有 300 个基座隔离器系统，可以承受里氏 8.0 级强震，基地隔离器可以减少 80% 的横向地震荷载。

① 1ft=0.3048 m。

图 4-13　伊斯坦布尔国际机场

图片来源：视觉中国

大跨结构需要结构部件拥有足够刚度、强度及较小的自重，因此最常用的材料是高强钢材、纤维复合材料等。常见的结构形式一般为网架、桁架和索膜结构，通常采用基础隔震来减少结构的地震响应。

3. 现代绿色建筑

在经济发达的中心城市区域，除了上述超高、超大的城市名片建筑以外，大部分建筑是多层和高层建筑，这些量大面广的建筑的建设和维护需要投入巨大的劳动力和资金，也会产生大量的碳排放。近年来，绿色建筑的概念越来越得到世界各国的重视，从建造技术来讲，装配式建筑和 3D 打印建筑是当下实现绿色建筑最简单有效的途径。

装配式建筑是一种将建筑部件在工厂内预制好，然后在工地上进行组装的建筑方式。这种建筑方式具有高效快捷、精度高、减少浪费等优点，能够大幅度降低建筑噪声、尘土等污染，减少能源和资源的消耗，降低碳排放量。与传统建筑相比，装配式建筑的能源消耗可以降低 20%～50%，在建筑节能中起到了积极的作用。3D 打印建筑是利用 3D 打印技术对建筑进行快速、精确制造的建筑方式。这种技术具有生产效率高、材料浪费少、设计灵活性强等优点，同时也能减少碳排放量，提高能源利用效率，促进可持续发展。通过 3D 打印建筑，可以更好地实现建筑设计的个性化和差异化，满足不同

环境和场所的需求。

据统计，俄罗斯高达 40% 的多层住宅建筑为装配式大板建筑。迪拜帆船酒店（图 4-8）的混凝土主体结构实际上也采用了预制装配式技术，其楼板、楼梯和部分外墙均采用装配式构件，并采用螺栓连接的方式进行装配。

据前瞻产业研究院统计，近年来中国装配式建筑面积在新建工程项目中的占比逐年攀升，2020 年新建的装配式混凝土结构建筑面积达 4.3 亿 m^2，而这一数据仅占新建体量的 20% 左右[①]。这与发达国家还存在不小的差距。因此，中国政府陆续出台文件对新建建筑的装配率提出了硬性要求。

3D 打印建筑也在丝路沿线多国得到了应用和发展。例如，沙特阿拉伯第一栋 3D 打印住宅的建造只用了 2 天时间，这座混凝土住宅是荷兰公司 CyBe 在利雅得哈立德国王国际机场以西的住宅建设用地上 3D 打印而成。中国南京嘉翼精密机器制造股份有限公司、上海建工集团、东南大学联合打造的“上海建工 3D 打印科技试验楼项目”，该楼使用面积 52.8 m^2，建筑高度 6 m，共上下两层。虽然是试验楼项目，但建成后会用于南京市六合区雄州街道灵岩社区卫生服务中心的院史展览馆，不会产生任何资源浪费。

总之，绿色建筑技术的广泛应用是未来建筑发展的必然趋势。尽管装配式建筑和 3D 打印建筑在现代绿色建筑技术中处于重要地位，但在绿色建筑的道路上，还需要不断地寻找和探索新的创新技术和理念，推动建筑的可持续发展。

4.3 丝路沿线国家和地区建筑工业化发展

4.3.1 建筑设计标准化水平

建筑标准化起源于西方国家，在第二次世界大战以后开始蓬勃发展，战后的欧洲迫切需要重建大量住房，但由于战争人口锐减，劳动力不足，因此

① 2021 年中国装配式建筑行业发展现状及市场结构分析 混凝土结构市占率进一步提升 [EB/OL]. https://www.163.com/dy/article/GE86K3FV051480KF.html[2021-07-06].

开始推进建筑标准化，采用建筑设计标准化、构件生产标准化和施工过程标准化，来保障战后重建工作。

丝路沿线国家中，波兰、希腊、立陶宛、拉脱维亚、爱沙尼亚、捷克、斯洛伐克、马耳他等都为欧盟成员国。欧洲在建筑标准化的过程中一直走在世界的前列，欧盟在发展装配式建筑过程中，一直将推进标准化作为重要的基础性工作，由欧洲标准化委员会通过了一系列协调标准、技术规程与导则等，提供通用的设计标准和方法以达到承载力、稳定性等方面的要求，使得欧洲建筑安全性达到一致的水准，并促进建筑构件、成套设备、材料的规模化生产及应用，为装配式建筑发展营造了良好的环境（中国建筑业协会工程项目管理专业委员会，2017）。

近年来，欧盟不断制定新标准，目的是尽可能节约能源，对于建筑业便是向着实现“绿色”建筑目标迈进；一些经济发达的西亚国家，如阿联酋等国也正在朝着“绿色”建筑的目标迈进。

在丝路沿线国家推广建筑标准化，加强标准的国际标准化适用性，结合当地的需求，周边先进国家的技术标准体系，选择经济合理的方式，以达到标准化和经济性与适用性的平衡。

1. 各地区建筑设计与建造标准化水平

（1）建筑机器人建造过程标准化

目前，越来越多的建筑机器人被开发出来用于标准地完成特定的建造任务，如砌砖、砌墙、抹灰、外墙安装、清洁和检查、预制 / 模块化建筑、梁装配等。

单任务建筑机器人被标准地设计成以重复的方式执行特定的建筑任务（如抹灰、油漆等），可以大大提高施工效率和施工质量。

目前，机器人在建筑标准化中的潜力尚未充分发挥，主要原因是不同于其他产品，很难对建筑项目进行标准化，建筑本体的差异性对机器人的适应性提出了极高的要求。例如，在建造墙壁时，每一块砖任何微小的变化（如尺寸），机器人均需要根据砖块的数量、大小、方向等进行相应的标准化编程，建筑机器人辅助建造全过程标准化尚有较大的发展空间。

（2）建筑信息模型标准化

建筑信息模型技术寻求在整个生命周期中整合流程，如果使用得当，建筑信息模型可以促进更加一体化、标准化的设计和施工流程，并产生巨大的效益。

建筑信息模型是 3D 打印建筑标准化的核心。建筑信息模型流程利用 3D 软件加强项目协调和与多个行业的沟通，建筑信息建模标准化可为用户提供更好的最终产品。由建筑信息模型得到快速成型行业的标准数据传输格式 STL 格式文件，再经过切片、图层合并、3D 打印等步骤，最终完成建筑物的打印。这为各地的建筑师打开了一个全新的可能性领域。就像中国北京鸟巢的自由设计一样，3D 标准化打印建筑组件完全不受典型设计约束的束缚。使用曲线形式的能力，而不是局限于直线形式的成本和过程，开辟了一个全新的标准化设计领域，较好地体现了建筑信息模型标准化水平。

（3）3D 打印技术标准化

亚太地区具有大规模采用建筑 3D 打印的巨大潜力。驱动因素包括日益增长的环境和可持续性问题、日益城镇化的人口（尤其是在中国和印度）和可支配收入的增长。

中国盈创建筑科技（上海）有限公司（WinSun）建造了全球最高的 3D 打印建筑。建筑的各种组件（墙和其他结构组件）在场外打印成标准的预制构件，然后运输到现场进行标准化组装。窗户、门和其他装修工程都是用传统方法完成的。

3D 可打印水泥基材料的成分与传统材料相同，只是黏合剂和骨料的比例不同。3D 可打印材料的湿混合经历各种步骤，如混合、泵送和逐层沉积，因而需要高性能的材料。在这方面，黏合剂和骨料的比例可以不同于常规材料。各种类型的水泥基材料，如传统砂浆混合物、地质聚合物砂浆、纤维混合砂浆和纳米颗粒混合砂浆，已被研究人员成功用于 3D 打印。然而，在大多数研究中，砂被用作骨料，而在使用粗骨料的情况下，可以发现有限的研究。高黏合剂含量及基于细骨料 3D 打印材料的体积稳定性对于大规模建筑来说可能是个问题。因此，需要更多的研究来开发具有粗骨料的材料和标准化流程。

3D 可打印材料的其他挑战可能是层间黏附力、喷嘴头的间隔距离、层间变形或几何一致性、喷嘴方向对层密度的改变、可打印物体的各向异性行为，所有这些因素都会显著影响 3D 打印物体的性能。大气条件和熟练的监督对 3D 混凝土打印的成功也起着重要的作用。由于材料的性质与大气条件有关，因此受控环境对于高性能 3D 可打印材料是优选的。类似地，对于 3D 打印，需要熟练人员按照标准，合理操作特殊机器和计算机软件才可使用。这些因素是这项新的标准化技术的主要挑战，在建筑行业采用之前需要给予适当的考虑。

（4）绿色建筑技术标准化

建筑机械作为中国经济发展的重要行业，在现代化建设中发挥着越来越重要的作用。时代的进步和社会的发展，对建筑机械标准化水平提出了更高的要求。建筑机械绿色化、标准化已成为一种趋势。

标准化绿色设计的目的就是依据相关标准制造绿色产品。产品的绿色特征及贴近度是其评价的标准。产品全周期的目标是环保、资源利用性、简化和回收、可拆卸能源。

（5）城镇建筑设施绿色建造技术标准化

近年来，欧洲各国城镇基础设施建造标准化进程在不断加快，国家规划、投资和管理力度也逐年加大。欧洲的城市规划要求全面均衡，而所有的标准化规划都围绕一个贯穿始终的主题，即重视环境、经济和社会可持续发展。推行“低碳”概念并积极倡导低碳经济、低碳城市建设等。欧洲各国的智慧、绿色城镇化、标准化理念比较超前，正在大力建设全新的标准化智能低碳生态城市。

为此，欧盟不断制定新的建筑标准，以尽可能多地节约能源，实现“绿色”建筑的标准化目标。欧盟委员会 2021 年 4 月提出“下一代欧盟”复兴计划，其目的是在 5 年内筹集 8000 亿欧元，用于促进新冠疫情后欧洲区域的经济复兴。城镇建筑设施绿色建造技术标准化是其低碳经济、低碳城市标准化建设框架中的重要组成部分。

此外，在城镇化快速发展、人口老龄化严重的背景下，欧洲多个国家可能出现用工荒。以葡萄牙为例，根据中华人民共和国商务部消息，2021 年初，葡萄牙政府恢复与复原力计划总计 129 亿欧元资金将有 34% 用于建筑业投资，并且葡萄牙将出现用工荒，至少需要补充 8 万名合格建筑技术工人[①]。欧盟委员会同意了葡萄牙拟定的 166 亿欧元恢复计划，葡萄牙也成为欧盟 27 国中第一个获得欧盟委员会认可的国家。这 166 亿欧元将包括 139 亿欧元的补贴和 27 亿欧元的借款，预计将在 2021～2026 年实现拨款。针对欧洲城镇化、标准化过程中建筑工人短缺的问题，智能建造标准化方向有较大的发挥空间。

2. 各地区交通基础设施建造技术标准化

在交通基础设施建造技术标准方面（雷洋等，2019），各地区所采用的技术标准对比情况如表 4-1 所示。

表 4-1 丝路沿线主要陆上走廊公路建设标准

通道名称	国家 / 标准	沿线主要国家公路建造标准比较			
中蒙俄经济走廊	国家	中国	蒙古国	俄罗斯	—
	标准	中国标准	欧美标准	俄罗斯标准	—
新亚欧大陆桥经济走廊	国家	德国	波兰 / 白俄罗斯	俄罗斯 / 哈萨克斯坦	中国
	标准	德国标准	欧洲标准	俄罗斯标准	中国标准
中巴经济走廊	国家	巴基斯坦	中国	—	—
	标准	英国标准	中国标准	—	—
中国—中亚—西亚经济走廊	国家	中国	中亚各国	西亚各国	
	标准	中国标准	中亚各国标准	西亚各国标准	
孟中印缅经济走廊	国家	孟加拉国	中国	印度	缅甸
	标准	英国标准	中国标准	英国标准	英国标准
中国 - 中南半岛经济走廊	国家	中国	越南	泰国 / 马来西亚	柬埔寨
	标准	中国标准	美国标准	英国标准	法国标准

① 葡萄牙建筑业或将出现用工荒 [EB/OL]. http://www.mofcom.gov.cn/article/i/jyjl/m/202102/20210203037156.shtml[2023-09-01].

4.3.2 构件生产工厂化水平

1. 装配式混凝土建筑

新加坡建筑工业化水平非常高，不同的产品在绿色装配式酒店、板式组屋、点式住宅、独栋洋房等方面各显特色，是东南亚地区发展装配式建筑技术的典型代表。早在 20 世纪 70 年代，新加坡就开始应用预制装配式结构体系，到 90 年代后期已全面进入预制阶段，范围包括预制件剪力墙、楼板、梁、柱、卫生间、楼梯、垃圾槽等。新加坡施工工艺的特点在于节点连接完全不用焊接，全部采用砂浆灌缝，这大大提高了施工要求。现如今超过 90% 的建筑工程都采用预制装配式，预制构件的大规模使用大大节约了项目建造成本。新加坡装配式建筑的发展得益于新加坡建房发展局（Housing Development Board，HDB）在公共组屋的建设中大力推行装配化。为了扩大产业规模、降低成本，新加坡政府强制规定了采用模块化建筑技术（prefabricated prefinished volumetric construction，PPVC）和预制浴室单元技术（prefabricated bathroom unit，PBU）的建筑比例。

PPVC 技术是将整间房间在预制工厂进行加工，完成结构、机电安装、装修（包括地面、墙面、吊顶等）独立模块后，进行现场吊装的建筑技术。PPVC 技术分为混凝土结构系统和钢结构系统两种。钢结构系统较为轻巧，但新加坡消防法规对钢结构使用限制较多，因而目前绝大部分装配式建筑采用混凝土结构模式，代表性建筑为达士岭组屋，预制装配率达到 94%。在 PPVC 混凝土结构设计中，电梯墙、楼梯墙均为现浇钢筋混凝土结构，起到类似核心筒的作用，PPVC 模块吊装完成后，通过现浇墙和 PPVC 模块中间的钢筋和钢丝绳拉环，使两面墙由此相互拉结，最后使用灌浆料将两面墙的缝隙灌实，此种连接方式可以归类为浆锚搭接连接。

新加坡建房发展局在 PPVC 技术的基础上开发出了 HDB 预制建筑系统，并率先推出了混凝土预制浴室单元。HDB 预制建筑系统在外墙连接中引入柔性环接插件，以取代预制构件生产中传统的环钢连接杆，通过采用灵活的环形连接器，使每个立面所需的连接杆数量从 18 根减少到 8 根。预制浴室单元则通过预设牛腿和灌浆的方法将其与外墙、柱子进行连接。

丝路沿线国家众多，既包括新加坡这样的发达国家，建筑工业化发展相对成熟，也有乌克兰等第二次世界大战后迅速发展预制装配式技术的国家，也有俄罗斯这种传统建筑建造强国，为了克服自然环境造成的施工期短，从而大力发展预制装配式技术；也有类似于我国正在大力开展装配式建筑建设的国家；更有大批的非洲国家、中亚部分国家及蒙古国等，及丝路沿线国家中大多数发展中国家，正面临着住房的“刚需”与“改善”问题，同时也面临着劳动力不足、劳动力素质不高等普遍问题，需要继续发展建筑工业化，从而改善民生。丝路沿线发展中国家的现状与建筑工业化被提出时的社会条件类似，研究先进国家的建筑工业化发展历程与技术体系，结合我国建筑工业化进程经验，对在丝路沿线国家推广建筑工业化有重要的参考意义。

新加坡位于丝路沿线的重要节点上，制定了国家负责住房的国策。在这一政策的引导下，新加坡推出了一系列有利于建筑工业化的政策，这使得新加坡的建筑工业化高速发展，并且处于世界领先地位。

近年来，马来西亚不断推广工业化建筑系统（industrialised building system，IBS）在新建建筑中的应用。简单来说，工业化建筑系统是指在工厂内或露天受控环境下制造建筑部件，并将其放置和组装到建筑工程中的施工技术。该技术可持续发展，比传统建筑方式更加环保，已在发达国家新建建筑中普遍使用。双子塔、吉隆坡国际机场等马来西亚标志性建筑都采用了工业化建筑系统。

吉隆坡国际机场曾被选为全球最美机场之一，它集超时空科技、马来西亚文化和马来西亚独有的自然色彩于一体，由知名日本建筑师黑川纪章设计。吉隆坡国际机场的建筑理念为森林中的机场和机场中的森林，在此理念的指导下，机场四周种植了大片森林。机场大楼的绿色楼顶与周边森林融为一体，外形似白色贝督都因帐篷，内部设计突出热带雨林风格。这也是一座在亚洲名列前茅的机场，得奖无数，更是世界上唯一一个得到过“绿色地球奖”的机场，以表彰其在推动环境保护方面的贡献。吉隆坡国际机场主航站楼的钢屋顶结构采用工业化建筑系统。

20 世纪 50 年代，中国开始对装配式建筑进行摸索，由于中华人民共和国刚刚成立，各项专业、技术较落后，相对应的装配式建筑质量问题较多，如楼层板开裂、屋面板密封防水效果不好、层间隔声效果差，导致装配式建筑的发展在很长时间内处于停滞状态。进入90年代后，现浇混凝土技术快速发展，以至于装配式建筑技术陷入低谷，甚至徘徊在起步阶段。2012年以来，随着国民经济的快速发展，新型绿色建筑的快速升温，加之劳动力成本增加，装配式建筑进入快速发展阶段。

2. 装配式木结构建筑

欧洲如瑞典、芬兰、德国、挪威、奥地利、法国等多个国家均有装配式木结构实践，其中瑞典和芬兰因其具有很好的木材资源禀赋，装配式木结构产业发展已趋于成熟。在瑞典，95%以上的独立式住宅和别墅为装配式木结构建筑。瑞典在多层装配式木结构方面的建造技术先进，建立了完善的装配式木结构设计技术与规范体系，形成了工业化生产与建造体系。在瑞士，节能低碳的装配式木结构建筑亦有较好的发展。芬兰每年新建房屋中约80%是装配式木结构，现有的装配式木结构建筑多为低层住宅，近年来也在探索高层装配式木结构建筑研究。目前，芬兰木结构的加工、建造技术已十分成熟。

4.3.3 施工安装机械化水平

城镇建造施工安装机械化水平与工业化发展相互依存。在市场需求和技术创新的推动下，其关键技术的突破和应用为社会、经济、民生提供了强有力的支持和推动力。随着建筑工业化的广泛推进，各国正向节约型社会转型升级，建筑行业可持续发展的方向逐渐清晰，提升质量、提高效率，以及减少人工劳动和建筑垃圾排放已成为各国建筑工业的必然趋势。为满足建筑工业化和未来绿色智能建造的需求，建造施工安装机械的智能化和绿色化将成为未来20年的主要发展趋势。特别是在丝路沿线国家，建筑工业化的发展相对滞后于发达国家，建筑机械和建造过程的智能化与绿色化水平亟须提高，发展需求迫切，前景广阔。

进入21世纪，环境保护和社会可持续发展引起了人们的广泛关注。建造过程的节能减排不仅是建筑行业自身可持续发展的需求，也是丝路沿线各国经济社会健康可持续发展的需要。这反映了人类对现代科技文化导致环境和生态破坏的反思，也体现了绿色道德观念和社会责任的回归（于娟和李博洋，2022）。装配式建筑作为建筑工业化的代表形式，相较传统建筑施工优势明显，包括减少质量缺陷、保障施工质量、降低施工成本、提高生产率、缩短施工工期、提高利润率、减少现场施工时间、降低碳排放、减少垃圾产生、降低资源与能源消耗、减少工地噪声和粉尘污染、减轻工人劳动强度、保障工人健康和安全等，是绿色建筑的主要形式。建筑机械的数字化和智能化水平直接决定了各国的建筑工业化水平。因此，为了适应循环经济和制造业可持续发展的要求，建筑机械的数字化和智能化发展势在必行。

建筑机器人和建筑 3D 打印技术是建造机械智能化的前沿和先导。随着网络技术和人工智能技术的迅速发展，越来越多的建筑机器人被开发出来，用于完成特定的建造任务，如砌砖、砌墙、抹灰、外墙安装、清洁和检查、预制模块化建筑、梁装配等。单任务建筑机器人以重复的方式执行特定的建筑任务（如抹灰、油漆等），可以极大地提高施工效率和施工质量。3D 打印技术作为第三次工业革命的典型成果之一，最早于 20 世纪 80 年代由美国提出（Hickey 和刘晓燕，2014）。如今，3D 打印技术已经在全球各个领域广泛应用，并逐渐在建筑行业中得到应用（董林，2021）。3D 打印技术将数字建筑信息模型技术与增材制造技术相结合，极大地提升了建筑机械的智能化水平，具有广阔的发展空间和应用前景，是建筑行业发展的重要方向。使用 3D 打印的建筑无须模具或模板即可自由构建，从而减少材料浪费。此外，这种方法为创造复杂几何形状的建筑提供了新的机遇，几乎是传统方法无法实现的。从社会层面来看，3D 打印技术提高了建筑的生产效率，解决了熟练劳动力短缺等问题。目前，丝路沿线国家如中国、俄罗斯和丹麦在建筑 3D 打印技术领域已经做出了突出贡献。

1. 沿线国家城镇建造机械发展历程

建筑施工设备历史悠久，最早的建筑施工设备可以追溯到希腊文明盛行时期，包括提升绞车和滑轮、杠杆和支点、货车和手推车、水桶、水轮和水泵以及著名的阿基米德螺钉等。第一次工业革命的完成，开创了以机器代替手工劳动的时代，标志着农耕文明向工业文明的过渡，同时带来了建筑业的技术革命，大量机械化施工设备的引入极大地提高了建造效率，人类开始真正实现了建筑机械化。第二次工业革命使人类进入了内燃机和电气化时代，建筑机械的技术水平得到长足的发展，并开始向建筑自动化方向发展。建筑机械的类型已经涵盖建筑行业的方方面面，主要有土方机械类（包含挖掘机械、铲土运输机械等）、路面及基础机械类（包含压实机械、桩工机械、路面机械等）、起重及高空作业机械类（包含工程起重机械、高空作业机械等）、装修机械类（包含灰浆制备及喷涂机械、涂料喷刷机械、地面修整机械、装修吊篮、手持机动工具等）、混凝土及建材机械类（包含混凝土机械、混凝土制品机械、钢筋及预应力机械等）。

随着第三次工业革命中电子计算机技术的重大突破，建筑机械的自动化水平不断提高，自动化程度高的新产品不断淘汰自动化程度低的旧产品，新技术开始广泛用于工程建造机械，建筑业也由传统建造方式向装配式建造方式转变，开始了建筑工业化转型。20 世纪 30 年代建筑工业化的思想在欧洲开始形成，随后因其在建筑质量、效率、效益、环境等方面的诸多优势得到迅速发展。中国从 20 世纪 50 年代开始研究建筑工业化，经过多年的努力，形成了科研、设计、生产、施工一体化的建筑产业格局。建筑工业化的显著特点就是将现场作业工作转移到工厂进行，在工厂加工制作好建筑用构件和配件，运输到建筑施工现场，通过可靠的连接方式在现场装配安装而成，因采用工厂化生产及装配化施工，整个过程已经转变成类似工业产品的机械加工和机械装配过程。建造的全流程涉及自动化加工流水线、自动化仓储和物流系统、自动化智能吊装系统等先进制造、安装和现代化物流技术。

随着第三次工业革命的完成，以网络技术、人工智能技术、绿色工业为代表的第四次工业革命悄然开始，建筑机械向着数字化、智能化和绿色化方向发展。对建筑机械而言，建筑的绿色化一方面要求相应的机械设备能够保障其建造过程的低碳环保、节能减排，另一方面要求机械本体在保证功能属性（功能、性能、质量、成本、寿命）的前提下，综合考虑环境属性（拆解、回收、维修、重用）影响，同时兼顾资源效率的现代设计制造模式。在设计阶段即考虑环境因素和防污措施，将环境性能作为产品的设计目标，采取生态化设计制造、技术创新及系统优化等各种措施，使得建筑设备在研发、设计、制造、运输、使用、拆解、回收、维修、再造、重用、评估报废等全生命周期过程中，对环境索取最少、返排总量最少、资源能源利用率最

高、对人体健康与社会危害最小，并使企业经济效益与社会效益协调优化。

建筑工业化是绿色建筑的主要实现形式，而建筑机械的数字化和智能化转型是实现更高层次建筑工业化的前提条件。21 世纪 20 年代，基于建筑信息模型技术，以智慧工地为最终发展目标的数字化建造技术正进入发展的快车道，智慧工地对建筑机械设备的自动化、智能化、数字化需求日益迫切，智能高效的建筑构件加工设备、运输物流设备、吊装设备、先进的运输吊装工艺和管控技术已成为现代建造领域的研究热点。全球各大工程建设机械制造企业纷纷投入大量资金开展建筑机械的智能化转型升级，其中建筑机械的发展以无人化操控、高精度自动就位、建筑机器人为主要特点，而建造过程以数字化、无人化、远程、网络化智能控制、全过程质量监控和监管为主要发展特点。

2. 建造机械的地域化特征及现状

（1）欧洲地区

丝路沿线国家在建造机械领域展现出了地域化的特征和独特的发展现状。俄罗斯作为丝路沿线国家中建筑机械发展的重要国家，其建筑机械的高速发展与该国的建设计划密不可分。

俄罗斯联邦政府正在推行一项 6.3 万亿卢布的现代化计划，拟在 2030 年前改造该国的高速公路、机场、铁路、港口和其他交通基础设施。此外，俄罗斯联邦政府还拨款 4.8 万亿卢布用于“安全优质公路”工程[①]。这一现代化计划旨在改善俄罗斯各地区的互联性，发展战略性公路路线，包括欧洲—中国西部运输走廊和北海航线[②]。俄罗斯联邦政府高度重视道路建设，俄罗斯总统普京在 2022 年 6 月 2 日举行的道路建设会议中强调了提高道路网络建设的措施，以提高道路建设的规模和质量[③]。

① Russia’s Massive Infrastructure Overhaul, in 5 Examples[EB/OL]. https://www.themoscowtimes.com/2019/04/03/russias-infrastructure-overhaul-explained-a64839[2023-03-15].

② 欧亚高速运输走廊或经过哈萨克斯坦或阿尔泰边疆区 [EB/OL]. https://www.ym-trans.com/news_view.aspx?Fid=t2:5:2&Id=1295&TypeId=5&IsActiveTarget=True[2018-05-24].

③ Путин поставил задачу обустроить российские дороги за пять лет[EB/OL]. https://www.kommersant.ru/doc/5382289[2022-06-02].

庞大的交通设施建设需求推动了俄罗斯筑路机械的迅速发展。例如，2021 年俄罗斯仅筑路机械设备的产量就增长 26%。根据 Rosspetsmash-Stat 的数据，该数据涵盖俄罗斯联邦公路建设设备总量 80% 的公司，数据显示 2021 年第一季度俄罗斯公路建设机械厂生产的产品总量为 106 亿卢布，比一年前增长了 26%。俄罗斯国内市场的出货量增长了 22%，达到 102 亿卢布。其中，铺管起重机的出货量增长了 2.4 倍，推土机增长了 67%，装载机、起重机增长了 58%，小型装载机增长了 22%，前装载机增长了 20%，挖掘机增长了 18%①。

在挖掘机领域，TVEX 和 EXMASH 是俄罗斯制造挖掘机的顶级工厂。TVEX 是俄罗斯机器公司（RUSSIAN Machines Corporation）与全球制造商特雷克斯公司（Terex Corporation）的合资企业，该工厂集落料、机加工、电镀、热化学、焊接、喷漆和装配于一体，为道路、民用、商业和工业建筑行业、市政当局和采矿业生产设备，可生产超过 12 种型号的土方机械设备，工作负载涵盖 14.9 t、18.0 t 和 20.2 t。EXMASH 工厂生产两种型号的气动轮式全回转挖掘机，工作重量分别为 13.2 t 和 16.2 t②。目前，俄罗斯的挖掘机很大一部分依赖进口，品牌包含现代、斗山、利勃海尔、沃尔沃和卡特彼勒等。

雷宾斯克沥青压路机公司（RASKAT）是俄罗斯历史最悠久的从事压路机械设计和生产的企业，该公司大量生产 1.5～52 t 的各种压路机械③，产品销往世界 70 多个国家。近年来，RASKAT 已开始批量生产微小型装载机，该类装载机特别适用于狭小空间的作业，如建筑物内部的拆除隔板和天花板的工程，电话电缆小沟的挖掘，隧道、船舱施工等。图 4-14 为 RASKAT 生产的 Ant 750 微型装载机。

---

① RUSSIAN MANUFACTURERS OF CONSTRUCTION AND ROAD-BUILDING MACHINERY INCREASED PRODUCTION BY 26%[EB/OL]. https://rosspetsmash.com/novosti-assotsiatsii-rosspetsmash-2/4089-proizvodstvo-rossijskoj-stroitelno-dorozhnoj-tekhniki-v-2021-g-vyroslo-na-27[2021-04-08].

② Колёсные экскаваторы (новые) [EB/OL]. https://exmash.com/catalog/ekskavatory-exmash/kolyosnye/[2023-08-21].

③ Joint Stock Company RASKAT (Rybinsk road rollers) is the oldest and leading local enterprise for development and production of compacting road construction equipment[EB/OL]. https://raskat.anttech.ru/en/about-en.html[2023-08-21].

图 4–14 俄罗斯 Ant 750 微型装载机

图片来源：视觉中国

俄罗斯推土机市场的领导者是 CHTZ-Uraltrac 拖拉机厂，主要生产 B-10 型和 B-11 型推土机和 YMZ 发动机等。

在起重机械领域，俄罗斯主要依赖进口。总部位于莫斯科的起重机租赁公司 Rentakran 代理 Grove 移动式起重机和 Potain 塔式起重机，并拥有由 200 台起重机组成的车队，为莫斯科及周边地区的项目提供起重运输作业服务。目前，在俄罗斯和其他一些发展中国家的建筑业中，起重量为 10 t、最大起升高度为 70 m 的塔式起重机应用最为广泛。

丝路沿线的其他欧洲国家在建造机械领域也呈现出各自的特色。乌克兰有着丰富的矿产资源，但相对缺乏石油和天然气资源。乌克兰的采矿业急需破碎、炼选和挖掘机械设备，以及散装材料的运输和储存解决方案。鉴于乌克兰大多数工程建设机械设备陈旧，需要更新换代，目前乌克兰主要依靠引进欧盟和中国的设备。2011 年，三一重装与乌克兰 DTEK 集团签署了一项合同，涉及 30 台掘进机、2 套综采设备的采购，这一合作使得三一重装在乌克兰市场取得了重要的进展①。

2020 年，徐州利勃海尔 Betomix 混凝土搅拌站在乌克兰公路业发展中发挥了重要作用。作为乌克兰的重要进口国和贸易伙伴，中国产品在价格上相对较为优惠，其质量、核心技术和工艺也在逐渐提升，已接近欧美水平甚至

① 三一重装与乌克兰 DTEK 集团签订 30 台掘进机、2 套综采设备采购合同 [EB/OL]. https://coal.in-en.com/html/coal-1240730.shtml[2011-12-07].

在某些产品质量上超越欧美，因此中国设备制造商在乌克兰市场具有巨大的发展潜力。

意大利的机械设备产业发展迅速，产值已达550亿欧元，在全球占比超过9%，出口排名世界第四，仅次于中国、日本和德国[①]，德国、中国及美国是意大利产品的重要客户。意大利CIFA成立于1928年，一直以来始终专注于混凝土设备的研究和生产，主要产品包括隧道衬砌台车[②]。20世纪90年代开始生产隧道用混凝土喷射机械手。2008年，中联重科已经完成对CIFA的收购[③]，成为世界上最大的混凝土设备供应商。

葡萄牙的SOIMA Cranes是欧洲最大的塔式起重机制造商之一。SOIMA成立于1977年，最初是为了制造各种建筑设备，包括卷板机、压力机、桥式起重机、砌砖机和混凝土搅拌机。1980年，SOIMA选择专注于塔式起重机的制造，如今其年生产能力达到400台塔式起重机，包括锤头、平头和快速架设式起重机等各种品种。SOIMA的产品遍布各大城市。

波兰位于欧洲中部，是欧盟第六大经济体和经济增长最快的国家之一，2022年GDP增速达到5.1%[④]，成为名副其实的经济增长成绩最好的欧洲国家之一。得益于波兰经济的快速发展，波兰逐渐成为中国工程机械产品的热点市场，中国多城市开通直航航班也极大地方便了中国企业前往波兰。

奥地利的帕尔菲格公司（Palfinger）1932年成立于奥地利的Schärding，总部位于奥地利的风景胜地萨尔茨堡（Salzburg），从事随车起重机制造，其以质量和创新为根本，是全球著名的装卸设备供应商，并成为行业内最佳制造商之一[⑤]。

斯洛文尼亚的Tlakovci Podlesnik是该国混凝土制品市场的最大供应商之

---

① 意大利优势产业与技术[EB/OL]. http://it.mofcom.gov.cn/article/ztdy/201002/20100206782287.shtml[2011-12-06].

② CIFA[EB/OL]. http://showroom.zoomlion.com/content/details85_2079.html[2010-02-09].

③ 中联重科混凝土机械分公司[EB/OL]. http://www.zoomlion.com/content/details85_2091.html[2020-06-15].

④ The Statistics Poland information on the updated 2021-2022 quarterly GDP estimate [EB/OL]. https://stat.gov.pl/en/topics/national-accounts/quarterly-national-accounts/the-statistics-poland-information-on-the-updated-2021-2022-quarterly-gdp-estimate,5,11.html[2023-02-04].

⑤ 开展跨国技术合作 三一携帕尔菲格造全球一流油缸[EB/OL]. https://www.sanygroup.com/news/1703.html[2014-10-21].

一。其总部位于马里博尔（Maribor），在卢布尔雅那（Ljubljana）和格拉茨（Graz）设有多个产品展示厅和展示区[①]。2020 年，中联重科与斯洛文尼亚最大的塔机租赁商达成合作，进一步深入欧洲高端塔机市场[②]。

许多丝路沿线的欧洲国家正在致力于发展更具可持续性、生产力、效率和成本效益的筑路机械。在新冠疫情的背景下，许多承包商正在仔细研究可用的筑路机械技术，以使工人尽可能远离工地，让机器和软件完成工作。在道路项目开始铺路之前，必须进行土壤压实，欧洲国家正探索一种新的方法来完成这一过程：通过向材料中注入尽可能多的能量，而不是压碎或过度压实材料，从而以最环保和最具成本效益的方式进行土壤压实。

（2）亚洲地区

过去几十年，伊朗一直推动着经济的多元化，减少对石油的依赖。然而，由于国内制造业跟不上步伐，伊朗对机械设备的需求一直很高（王云琦，2013）。近十年来，机械设备一直占据伊朗进口总额的 10%～20%，市场价值每年为 43 亿～70 亿欧元[③]。机械进口的很大一部分与工业生产线、道路建设、采矿业有关。重要的是，伊朗对机械的迫切需求因美国的第二批制裁进一步推动了其工业部门而加剧，目前工业部门占伊朗 GDP 的 30.3%，到 2025 年应达到 37.4%[④]。伊朗的购买力下降降低了劳动力成本，使得工业生产更具竞争力，也迫使当地制造商替代许多不再从国外进口的商品。伊朗政府在道路建设、基础设施开发、住房项目、智慧城市以及东部和南部走廊的发展方面的投资对物料搬运设备市场需求产生了积极影响。基础设施投资主要集中在伊朗北部和中部地区。在新冠疫情之后，设备融资的需求有所增加，以避免因资金挑战而导致项目延误。面对资金挑战，小松、卡特彼勒、三一

① Seventh concrete block-making system from the same manufacturer for Tlakovci Podlesnik [EB/OL]. https://www.zenith.de/en/2020/03/19/seventh-concrete-block-making-system-from-the-same-manufacturer-for-tlakovci-podlesnik/[2020-03-19].

② 中联重科：深化全球布局 筑梦“一带一路” [EB/OL]. https://www.capco.org.cn/gjhz/yxalxb/202102/20210208/j_2021020814120800016127647413326402.html[2023-03-19].

③ Machinery and Related Industries in Iran[EB/OL]. https://sanctions-helpdesk.eu/sites/default/files/2021-11/2021.11%20Machinery%20and%20Related%20Industries%20in%20Iran.pdf[2021-11-02].

④ 伊朗 - 国内生产总值 [EB/OL]. https://zh.tradingeconomics.com/iran/gdp[2022-12-15].

重工、日立建机等主机厂纷纷为客户提供资金援助。2021 年，伊朗原始设备制造商的设备融资活动激增。原始设备制造商专注于从基础设施项目中获得最大利润，导致伊朗对建筑设备的需求急剧增加。预计其他主要参与者，如徐工集团、中联重科、神钢，也将遵循类似的趋势。

印度作为目前世界经济发展最快的国家之一，在亚洲地区也拥有最大的建筑投资利润率。随着基础设施需求的不断增长，印度的工程机械市场也迎来了机遇。然而，由于其工程机械制造业的相对薄弱，中国工程机械企业崛起后，与其在工程机械领域的合作也越来越多。

蒙古国面临着巨大的经济发展需求和资金缺口，私营经济实力较弱，国内金融市场规模较小。因此，该国只能通过政府借款和吸纳外国直接投资等方式来解决资金缺口（李红彩和王大宇，2018）。近年来，蒙古国政府正逐步增加对道路等基础设施建设的投入，基础设施建设处于较快速发展阶段。鉴于蒙古国自身的经济发展和国家实力，该国未来几年内基础设施建设所需的技术、设备还需引进国外进口工程机械设备，短期内还无法自己研发生产属于自己的本土化设备。作为工程机械大国的中国是蒙古国工程机械设备的主要提供方，如蒙古国六成混凝土搅拌站来自中联重科①，郑州市建新机械制造有限公司为其提供了 JS1000 强制式搅拌机、PLD1600 混凝土配料机等组成的整套搅拌站。

斯里兰卡被誉为“印度洋上的明珠”，也是 21 世纪海上丝绸之路的重要节点，其经济文化中心科伦坡正致力于成为南亚最美丽宜居的城市②。科伦坡是世界著名的人工海港，人口密集而土地面积不足，因此高层建筑蓬勃发展。斯里兰卡工业基础相对薄弱、资源缺乏，大部分工业原材料和设备仍需从国外进口。2011 年江苏华通动力重工有限公司 48 台摊铺机中标斯里兰卡国家公路局项目③，2014 年中联重科内爬式布料机成功完成南亚第一高楼科伦

---

① 蒙古境内六成混凝土搅拌站来自中联重科 [EB/OL]. http://finance.sina.com.cn/stock/relnews/cn/2020-12-24/doc-iiznctke8227575.shtml[2020-12-24].

② “一带一路”倡议提出 8 周年中国与世界深度交融 [EB/OL]. https://www.ndrc.gov.cn/fggz/lywzjw/jwtz/202110/t20211025_1300771_ext.html[2021-10-25].

③ 江苏华通动力 48 台摊铺机中标斯里兰卡国家公路局项目 [EB/OL]. https://news.lmjx.net/2011/201109/20110919164333.shtml[2011-09-19].

坡莲花塔项目并实现首次 160 m^3 混凝土成功泵送[①]。2019 年，中联重科两台 HBT100.18.186RSU 拖泵和两台 HGC33D-3R 布料机[②]等 4.0 智能设备用于科伦坡市区豪华公寓的混凝土泵送和布料作业。

东南亚的其他国家在“一带一路”倡议全方位推进的大背景下，在基础设施领域的投入大幅增加，需要进口大量的工程机械（崔秀萍等，2021）。例如，菲律宾拟定基础设施支出占 GDP 的比重达到 7.4% 的目标，计划至 2022 年在基础设施领域投入 8 万亿～9 万亿比索[③]。泰国政府于 2016 年正式提出“泰国 4.0”战略和“东部经济走廊”发展规划，同时推进建设南部经济走廊和打造十大边境经济特区[④]，不断推出新的经济政策和举措，为外商投资营造良好的投资合作大环境。中国在马来西亚承包工程主要着眼基础设施建设，积极实现建营一体化转型，在建项目主要集中在水电站、桥梁、铁路、房地产等领域[⑤]。图 4-15 展示了菲律宾从中国徐工集团和方圆集团进口的工程机械。

(a) 徐工集团泵车助力菲律宾建设

(b) 方圆集团HZS25混凝土搅拌站

图 4-15 菲律宾从中国进口的工程机械

图片来源：视觉中国

① 中联重科混凝土布料机屹立南亚第一高楼 [EB/OL]. https://news.lmjx.net/2014/201403/2014031308362430.shtml[2014-03-13].

② 持续助力“一带一路”中联重科混凝土机械共建斯里兰卡 [EB/OL]. https://stock.rednet.cn/content/2019/11/18/6243140.html[2019-11-18].

③ “一带一路”基建指数国别报告——菲律宾 [EB/OL]. https://www.investgo.cn/article/gb/tzbg/202201/575211.html[2022-01-18].

④ RCEP 泰给力，自贸红利更可期 [EB/OL]. http://fta.mofcom.gov.cn/article/fzdongtai/202112/46422_1.html[2021-12-02].

⑤ 对外投资合作国别（地区）指南 [EB/OL]. https://www.investgo.cn/upfiles/swbgbzn/2021/malaixiya.pdf[2021-12-25].

尼泊尔位于喜马拉雅山脉南麓，其基础设施相对落后，基础设施建设和机械设备大量依靠进口。2017 年，中国企业投资建设尼泊尔最大水泥厂。2018 年，由中航凯迪恩机场工程有限公司承建的尼泊尔加德满都特里布万国际机场跑道及平滑道改建项目开创了机场工程施工领域的奇迹[①]。

巴基斯坦位于南亚次大陆西北部，是中国唯一的“全天候战略合作伙伴”[②]，巴基斯坦基础设施建设整体相对滞后。近年来，巴基斯坦政府加大了对相关领域的投资，基础设施状况有所改善。中联重科成为巴基斯坦区域混凝土机械第一供应商[③]。

（3）非洲地区

由于政府在基础设施开发活动上的支出，埃及建筑设备市场在 2020 年之前显著增长（张诗卉，2022）。然而，由于新冠疫情，市场在 2020 年出现下滑，导致许多大型建筑项目被取消，从而对建筑设备的需求产生负面影响。然而，在 2030 年可持续发展远景下[④]，以及不断增长的外国直接投资和私营部门投资的支持下，政府基础设施支出不断增加，这将推动埃及的建筑设备市场。埃及计划在全国建设多达 14 个新的智慧城市，其中包括学校、医院、购物中心和娱乐设施。新城市社区管理局（New Urban Community Authority，NUCA）负责开发这些新城市，并将其与现有基础设施连接起来。NUCA 鼓励私人投资者参与这些新城市的开发，并通过提供基础设施使城市对投资者具有吸引力。

突尼斯政府在基础设施建设上不断出台新的计划，这使得建筑市场的发展呈现明显的上升趋势。2016 年 11 月，突尼斯公布了 2016～2020 年社会经济发展计划，主要涉及开发区建设、道路桥梁、深水港等基础设施和工业及

① 尼泊尔特里布万国际机场跑道及平滑道改造项目土建部分顺利完工 [EB/OL]. http://www.avic-kdn.com/news_details/290[2018-11-05].

② “一带一路”基建指数国别报告——巴基斯坦 [EB/OL]. https://www.chinca.org/CICA/info/22012117201811[2021-11-05].

③ 中联重科成为巴基斯坦区域混凝土机械第一供应商 [EB/OL]. http://www.zgyj.org.cn/indnews/191500202915.html[2013-06-17].

④ Egypt Construction Equipment Market Analysis & Outlook, 2018-2021 & 2022-2028 - Rising Government Infrastructure Spending Underpinned by Initiatives Such as Sustainable Development Vision 2030[EB/OL]. https://www.globenewswire.com/news-release/2022/10/05/2528421/28124/en/Egypt-Construction-Equipment-Market-Analysis-Outlook-2018-2021-2022-2028-Rising-Government-Infrastructure-Spending-Underpinned-by-Initiatives-Such-as-Sustainable-Development-Vision.html[2022-10-05].

农产品加工等领域。突尼斯陆续提出关于各个地区的高速公路建设计划和跨区域的公路治理。此外，突尼斯2035年前的全国道路交通总规划也在逐步启动实施。同时，突尼斯呼吁国际社会和合伙伙伴予以更多融资方面的支持。目前，中国已有多家企业在突尼斯开展贸易、援助、工程承包与投资合作业务，展示了中非建筑机械合作的成果。

3. 沿线国家建造机械领域合作潜力

中国作为工程建造机械的生产大国和强国，已在全球工程机械企业中占据重要地位。徐工集团、三一重工和中联重科目前均已进入世界工程机械企业的前十名。经过多年的市场培育，中国工程机械企业已经成为俄罗斯及东欧各国工程机械市场上的重要角色。

俄罗斯与中国的基础设施建设合作是两国项目合作的重要组成部分。中国提出的"一带一路"倡议为俄罗斯发展提供了契机，也为两国扩大基础设施的合作提供了区位优势。近年来，俄罗斯工程机械市场保持稳定增长。这将极大地带动中俄两国在建筑工程机械方面的贸易、投资和合作，也将为中国工程机械优质产品的出口提供大量商机。

土耳其预拌混凝土产量相对增长较快。目前，土耳其混凝土机械行业聚集了一批世界一流的企业，除普茨迈斯特（Putzmeister Holding GmbH）、施维英（Schwing）、全进重工（JUNJIN Heavy Industry）等世界知名企业外，中国的三一重工、中联重科等优秀企业也都参与到市场竞争中，将在欧洲这个人口最年轻的国家中"分一杯羹"（黄添慕，2010）。

近年来，阿联酋经济发展迅速，建设投入不断增加，开展了大规模的基础设施建设和房地产开发，混凝土的需求量很大。尽管受2008年经济危机的影响，阿联酋工程建设速度放缓，但近年建设市场开始复苏。中资建筑公司在阿联酋承揽了大量工程项目，2021中东迪拜五大行业展于9月12～15日在阿联酋迪拜世界贸易中心举行，中国企业中联重科携旗下工程起重机械等六类八款产品亮相，在会展半程时间内就收获近3000万元的订单[①]。

① 精兵强将齐聚，中联重科产品闪耀中东迪拜五大行业展[EB/OL]. https://news.21-sun.com/detail/2021/09/20210914164315106.shtml[2021-09-14].

作为“一带一路”倡议的重大先行项目，中巴经济走廊在建项目最多，进展最快。9个项目已经完工，13个项目开工在建[①]，涉及港口、交通基础设施、能源和产业合作四大领域。作为中国的“全天候战略合作伙伴”，在巴基斯坦的电力、水利、港口建设、能源资源建设开发领域，中国企业积极参与其中的各类项目，中国也有义务和责任帮助巴基斯坦完成国家基础设施建设，而巴基斯坦政府也十分关注基建建设，因此中资企业在基础设施建设领域将获得更多合作机遇。

由于经济发展水平落后，加上经过10年内战，尼泊尔基础设施较落后。改变基础设施落后的状况，是尼泊尔政府吸引外资、发展经济的当务之急。中资企业是尼泊尔工程承包市场主力，中尼两国同意加快落实两国政府关于在“一带一路”倡议下开展合作的谅解备忘录，加强包括铁路在内的互联互通，打造跨喜马拉雅立体互联互通网络。鉴于尼泊尔自身的发展和实力，未来几年内基础设施建设所需的技术、设备还需引进包括中国在内的国外进口工程机械设备（冯立冰，2019）。

东南亚的柬埔寨、泰国等国政府出台了一系列政策措施，不断改善投资环境。各国政府及社会各界对积极参与“一带一路”倡议有着高度共识，热情高涨。东南亚各国必将成为“一带一路”倡议和中国对外产能合作的重点方向，中柬经贸投资合作将进入全面加速发展的新阶段，取得更加丰硕的成果。

中非友谊源远流长，已有大量的中国企业参与非洲的基础建设，大量国产的工程建筑机械设备用于非洲的建设项目（孔庆璐，2011）。例如，由中国徐工集团制造的混凝土泵车、混凝土搅拌运输车、混凝土搅拌站、车载式混凝土泵、拖式混凝土泵、混凝土喷浆车、工业系统成套设备、布料杆等混凝土机械产品已经大量在埃及使用。突尼斯在各项基建规划的推动下，建筑业GDP从2022年第四季度的959.90百万突尼斯第纳尔增长到2023年第一季度的1024.10百万突尼斯第纳尔[②]。中国郑州建工建筑机械制造有限公司生产的混凝土搅拌机系列、稳定土搅拌机系列、整体移动式搅拌站、混凝土配

① 驻巴基斯坦大使姚敬发表署名文章《让中巴经济走廊再出发》[EB/OL]. http://intl.ce.cn/specials/zxgjzh/201808/15/t20180815_30036976.shtml[2018-08-15].

② Tunisia GDP From Building and Civil Engineering [EB/OL]. https://tradingeconomics.com/tunisia/gdp-from-construction[2023-09-05].

料机、砂浆搅拌机系列、混凝土运输机等建筑机械产品已远销突尼斯。随着“一带一路”倡议的推进，中非在建设领域及建筑机械领域还会有更多的合作机遇（贾泽辉，2017）。

4.3.4 运维管理信息化水平

早在21世纪初，国外就开始了智慧城市的实践。2000年英国南安普敦（Southampton）启动了智能卡项目，自此国外智慧城市建设的序幕正式拉开。此后，国外相继开始建设智慧城市，并取得了相当可观的成绩。其中，英国、瑞典、荷兰、丹麦、哈萨克斯坦等国的实践更具特点。

1. 英国

（1）格洛斯特开展智能屋试点

2007年，英国在格洛斯特（Gloucester）建立了“智能屋”试点，旨在利用智能技术改善老年人的居住环境和医疗状况。这些智能屋安装了传感器，可以感知房屋周围的信息，并将这些信息传输给中央电脑，从而实现对各种家庭设备的远程控制。智能屋的核心是一台电脑终端，通过监测和通信网络，可以自动监测老年人在屋内的走动，使用红外线和感应式坐垫等技术。此外，智能屋还配备了医疗设备，可以测量老年人的心率、血压等生理指标，并将测量结果自动传输给相关的医生，以便及时监测和管理老年人的健康状况。这一智能屋试点项目为老年人提供了更安全、便利的居住环境，并为医疗监测和管理提供了更科技化的手段。

（2）伦敦“贝丁顿零化石能源发展”生态社区

贝丁顿社区是英国最大的低碳可持续发展社区之一，其建筑构造从提高能源利用效率的角度出发，注重减少能源消耗和环境影响。社区的建筑被设计为“绿色建筑”，采用了多种创新技术和策略。其中，楼顶风帽是社区独特的自然通风装置。它具有进气和出气两套管道，可以实现室外冷空气进入和室内热空气排出时的热交换。这种热交换可以节约供暖所需的能源，提高能源利用效率。此外，贝丁顿社区还采取了一系列设计措施，包括建筑隔热、智能供热和天然采光等。这些设计旨在减少能源消耗，提高建筑的能源效率。社区还充分利用可再生能源，如太阳能、风能和生物质能等。这些可再生能源的综合使用可以减少对传统能源的依赖，并减少对环境的影响。通过以上一系列的设计和措施，贝丁顿社区相较于周围的普通住宅区可节约81%的供暖能耗和45%的电力消耗。这使得该社区成为英国低碳可持续发展的典范，为其他社区提供了可借鉴的经验和示范。

2. 瑞典

瑞典的首都斯德哥尔摩是智慧交通的典范城市。为了解决严重的交通拥堵问题，瑞典公路管理局委托IBM设计、建设和运营了一套先进的智能收费系统。该系统包括摄像头、传感器和中央服务器，可以确定交通工具并根据车辆出行的时间和地点进行收费。通过这一系统，交通量降低了20%，排放量减少了12%。斯德哥尔摩在通往市中心的道路上设置了18个路边控制站，利用射频识别技术、激光、相机和先进的自由车流路边系统自动识别进入市中心的车辆，并在周一至周五的特定时间段内对注册车辆进行收费。通过收取“道路堵塞税”，车流量减少了25%，交通拥堵降低了50%，道路交通废气排放量减少了8%至14%，温室气体排放量下降了40%。由于在环保方面取得了显著成效，斯德哥尔摩于2010年被欧盟委员会评为首个“欧洲绿色之都”。

3. 丹麦

丹麦首都哥本哈根以“自行车之城”之称闻名。为了实现零排放的目标，近年来哥本哈根积极鼓励市民骑自行车出行。自2010年起，哥本哈根开始推广一种智能自行车，使骑车更加轻松便捷。这种自行车的车轮装有可储存能量的电池，并在车把上安装射频识别技术或全球定位系统，形成了“自行车流”，通过信号系统保证出行畅通。同时，政府努力改善沿途的配套设施建设，包括建立服务站点、提供方便的修理工具等，为自行车出行提供便利。数据显示，这种新型自行车和配套设施确实取得了成效，越来越多的市民选择骑自行车出行，以减少使用产生温室气体的交通工具。

4. 哈萨克斯坦

从批量生产标准化墙体和地板构件到复杂的饰面构件和专有部件，从 3D 建筑设计和预制构件的生产到建筑现场交付，所有环节都需相互契合。大量的预制混凝土构件 3D 数据是通过建筑模型信息化实现的。来自 Nemetschek 的 Allplan 预制品建筑信息模型解决方案提供了大量的高效率且高度自动化预制构件的设计；Vollert 公司提供的主电脑装配有特别为预制品行业设计的软件，直接从 Allplan 系统中提取数据模型，控制生产顺序，整个机器技术实现全自动化。除此之外，订单管理也在这里控制，且激光投射也是主计算机的一部分，同时所有的生产厂组件均通过中央可视化计算机进行监控，这样能够可视化地呈现整个工厂布局和生产数据。

除了建筑信息模型解决方案，Vollert 公司还研发了生产夹芯板墙体的特殊流程，采用了智能型横向运输技术。在浇筑上层外壳后进行第一次压实，然后再经过封闭循环概念中的多个工作站。对于更厚的支持外壳，先附着隔缘层，之后再通过安装的激光透射单元定位，在进一步的浇筑过程之后，混凝土构件在一个十分有力的振动台上进行下一步压实。固化过程发生在固化室内。在预先设定好的固化时间后，固体混凝土构件和夹芯板墙体将穿过固化室被运送到其后方的工作站进行表面平滑工作。

除了以上国家，智能化、数字化建筑及其相关技术在其他国家也得到了广泛使用。

阿联酋是一个快速发展的城市化经济体，建筑业是这一巨大增长的重要支撑部门。许多著名的建筑物都使用了建筑信息模型。对于 40 层及以上（或 30 000 m^2）以上的所有项目，这都是强制性的措施。迪拜未来博物馆，占地面积为 3 万 m^2，耗资 5 亿迪拉姆，七层结构总高约 77 m，但室内没有一根柱子，由 Killa Design 工作室和 Buro Happold 建造联袂设计，建筑信息模型技术在其中发挥了重要作用。2015 年，Baharash Architecture 在阿联酋利瓦绿洲设计了一座奢华的私人生态酒店，该酒店遵循绿色环保可持续理念，并且能够和周围原始的、未经开发的沙漠景观和谐共存。据悉，建筑信息模型应用在该项目上有着巨大帮助。

西亚国家经济发展以石油为驱动，带动了包括建筑业的其他产业发展，而城市和城镇建造是与经济同步发展的。由上述可知，建筑信息模型技术则可以在复杂建筑或地标建筑中发挥作用，而3D打印技术在未来住宅建造中将会发挥巨大的作用。

当前，欧洲丝路沿线国家3D打印建筑技术仍处于初期阶段，实现规模化发展尚面临不少挑战。例如，3D打印建筑的合规问题仍在沿用传统建筑标准，尚缺乏统一的国际标准等。未来3D打印建筑将向多户型住宅社区方向发展，真正解决规模化发展问题。随着人口数量的不断增加，以及很多国家城镇化进程的推进，全球不少国家面临着住房短缺的问题。而3D打印被认为是可以用来打造低成本房屋的有效方法，可以缓解全球住房短缺的问题。

除了欧洲市场，为了实现2020年60%和2030年70%房屋所有权的目标，3D打印在沙特阿拉伯以独特的优势从众多解决方案中脱颖而出。3D打印建筑极大地节省了时间和人力，成本比普通建筑低得多，因此随着3D打印建筑的崛起，房屋所有权的问题也将得到有效解决。沙特阿拉伯第一栋3D打印住宅的建造只用了2天时间，这座混凝土住宅是荷兰公司CyBe在利雅得哈立德国王国际机场以西的住宅建设用地上3D打印而成，可见在未来的应用市场潜力巨大。

总而言之，建筑信息模型技术寻求在整个生命周期中整合流程，如果使用得当，建筑信息模型可以促进更加一体化的设计和施工流程，并产生巨大的效益。建筑信息模型是3D打印建筑的核心。建筑信息模型流程利用3D软件加强项目协调和与多个行业的沟通，为用户提供更好的最终产品。由建筑信息模型得到快速成型行业的标准数据传输格式STL格式文件，再经过切片、图层合并、3D打印等步骤，最终完成建筑物的打印。这为各地的建筑师打开了一个全新的可能性领域。就像中国北京鸟巢的自由设计一样，3D打印建筑组件完全不受典型设计约束的束缚。

随着建筑市场的蓬勃发展，3D打印设备成为实现建筑打印的保障。目前，世界上十二大3D打印房屋制造商有美国的ICON、SQ4D、Contour Crafting公司，法国的BatiPrint 3D、Construction 3D、XTreeE公司，西班牙的Be More 3D公司，俄罗斯的Apis Cor公司，意大利的WASP公司，丹麦的COBOD公司，荷兰的CyBe Construction公司，中国的盈创建筑科技（上海）有限公司。其中丝路沿线国家有五大3D打印建筑公司，为丝路的建筑发展发挥着重要作用。

4.4 小　　结

本章从建造工程技术与建筑工业化发展两个方面介绍丝路沿线国家和地区的情况及特点。建造技术水平根据经济划分为欠发达地区、发展中地区和经济发展核心区三个梯度。

欠发达地区的建筑部分仍采用夯土、石头或土坯等天然材料建造，继而发展出生土、砌体、砖木或石木结构建造技术。一些国家受所处地理位置影响，施工环境恶劣，建筑建造技术更为落后。除此之外，欠发达地区的大型建筑都几乎依赖于国外设计单位与建设单位，自身实力较差。

发展中地区依据各自的地理位置、历史传统、功能价值和资源等情况，各国建筑工程技术呈现多样化，现代结构如钢筋混凝土结构、钢结构和现代木结构等在发展中地区得到了广泛应用。

经济发展核心区的国家大多拥有广泛的经济基础和工业资源，其中一些国家已经成为工业和经济强国。超高层建筑设计中需要考虑高层建筑的风压、地震、温度等环境因素，以及使用抗震和耐火等材料。大型体育场馆也需要采用最新的建造技术和材料，以确保安全和舒适性。因此，超高层建筑和大型体育场馆的出现俨然已成为评估该国家在工程建造技术方面先进水平的重要体现。

建筑工业化发展水平是指在建筑行业中，通过采用工业化生产方式和现代化管理方法，提高建筑工程质量、效率和节能环保水平的程度。它是一个国家或地区建筑工业现代化水平的重要指标。依据不同维度，将建筑工业化发展水平分为建筑设计标准化水平、构件生产工厂化水平、施工安装机械化水平和运维管理信息化水平四个方面。

建筑设计标准化起源于西方国家，近年来欧盟不断制定新的标准，目的就是尽可能多地节约能源，建筑已然向着实现“绿色”建筑的目标迈进。同时，一些经济发达的西亚国家，如阿联酋等国也向着实现“绿色”建筑的目标迈进。在丝路沿线国家推广建筑标准化，加强标准的国际标准化适用性，结合当地的需求和周边先进国家的技术标准体系，选择经济合理的方式，以达到标准化和经济性与适用性的平衡。

构件生产工厂化水平可以从装配式混凝土建筑和装配式木结构建筑两个方面体现。对装配式混凝土建筑来说，包括新加坡这样的装配式混凝土建筑国家，建筑工业化发展相对成熟。对于装配式木结构来说，欧洲如瑞典、芬兰、德国、挪威、奥地利、法国等多个国家均有装配式木结构实践，其中瑞典和芬兰因其具有很好的木材资源禀赋，装配式木结构产业发展已趋于成熟。

施工安装机械化水平与工业化发展相伴而行，在市场需求和技术创新的牵引下，其技术的重大突破和应用为社会、经济、民生提供强有力的支撑和驱动。为适应循环经济和制造业可持续发展的要求，建筑机械的数字化和智能化发展势在必行。建筑机器人和建筑 3D 打印技术是建造机械智能化前沿性和先导性的代表。

运维管理信息化水平最早体现在 21 世纪初国外开始的智慧城市实践。2000 年，英国南安普敦市启动了智能卡项目，自此国外智慧城市建设正式拉开序幕。此后，国外相继开展智慧城市建设，并取得了相当可观的成绩。

本章参考文献

崔秀萍，金良，张文娟. 2021. 蒙古国社会经济发展水平综合评价及障碍因素分析 [J]. 内蒙古财经大学学报，19（1）：76-79.

丁洁民，巢斯，赵昕，等. 2010. 上海中心大厦结构分析中若干关键问题 [J]. 建筑结构学报，（6）：15-24.

董林. 2021. 3D 打印技术在建筑领域的应用 [J]. 信息记录材料，22（5）：111-113.

冯立冰. 2019. 在中印之间：尼泊尔的互联互通方略 [J]. 云大地区研究，2（2）：158-180，201-202.

黄添慕. 2010. 聚焦土耳其混凝土设备市场 [J]. 工程机械与维修，184（3）：84.

贾泽辉. 2017. “一带一路”的工程机械新机遇 [J]. 建筑机械化，38（6）：14-17.

孔庆璐. 2011. 中国建筑工程机械出口非洲数据 [J]. 建筑机械，392（8）：54-59.

雷洋，马军海，张玉春，等. 2019. “一带一路”沿线公路交通基础设施发展战略研究 [J]. 中国工程科学，21（4）：14-21.

李红彩，王大宇. 2018. 印度工程机械市场观察 [J]. 建筑机械，510（8）：12-15.

田宇，孙海林. 2020. 乌兹别克斯坦某会议中心结构方案可行性分析与设计 [J]. 建筑结构，

50（S2）：71-73.

王云琦. 2013. “一带一路”倡议的东南亚地区高质量发展方法研究 [J]. 国际公关，159（3）：73-75.

于娟，李博洋. 2022. 产品绿色设计对工业绿色低碳循环发展的促进机理与对策研究 [J]. 中国国情国力，（5）：62-65.

张诗卉. 2022. 中国与埃及基础设施建设合作进展、挑战与推进路径 [J]. 中阿科技论坛（中英文），35（1）：5-8.

中国建筑业协会工程项目管理专业委员会. 2017. “一带一路”与建筑业“走出去”战略研究 [M]. 北京：中国建筑工业出版社.

Hickey S，刘晓燕. 2014. 查克·赫尔：对技术影响深远的 3D 打印之父 [J]. 英语文摘，（11）：4.

5

丝路沿线国家和地区城镇市政设施建设与生态环境保护

5.1 概 述

随着社会的发展，人民的生活水平越来越高，与此同时，人类赖以生存的环境也因过度开发受到了伤害。人与自然是相互依存的，人是环境的产物同时也是环境的塑造者，当索取大于再生时，就会对环境造成破坏。20世纪末以来，人类面临日益严重的“全球性环境”问题，环境保护成为全世界都热切关注的一个问题。

丝路横跨亚欧非三大洲，沿线部分地区土地荒漠化和沙漠化等生态问题严重，是一个生态脆弱地带。丝路沿线国家和地区生态环境是一个有机的整体，生态环境总体较为脆弱，其地理特征是气候异常干燥，降雨量极其稀少，水资源严重不足，地貌形态以沙漠和草原为主。同时，还存在工业污染、地震灾害、土地沙漠化、人口过快增长等问题，生态整体上对于人类活动的承载力不强。目前，局部地区生态环境出现恶化趋势，如因过度开发，咸海濒临消失，里海污染加重，生物多样性减少。

当前，在全球气候变化的大背景下，我国西部、中亚、中东等地区荒漠化、水资源危机加剧，已经成为制约区域发展的重要生态环境问题。与此同时，沿线各国特别是我国与中亚国家山水相连的自然地理环境使得任何一个地方的生态环境问题都可能产生连锁反应。随着丝路经济带建设的实施，沿线地区生态环境风险必将明显加大，必须协调好开发与生态环境保护的关系。

在城市建设中，市政工程一般是指各种公共交通设施、给水、排水、城市防洪及环境卫生等基础设施建设，是城市生存和发展必不可少的物质基础，是提高人民生活水平和对外开放的基本条件。然而丝路沿线国家和地区普遍存在饮用水安全保障问题和城市垃圾大量堆积的情况，随着近年来社会经济的快速发展，其面临的饮用水安全保障和城市环境卫生问题日趋严峻。因此，解决城市用水和垃圾处理的问题，实现城市供水和垃圾处理的市场化，是当前许多城市所面临的重要课题。

5.2 丝路沿线国家和地区面临生态环境恶化的风险

"一带一路"沿线国家和地区面积广阔，人口众多，人口密度比世界平均水平高出一半以上①。这也决定了丝路沿线国家和地区的人口与资源严重不匹配。从区域看，丝路沿线大部分国家和地区处于气候及地质变化的敏感地带，自然环境十分复杂，生态环境多样而脆弱。从气候条件看，东南亚及南亚等地区受台风影响，洪水高发；而中西亚区域处于欧亚板块交会处，地震频繁。从地形看，丝路沿线国家和地区既有高原山地，又包括平原海洋；既有森林草原，又覆盖荒漠沙漠等复杂地形，不少沿线国家土壤贫瘠，处于干旱、半干旱地区，沙漠化和荒漠化问题严重，森林覆盖率低于世界平均水平。中国科学技术部发布的《全球生态环境遥感监测 2015 年度报告》显示，"一带一路"沿线国家和地区裸地及人工活动强度较大的面积明显高于全球平均水平，而森林、草地和灌木丛所占比例明显低于全球平均水平，区域生态系统较为脆弱。

与此同时，丝路沿线国家和地区劳动生产率普遍不高，经济发展方式较粗放，能源、资源消耗比重大，单位能效低，沿线国家总体上还处于通过大规模的资源消耗和污染物排放来推动经济增长的阶段，资源消耗和污染物排放依旧保持快速增长的势头，资源环境压力仍在不断加大。在能源资源开采利用过程中对环境的保护不足，进一步导致生态环境脆弱性加大，空气污染、水污染、土地沙化、部分生物濒危等各类生态环境问题不断显现，严重影响地区的可持续发展。

---

① 特稿：为"一带一路"建设铺就绿色发展主基调 [EB/OL]. http://m.ce.cn/bwzg/201705/09/t20170509_22632140.shtml[2023-09-05].

5.3 绿色丝路是共建“一带一路”的必然选择

5.3.1 脆弱多样的区域生态环境

从热带到寒带，从海洋到世界屋脊，从热带雨林到极度干旱的内陆荒漠，沿线地区几乎就是地球的“缩影”，除了“多样”和“差异”外找不到其他词汇来描述其地理特征。根据吴绍洪等（2018）的研究，按气候、地形、土壤、水文、植被和土地生产力等指标，沿线地区主要包括九个特征明显的地理分区，即中东欧寒冷湿润区、蒙俄寒冷干旱区、中亚西亚干旱区、东南亚及太平洋温暖湿润区、孟印缅温暖湿润区、中国东部季风区、中国西北干旱区、青藏高原区和巴基斯坦干旱区。通过地形、气候、水文、地被等指标进行综合分析，沿线地区有55%的面积不太适合人类长期居住，主要是上述寒冷干旱和干旱地区以及青藏高原。根据不同区域的地理条件选择差异化的绿色丝路建设路径是一个必然选择。

5.3.2 水资源制约沿线发展

受“泛第三极”造成的西风与季风交互作用以及海陆位置的影响，沿线地区降水不但区域差异巨大，而且年际年内波动也很大。“有水无水”或“水多水少”，都会影响地区的发展和生态安全。在中亚西亚、中国西北和巴基斯坦这几个干旱区，水就是“生命线”；而在南亚和东南亚地区以及中国东部地区，洪涝则是经常性威胁。尤其是全球气候变暖让“泛第三极”地区的冰川、积雪加速融化，近期使河流下游洪水发生概率增加，远期当冰川物质积累大幅消耗后，下游河流径流减少，加剧中亚干旱区的水资源紧张态势。

5.3.3 节能减排发展的共识

“一带一路”沿线大部分国家和地区在全球产业链中处于低端，以能源、原材料供应为主，产业以高碳排放型为主。据中国一带一路网披露，1992～2014 年，沿线国家的人均碳排放量从 2.69 t 增长至 4.43 t，总体呈现先波动下降后上升的趋势。虽然历年人均碳排放量均低于全球平均水平，但年增长率高于全球平均水平。从碳减排看，1992～2014 年，沿线国家的碳排放总量从 93.71 亿 t 增长至 201.16 亿 t，占全球碳排放总量的比重从 1992 年的42.24%增长到2014年的55.66%①。从碳排放增长速度看，蒙古国、俄罗斯、中东欧等区域的碳排放总量呈下降趋势，东南亚、南亚、西亚和中亚的碳排放总量呈上升趋势。随着各国参与国际分工的加深，共同应对气候变化、推动低碳经济发展、减少碳排放，是“一带一路”建设过程中难以回避的问题。

5.4 丝路沿线国家和地区城镇市政设施建设状况

5.4.1 温带大陆性气候区域

温带大陆性气候区域包括中亚五国、伊朗、巴基斯坦等国家。该地区的水资源由地表水和地下水组成。潜在可用水的主要部分来自该地区的大型河流。整个中亚地区大约 90% 的总供水都用于农业灌溉，造成中亚地区（尤其是南部地区）水资源短缺，导致缺乏足够的淡水资源来满足现有的用水需求（Ospanov et al.，2022）。

在整个中亚地区，几乎所有的河流都是跨界的，工业和农业区域释放的

① 关注丨“一带一路”沿线国家的环境状况与主要问题 [EB/OL]. https://baijiahao.baidu.com/s?id=1686199288592040175&wfr=spider&for=pc[2012-12-16].

污染物会广泛传播到下游地区，影响下游地区的用水。特别是在跨界河流下游的乌兹别克斯坦与土库曼斯坦，对上游国家的水资源依赖程度很高，其大部分水资源是在本国领土之外，因此很容易受到他国用水影响。在哈萨克斯坦与乌兹别克斯坦两国之间，哈萨克斯坦的工农业污染尤其影响阿姆河流域，阿姆河水域中铜、锌、铬等元素严重超标，导致在下游乌兹别克斯坦境内的阿姆河流域有 70% 以上的地区水质是危害健康的，超过 10% 的水资源是极度有害的（Peña-Ramos et al.，2021）。

中亚地区大多数城市排水体制采用不完全分流系统，包括一个雨水（灌溉渠）系统，将水分流到小河中，可用于灌溉使用。中亚地区的大多数污水处理厂是在 20 世纪 60 年代和 80 年代设计和建造的。但由于经济与政治问题，大多数污水处理厂已停止运营，缺乏投资和维护导致剩余大多数污水处理厂严重退化，污水处理效率较低。例如，阿拉木图污水处理厂对五日生化需氧量（BOD_5）的平均去除率为 97.5%，对悬浮固体的平均去除率为 96.9%，BOD_5 浓度远低于所需的 15 mg/dm^3，但生物化合物的去除效率仍然不令人满意，仅达到 30%～40%（Andraka et al.，2015）。

中亚很多城市的固体废弃物既没有得到分类，也没有得到恰当的处置（Andraka et al.，2015）。填埋和堆肥是主要废弃物管理方法。例如，有些偏远城市既没有符合环境要求的医疗废弃物处理方法，也没有医疗废弃物焚烧设施，而将医疗废弃物与其他固体废弃物一起倾倒进入填埋场。

塔吉克斯坦处理固体废弃物的主要方法是填埋处理①。吉尔吉斯斯坦没有国家级的垃圾焚烧厂、垃圾处理厂、有毒废弃物填埋场，只有极少数的固体废弃物进行回收利用。哈萨克斯坦的废弃物管理处于起步阶段，城市固体废弃物在露天垃圾场处置，一小部分在工程填埋场处置。在哈萨克斯坦首都阿斯塔纳，每天产生约 1118 t 城市生活垃圾，收集能力为 600～800 t（Andraka et al.，2015）。哈萨克斯坦发布了一项城市固体废弃物管理现代化计划，到 2030 年和 2050 年，城市生活垃圾回收利用率分别达到 40% 和 50%，到 2050 年，环境友好型和卫生填埋场的剩余城市生活垃圾储存量增加到 100%

① 【一带一路】塔吉克斯坦固体废物管理现状及典型案例 [EB/OL]. https://www.sohu.com/a/197704880_465250 [2017-10-12]

（Inglezakis et al.，2018）。

伊朗作为温带大陆性气候区的又一典型国家，20 世纪 80 年代以来城市供水的普及率从 75% 提高到 99%。然而由于伊朗地理位置和多变的地形，这里的气候非常极端，年均蒸发量约为降水量的 10 倍，使得伊朗大约 90% 的地区为干旱或半干旱区。在供水和污水处理方面，伊朗采取了特殊的管理方式。以伊朗首都德黑兰为例，水务局同时监管污水处理，德黑兰建立了一个日处理量达 250 万 t 的污水处理厂，由于基本没有雨污水，可以说德黑兰的污水处理是全覆盖的。污水处理厂是国家控股，公司制运作。水务局以水价累进来严格限制用水，同时水资源统一配置，首先保证城市居民生活用水；其次保证工业用水，包括发电用水，因为工业生产效率高；再次保障农业灌溉用水；最后保证水流下泄①。目前，垃圾填埋法是伊朗大部分城市垃圾管理的主要方法，但这种方法普遍不卫生，造成了许多环境问题。

巴基斯坦是温带大陆性气候区的另一发展中国家。由于地面和地表水资源的枯竭、普遍的干旱以及淡水从农业转移到更紧迫的家庭和工业用途，巴基斯坦已成为一个缺水国家。水资源供应从 1996～1997 年的人均 1299 m^3 下降到 2006 年的 1100 m^3，预计到 2025 年将下降到人均 700 m^3 以下（Murtaza and Zia，2012）。在巴基斯坦，几乎没有安全的污水处理设施或其处理能力有限，未经处理的污水被用于灌溉观赏作物和包括蔬菜在内的粮食作物。巴基斯坦的城市生活垃圾管理一般包括一次收集和二次收集，但大部分废弃物被公开倾倒。在大多数城市，产生的垃圾实际上只有 60% 被收集，未收集的垃圾分布在整个城市范围内的空地、地形洼地、道路、街道和铁路沿线、排水沟、开放式下水道和雨水沟。由于巴基斯坦没有卫生填埋场，开放式处理是城市固体废弃物管理最常用的技术。巴基斯坦的主要城市和小城镇已成为城市生活垃圾疏忽和管理不善的展示，导致环境和社会生活质量的恶化（Hanan et al.，2014）。

总体上，温带大陆性气候区国家的市政设施建设不足，但是近年来各国家对水资源保护、再生水回用、市政固体废弃物无害化、资源化方面的技术研发和市场管理处置越来越重视。

① 看国外如何治理地下水污染 成功做法值得借鉴 [EB/OL]. http://www.dqsb.net/hbfl/guolvshui/20143.html[2022-09-17].

5.4.2 地中海气候区域

地中海气候区的典型发展中国家有土耳其、埃及等。土耳其不是一个水资源丰富的国家，水资源分布也不均匀，且面临着严重的水污染问题。目前，虽仍然低于经济合作与发展组织的标准，但土耳其的供水和污水处理已经有所改善。2005 年以来，由于持续的投资，废水处理能力有所提高，污水处理系统服务的人口比例从 68% 增加到 84%，同期污水处理厂服务的比例从 36% 增加到 70%。然而，只有一小部分（18%）的废水用先进的方法处理，2005 年以来这一比例一直在缓慢增长（Maryam and Büyükgüngör，2019）。土耳其几乎所有主要城市都有废水处理设施，但在大多数城市，还需要额外进行相应的废水处理和安装管网以便再利用（Nas et al., 2019）。图 5-1 为土耳其市政污水再生回用情况。

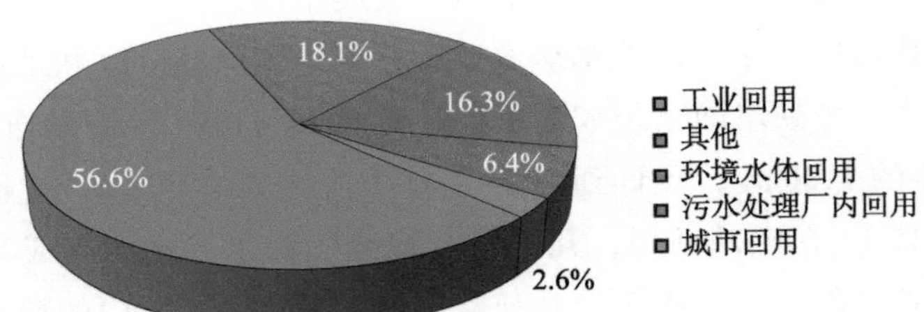

图 5-1　土耳其市政污水再生回用情况（Murtaza and Zia，2012）

土耳其每年生产约 3220 万 t 废弃物，这意味着人均废弃物约为 1.16kg，根据 2018 年的记录，土耳其污水处理厂主要采用活性污泥法、氧化沟、氧化塘等方法（图 5-2）。土耳其所有废弃物的平均回收率为 12.3%，拥有 2223 个废弃物处理和回收设施。87.4% 的废弃物进入垃圾填埋设施（67.2% 为集中垃圾填埋场，20.2% 为野生垃圾填埋场），12.3% 送往垃圾回收设施（堆肥厂和其他回收设施），0.3% 进行露天焚烧，填埋、倾倒处理（Baki and Ergun，2021）。

埃及几乎 95% 以上的水资源由尼罗河供给。随着埃及人口规模的扩大，水资源短缺和废水处理问题日益严峻。据相关统计，埃及人均水资源量为 560 m^3，是全球最缺水的国家之一（Wahaab et al.，2020）。截至 2021 年，埃及拥有 70 多家海水淡化厂，均由传统化石燃料驱动，每天供应超过

83 万 m^3 淡化水，此外，埃及正不断建设由可再生能源供电的海水淡化厂。图 5-3 显示，2020 年埃及高水平污水处理厂数量较少（Wahaab et al., 2020）。

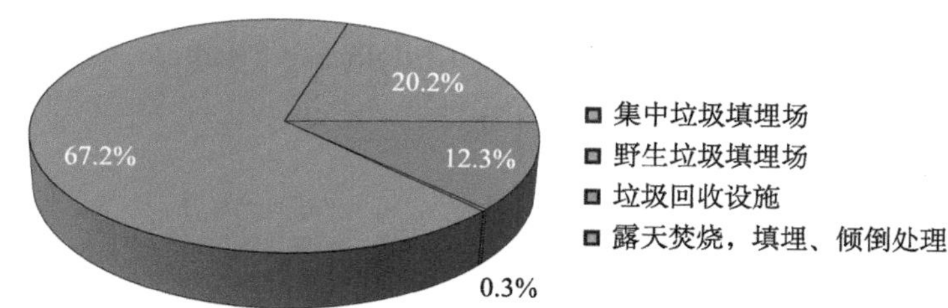

图 5-2　土耳其市政废弃物处置方式占比（Maryam and Büyükgüngör，2019）

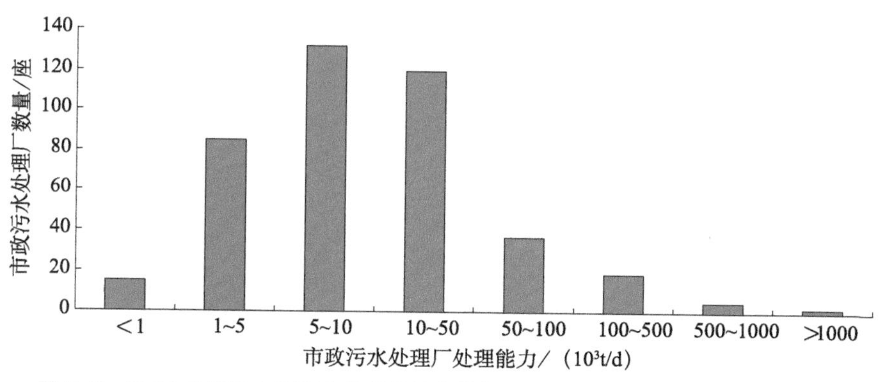

图 5-3　2020 年埃及市政污水处理厂的数量与处理规模（Wahaab et al., 2020）

近年来，埃及越来越重视污水处理，并持续投资和提高污水处理水平。例如，作为世界十大污水处理厂之一的埃及开罗 Gabal el Asfar 污水处理厂的处理规模为 174 万 t/d，位于开罗东北部，处理着开罗城里 600 万居民的生活污水。该厂的出水灌溉着 40 多公顷的试验农田，农田种植橄榄、柠檬、各种鲜花、棉花。图 5-4 表示的是埃及的废水处理技术，其中有 45% 的污水处理厂采用的是活性污泥法，21% 采用的是氧化沟法，还有极少部分的污水处理厂采用的是转盘生物接触池、升流式厌氧污泥工艺、人工湿地等处理方法。

在市政固体废弃物处理方面，埃及的固体废弃物大部分是通过填埋来管理的，这带来了多种风险。在埃及，农村地区的固体废弃物收集覆盖率不到

35%，城市地区的收集覆盖率为 40%～95%。在一些城市，使用卡车和拖拉机收集城市固体废弃物，这些固体废弃物被倾倒在露天垃圾场，在那里燃烧以减少体积，或者自然腐烂。其中，只有不到 65% 的废弃物是由某种形式的公共或私营部门的收集、处置或回收操作来管理的。对城市固体废弃物的管理在很大程度上仍然是低效和不充分的（Elfeki and Tkadlec，2015）。其余的废弃物则集中在城市街道和非法倾倒场。

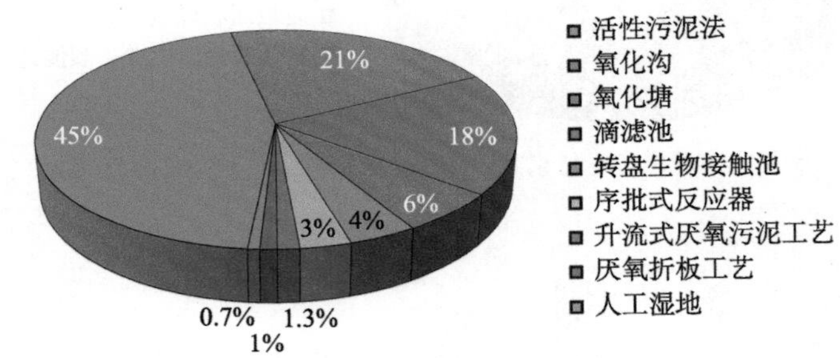

图 5-4　埃及污水处理厂的核心处理单元占比（Wahaab et al.， 2020）

5.4.3　热带沙漠气候区域

热带沙漠气候区主要包括西亚大部分国家及北非部分国家。缺水是该区域普遍存在的问题，对水资源的利用成为市政建设的重要内容。例如，约旦约 93.5% 的地区降水量小于 200 mm，地下水约占水供应的 60%，地下水抽取速度远远快于补充速度。世界银行已批准 2.5 亿美元融资，通过修复供水网络和优化国家干旱管理系统以提高约旦供水效率①。到 2025 年，将采用种植模式、水资源重新分配政策和不同的灌溉技术，从而提高产量和节约用水（Huttner，2013）。

就固体废弃物处理而言，目前食物垃圾的处理是西亚地区的一大难题（Abusin et al.，2020）。以卡塔尔为例，近年卡塔尔家庭废弃物所占比例逐年增加，家庭垃圾中食物垃圾为主要部分。卡塔尔的餐厨垃圾处理问题在近年

① 世界银行批准 2.5 亿美元融资提高约旦供水效率 [EB/OL].https://finance.sina.com.cn/money/forex/forexinfo/2023-06-21/doc-imyxzksr7672867.shtml[2023-09-05].

最为突出，一个主要的原因是国际足球联合会2022年卡塔尔世界杯的筹备工作导致人口爆炸，因此出现大量的食物垃圾。在沙特阿拉伯，在每年大量的朝圣者来访期间，一次性物品的使用导致产生大量塑料垃圾（Miandad et al., 2016）。目前，沙特阿拉伯的城市生活垃圾管理系统采用的是一种简单的做法，即收集和倾倒在垃圾填埋场。

城市固体废弃物的管理问题对于西亚国家至关重要，不过西亚国家目前处理城市固体废弃物的做法不是很有效，因此转向更加现代的资源回收方法是非常有必要的。城市固体废弃物的主要部分为有机物，因此厌氧消化过程是高度可行的回收甲烷的途径，有必要开发新的垃圾填埋系统，并进行适当的设计和管理。城市固体废弃物的次要部分为塑料垃圾，应采取措施对其进行适当的分类和回收，或者使用热解技术，将塑料转化为燃油。

5.5 丝路沿线国家和地区矿产资源开采及生态环境保护现状

近几十年来，快速工业化和城镇化导致了一系列生态环境问题，如严重的资源枯竭、空气和水污染、生态足迹规模迅速增加，以及影响资源和环境的广泛风险，如生物入侵、生物多样性和生态系统稳定性急剧下降（杜莉和马遥遥，2019）。

5.5.1 温带大陆性气候区域

1. 区域生态环境现状

该区域由于远离海洋，或者地形阻挡，湿润气团难以到达，因而该区域干燥少雨，气候呈极端大陆性。温带大陆性气候自然植被由南向北，从温带荒漠、温带草原，过渡到亚寒带针叶林。

由于“一带一路”沿线国家和地区生态环境保护水平参差不齐，围绕钢铁、能源、有色金属等自然资源密集型产业的基础设施建设和投资合作，容易引发严重的生态问题。有学者通过应用不同国家不同土地利用类型生态风险强度的生态风险指数模型，得出“一带一路”沿线国家和地区的生态风险指数。采用自然间断分类法，将“一带一路”沿线国家和地区的生态风险指数分为五个级别（Rupani et al.，2019）。高等级生态风险区主要是以沙特阿拉伯为代表的中东国家、以土库曼斯坦为代表的中亚国家、东亚的蒙古国和南亚的巴基斯坦。这些国家的共同特点是土地利用结构单一，裸地是主要的土地利用类型。8 种土地类型中裸地的生态风险指数仅次于建设用地，导致这些国家的生态风险水平较高。值得注意的是，虽然新加坡享有“花园城市”的美誉，但由于其领土有限、城镇化率高，建设用地占总土地面积的 39.62%（Rupani et al.，2019），因此是一个生态风险高的地区。此外，成为高生态风险国家的主导因素各不相同。沙特阿拉伯受到气候等自然因素的影响，而新加坡等国在城镇化过程中主要受到人为因素的影响。

中等生态风险地区主要是以乌克兰为代表的东欧国家，印度、孟加拉国等南亚国家，以及哈萨克斯坦、吉尔吉斯斯坦等中亚国家。这些地区代表了由低风险区向高风险区的过渡，其特点是耕地、林地和草地的总和占土地利用的主导地位。与拥有大量耕地的乌克兰、印度和孟加拉国相比，哈萨克斯坦和吉尔吉斯斯坦的农田、森林和草地分布更加平衡。然而，生态风险指数较高的后一地区面临更高的生态风险，因为这些地区中有 1/3 是裸地。由于耕地的生态风险强度中等，乌克兰、印度和孟加拉国的总体生态风险指数并不高，尽管它们大多具有单一的土地利用结构。优化土地利用结构，适当增加其他土地利用类型，将有助于减少这些地区的生态风险。

2. 区域矿产资源开采与生态环境保护现状

（1）俄罗斯

俄罗斯有色金属矿产资源储量丰富、品种齐全，其中锰、铜、铅、锌、镍、钴、钒、钛等储量均位列世界前茅，仅锡、钨、汞等金属资源储量较少，不能自给。矿产资源开采产生的废石和尾矿高达数百亿立方米，这些废石和尾矿大多都是通过修建尾矿库和拦渣场进行处理。由于洪水或地震等自

然灾害的破坏，尾矿库和拦渣场存在不同程度的泄漏，这些泄漏废石会造成河流水体污染，引起生态环境问题。

（2）哈萨克斯坦

哈萨克斯坦矿产资源非常丰富，品种齐全，许多矿产资源储量名列世界前茅。哈萨克斯坦长期以来一直将矿产资源开发列为国民经济发展的重要方向。然而，在铀、黑色金属、有色金属、稀有金属、煤炭开采、选矿、冶炼过程中都会产生大量的废料、废气，其中不少是有害或有毒的废料、废气，对环境的污染更为严重。

矿产资源开采对哈萨克斯坦水环境的破坏较为明显。东哈萨克斯坦州、卡拉干达州、阿克托别州和江布尔州的水体在重金属、生物、有机物方面存在长期污染，这些河流水体污染都与沿岸矿产资源的开发有关。额尔齐斯河流域中游矿产开发，引起了地表水受重金属锌和铜等污染，使河水的污染程度达到了 4 级。巴尔喀什矿业公司及铁克里山矿成为巴尔喀什湖重金属污染的主要来源，该流域中许多元素的浓度都超过渔业养殖标准，污染物在湖泊底泥中不断累积，总量已超过哈萨克斯坦土壤和巴尔喀什湖流域土壤中污染物背景值。除了水资源受到污染以外，在矿产资源开采和加工过程中也会产生大量的固体废弃物，如碎石渣和岩石堆放场、尾矿堆积场、堆灰场、煤及其他矿物堆放场，对哈萨克斯坦的土壤造成了严重影响。

5.5.2 地中海气候区域

1. 区域生态环境现状

（1）土耳其

作为一个快速增长的经济体，迅猛的人口增长和城镇化进程的加快，使土耳其的环境压力与日俱增，如水资源短缺、空气污染加剧和温室气体排放量增加等。

a. 温室气体排放

土耳其是经济合作与发展组织温室气体排放增长最快的国家。此外，温室气体的排放与 GDP 增长密切相关（图 5-5），直到最近几年才相对脱钩。土耳其人均温室气体排放量虽然是经济合作与发展组织中最低的，但1990～2016年也增加了60%。

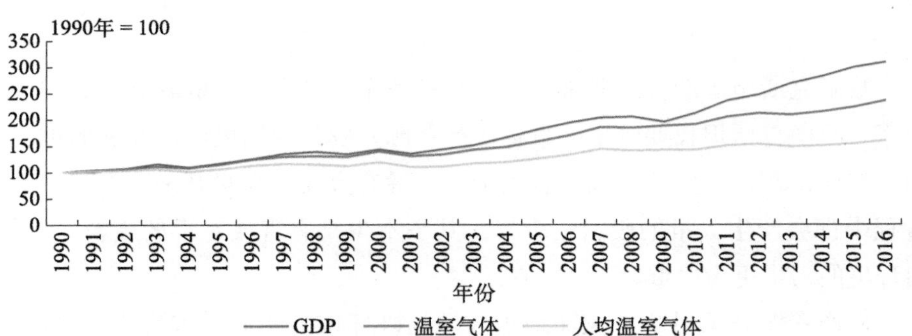

图 5-5　土耳其 GDP 与温室气体年际变化 (Murtaza and Zia，2012)

电力生产和运输贡献是温室气体的主要排放源，其次为工业生产（图 5-6）。与大多数经济合作与发展组织成员国一样，二氧化碳作为土耳其主要的温室气体，占2016年温室气体总排放量的81%（Peña-Ramos et al.，2021）。土耳其产生的二氧化碳强度（CO_2 GDP）从2005年的0.2kg/美元下降到2015年的0.18kg/美元，而同期经济合作与发展组织地区下降到0.31～0.24kg/美元（Andraka et al.，2015）。

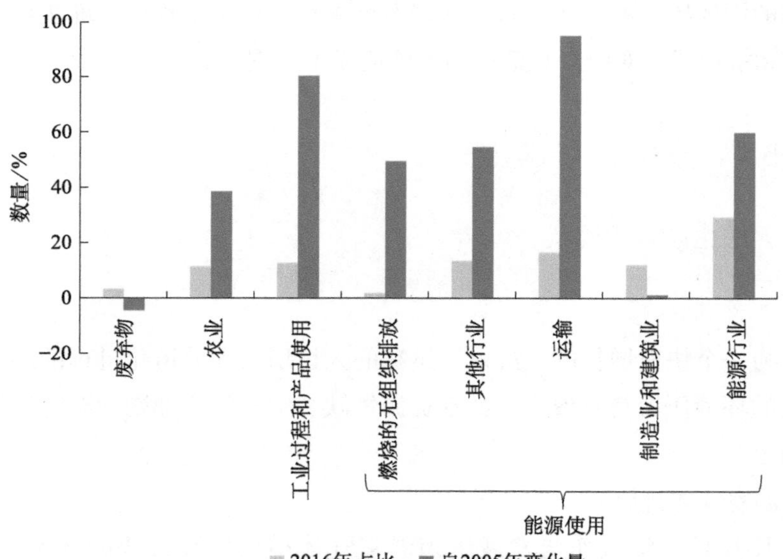

图 5-6　土耳其 2016 年各行业温室气体排放量占比和自 2005 年变化量（Hanan et al.，2014）

b. 空气排放和空气质量

空气污染是土耳其主要的环境问题，特别是在大城市和工业化地区表现更突出。环境空气中空气动力学当量直径小于等于 2.5μm 的颗粒物（$PM_{2.5}$）的暴露高于欧盟和经济合作与发展组织的平均水平，以及世界卫生组织制定的排放标准（Andraka et al.，2015）。

煤基供暖系统，特别是使用低质量的燃料、低效率燃烧系统（Andraka et al.，2015）的污染排放、工业过程排放和移动源排放等均是 $PM_{2.5}$ 排放量增长的主要因素。在最近的一次欧盟审查中，土耳其在 19 个国家和地区中因工业排放产生 $PM_{2.5}$ 所占的份额最高，为 29%（Inglezakis et al.，2018）。

c. 针对气候变化及空气污染主要政策和措施

《空气素质评估及管理条例》于 2009 年进行了修订，并逐渐趋于严格（王晓彦等，2022）。截至 2019 年，该条例中大部分污染物的限排标准与欧盟的标准保持一致，而臭氧和重金属标准的一致性没有确切日期。

d. 水资源管理

土耳其不是一个水资源丰富的国家，水资源分布也不均匀。因此，水资源的有效和综合管理非常重要。同时，土耳其还面临着严重的水污染问题，特别是在黑海。

1）水资源：土耳其的人均可再生淡水资源远低于经济合作与发展组织的平均水平。由土耳其的国家资源数据统计可知，这一数字高于实际可用水量，可用水量估计为 1120 亿 m^3，即人均小于 1400 m^3。土耳其的人口预计到 2030 年将达到 1 亿人，人均水资源量将减少到 1120 m^3，从而进一步加剧了水资源压力（Nas et al.，2019）。

随着城镇化进程的加速、灌溉面积的扩大和气候变化，旅游业和农业等部门之间日益激烈的用水竞争预计将变得更加具有挑战性（Rupani et al.，2019）。农业占淡水抽取量的近 90%，其余主要用于公共供水。在过去 20 年中，农业淡水取水量呈上升趋势。随着农业需求的增加，水资源压力往往会增加。鉴于气候变化对水供应和需求的潜在影响，这种压力可能会恶化。尽管近年来滴灌有所增加，但 85%～90% 的灌溉抽水用于地表灌溉，与滴灌或喷灌相比效率低下，因此有改进的空间（Maryam and Büyükgüngör，2019）。类似地，用水量的 400 亿 m^3 用于灌溉，70 亿 m^3 用于饮用水，70 亿 m^3 用于工业（Nas et al.，2019）。

2）水质：水质问题的产生主要源于过度使用自然资源，由于无计划和快速的城镇化，未经处理的工业和生活废水排放到淡水水体和海洋，废水处理设施不足及农业活动过程中产生的污染扩散。

首先，土耳其约 14% 的住宅废水未经处理而排放，38% 的工业废水在排放到水体之前没有经过处理（Baki and Ergun，2021）。其次，土耳其农业对水污染有重大影响，尽管化肥使用强度相对较低，但 20%～50% 的地表水被氮污染，包括埃尔根河（Ergen）、阿卡尔卡伊河（Akarçay）、盖兹河（Gediz）、苏苏鲁克河（Sakarya）和萨卡里亚河（Susurluk）。一些湖泊也表现出显著的磷污染现象。对于海洋污染问题，富营养化是黑海、马尔马拉海、爱琴海和地中海等若干沿海地区的一个核心问题。因为监测主要在人口和工业活动集中的污染最严重的地区进行，所以对水质监测的广泛性限制较大（Nas et al.，2019）。

3）供水和废水处理：2001～2014 年，获得饮用水的市政人口（不包括村庄）的比例从 95% 增加到 97%。2004～2016 年，污水处理系统服务的人口比例从 68% 增加到 84%，同期污水处理厂服务的比例从 36% 增加到 70%（Maryam and Büyükgüngör，2019）。由于持续的投资，废水处理能力有所提高（Wahaab et al.，2020）。

土耳其第十个发展计划（The tenth Development Plan）设定了将城市人口获得饮用水的比例提高到100%的目标①。2004～2016年，提供废水处理服务的市政当局数量从 319 个增加到 581 个。2004～2017 年，污水处理厂的数量从 172 个增加到 967 个（Nas et al.，2019）。土耳其各级污水处理率如图 5-7 所示②。

（2）叙利亚

叙利亚缺水严重。约 87% 的水主要用于灌溉，其中近 60% 的水来自地下水资源，其余用于家庭和工业用途，分别占 9% 和 4%（Elfeki and Tkadlec，

① State of the Environment Report for Republic of Turkey [EB/OL]. https://webdosya.csb.gov.tr/db/ced/editordosya/tcdr_ing_2015.pdf [2023-09-05].

② 关注丨:"一带一路"沿线国家的环境状况与主要问题 [EB/OL]. https://baijiahao.baidu.com/s?id=1686199288592040175&wfr=spider&for=pc [2023-09-05].

2015）。由于过度抽水以及近几十年来观察到的不可持续水井数量的增加，地下水不断受到污染。2011 年叙利亚内战之前，由于叙利亚的自然保护区有限且人口增长率高，水资源已经面临压力（Elfeki and Tkadlec，2015）。在此期间，国内流离失所和向城市地区的移民给饮用水带来了非常大的压力，特别是在城市郊区，每天的饮用水供应不超过 4 h。除了供水不足之外，还有水源污染和卫生设施不足等其他问题

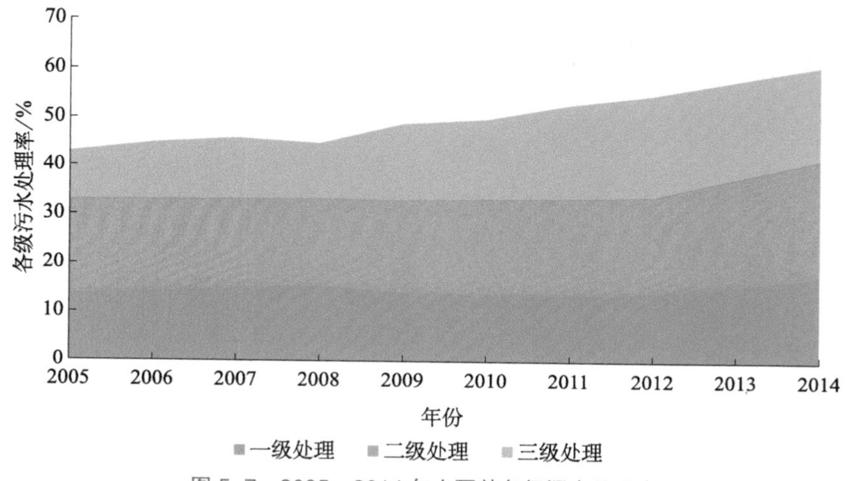

图 5-7　2005～2014 年土耳其各级污水处理率

叙利亚空气污染也较为严重。2010 年，69% 的人口暴露于高水平的 $PM_{2.5}$。然而，从 2012 年开始，这一趋势发生了逆转，并在 2015 年达到 72% 的峰值（图 5-8）。世界卫生组织将叙利亚列为 2019 年第十八大空气污染国（在 92 个国家中）。

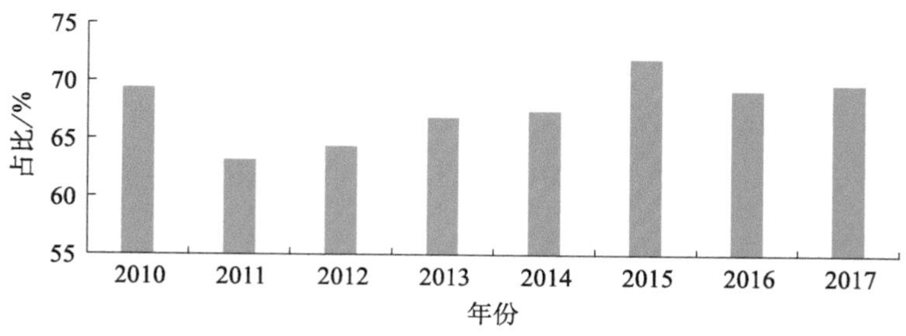

图 5-8　2010～2017 年叙利亚国内暴露于 $PM_{2.5}$ 污染的人口比例

（Elfeki and Tkadlec，2015）

叙利亚 CO_2 排放量呈现减少态势。这是由于能源部门（排放的主要来源）的衰退，农业活动的恶化，工业化以及巴尼亚斯和霍姆斯的国有主要炼油厂的管道和其他基础设施受损而导致的石油和天然气生产的中断。2005～2016年叙利亚各行业 CO_2 排放量如图 5-9 所示。尽管在过去十几年中石油和天然气燃烧贡献的 CO_2 排放量急剧下降，但石油和天然气仍然是 CO_2 排放的主要来源。与此同时，石油和天然气产量在 2011～2015 年下降了 28%。此外，天然气、柴油和重质燃料油的短缺使设施无法运行，这也解释了 CO_2 排放水平的降低（Abusin et al.，2020）。

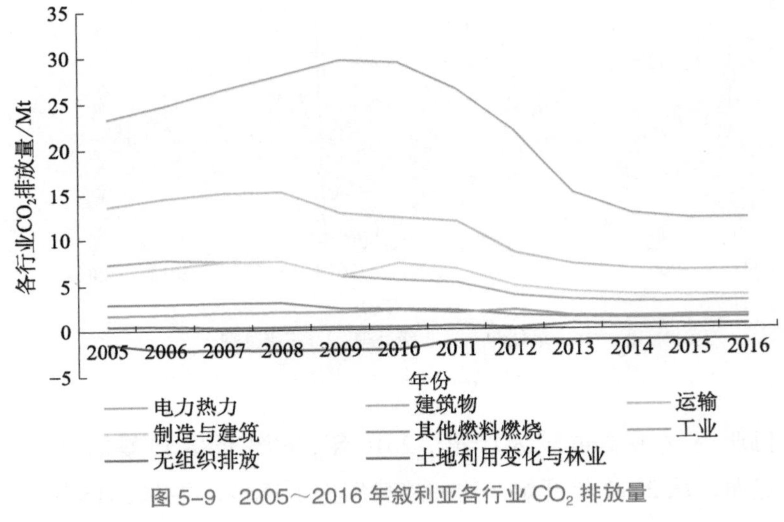

图 5-9 2005～2016 年叙利亚各行业 CO_2 排放量

（3）黎巴嫩

黎巴嫩是一个高度城镇化的国家，其 87% 以上的人口居住在大型城市聚集体中（贝鲁特及其郊区、的黎波里、赛达西顿、扎尔和泰提尔）。在过去的 50 年中，城镇化率显著提高，这主要是由于农村人口外流、郊区化、战争中流离失所者涌入（Huttner，2013）。未来城市地区将继续增加，到 2030 年将覆盖 884 km^2[①]。

① Lebanon Urban Profile: A Desk Review Report [EB/OL]. https://unhabitat.org/lebanon-urban-profile-a-desk-review-report [2011-12-20].

a. 水资源与水质

鉴于黎巴嫩快速且计划外的城市蔓延，城镇化是水污染的主要点和非点来源。黎巴嫩可用的可再生水资源已降至低于 1000 m^3/（人・a）。黎巴嫩能源与水资源部在 2010 年估计，每年人均可再生资源为 926 m^3，并预测到 2015 年将继续下降到 839 m^3（Miandad et al.，2016）。人口增长、气候变化、难民和流离失所者的涌入进一步加剧了可用的资源短缺，人均总可再生资源已达到 700 m^3/a（李维明和高世楫，2018）。

黎巴嫩的地下水质量由于过度抽取和人为污染而恶化。盐水入侵是一个关键而普遍的问题，影响了黎巴嫩海岸线沿岸的大量含水层。在过去的 20 年，已经进行了几项研究，以监视和评估黎巴嫩海岸的盐水入侵。由贝鲁特美国大学（AUB）进行的国际发展研究中心（International Development Research Center，IDRC）资助的研究评估了 Tripoli、Jal El Dib、Beirut 和 Zahrani 含水层的地位，许多采样井中的盐度水平超过了饮用水 500 mg/L 的标准[①]。

b. 空气质量

空气质量的退化被认为是影响黎巴嫩公共卫生的主要环境风险之一。黎巴嫩空气污染的主要贡献者包括人为来源（如运输、能源和工业部门）以及自然来源（如沙尘暴和森林大火）。

黎巴嫩的"国家空气质量战略 2015-2030"（Strategic Goals and Outputs Adopted in the National Air Quality Strategy 2015-2030）将公路运输部门确定为 CO、非甲烷挥发性有机物（NMVOC）和氮氧化物（NO_x）排放的主要来源，发电厂是 SO_2、PM_{10} 和 $PM_{2.5}$ 排放的来源（图 5-10）。由黎巴嫩空气污染溯源分析可知，空气污染的主要人为来源是交通、柴油发电机和电厂行业等[②]。

① Environmental Performance Indicators [EB/OL]. https://www.oecd.org/env/indicators-modelling-outlooks/data-and-indicators. htm[2018-12-20].

② OECD Economic Surveys: Turkey 2018 [EB/OL]. http://dx.doi.org/10.1787/eco_surveys-tur-2018-en [2018-07-13].

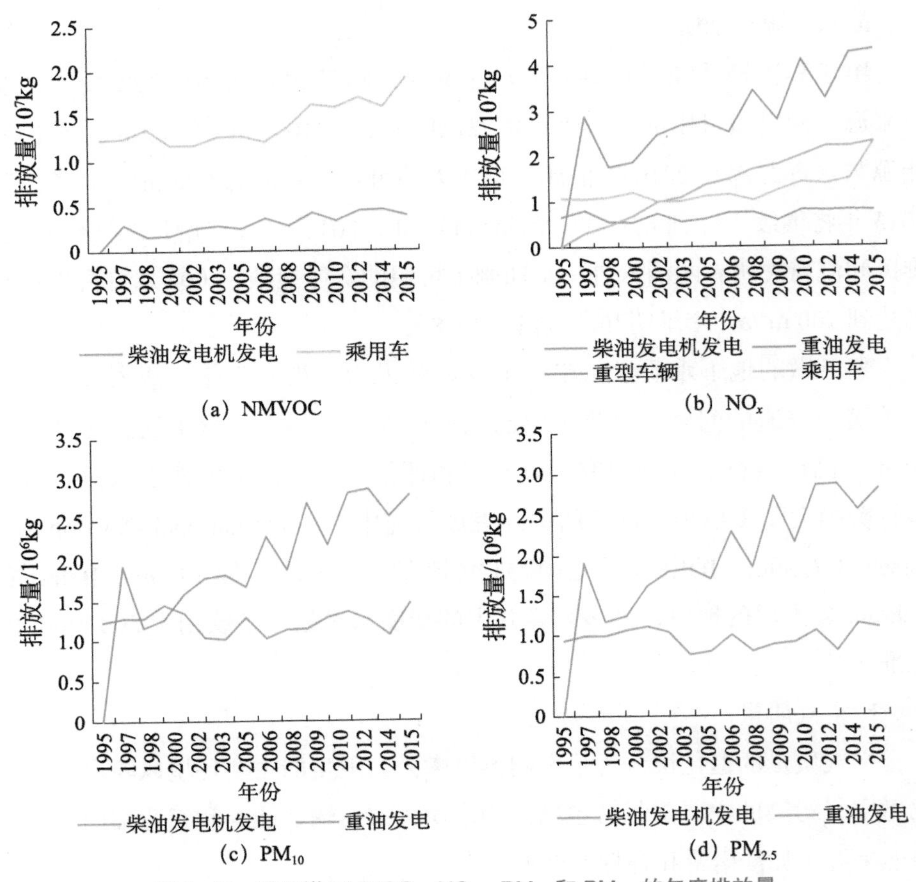

图 5-10　黎巴嫩 NMVOC、NO_x、PM_{10} 和 $PM_{2.5}$ 的年度排放量

2017 年下半年黎巴嫩各区域空气污染物浓度值如图 5-11 所示[①]。

Aljazeera 于 2018 年对黎巴嫩大气空气质量进行监测，发现 NO_2 年均值为 41.3μg/m^3，贝鲁特报告的年均值为 48.3μg/m^3，主要来源为交通部门排放。实际上，Lelieveld 等人表示，与 2013 年相比，2014 年黎巴嫩的 NO_2 总浓度增加了 20%～30%。2015 年 10～12 月，位于贝鲁特以东住宅区的开放废弃物燃烧期间还观察到了浓度较高的多环芳烃和二噁英。在废弃物燃烧期间，与在“无燃烧”日测得的 24.1 ng/m^3 相比，增长了 1.5 倍，为（55±19）ng/m^3。在贝鲁特废弃物燃烧和“无燃烧”日期间的 16 个种多环芳烃水平如图 5-12

① Green growth indicators [EB/OL]. http: //dx. doi.org/10.1787/data-00665-en [2023-09-05].

所示①。

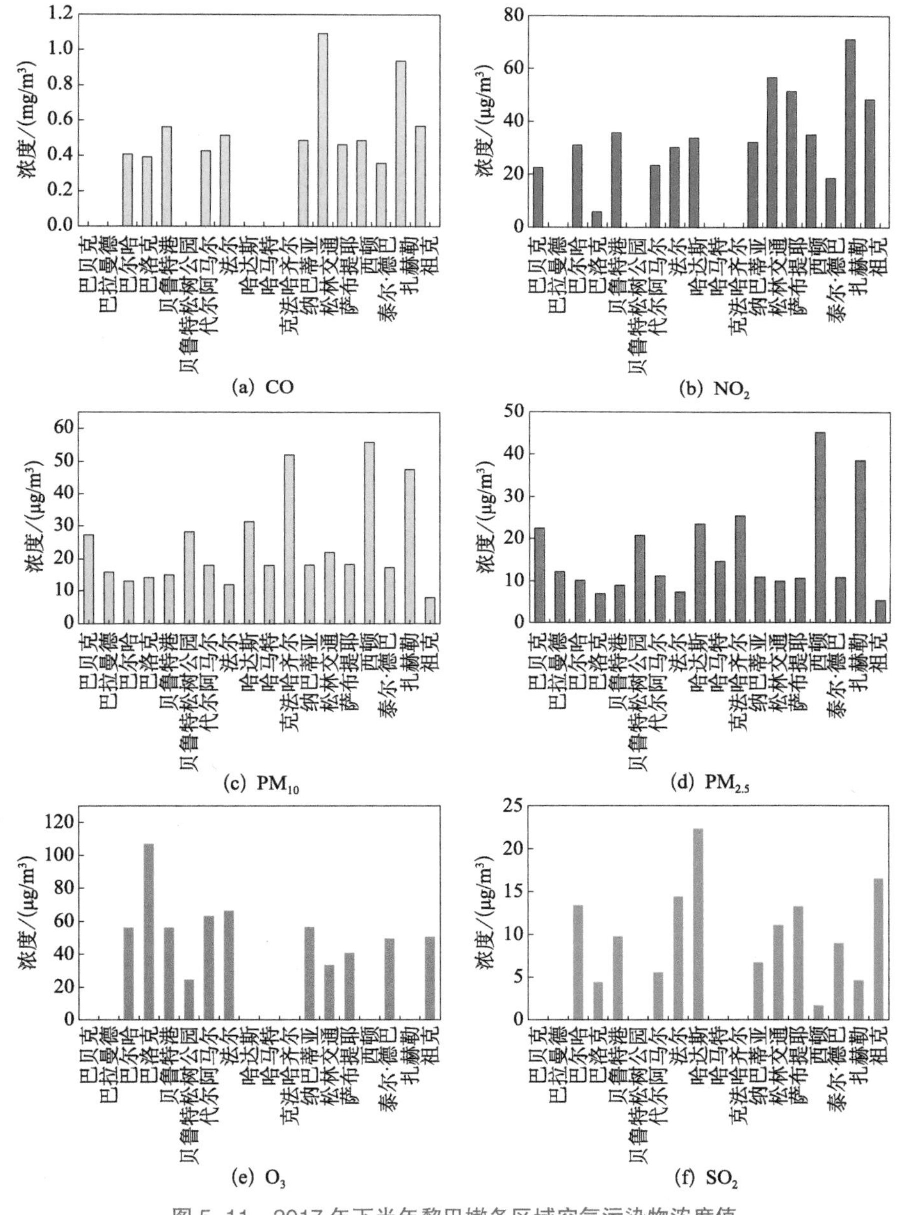

(a) CO (b) NO_2 (c) PM_{10} (d) $PM_{2.5}$ (e) O_3 (f) SO_2

图 5-11 2017 年下半年黎巴嫩各区域空气污染物浓度值

① Green growth indicators [EB/OL]. http: //dx. doi.org/10.1787/data-00665-en [2023-09-05].

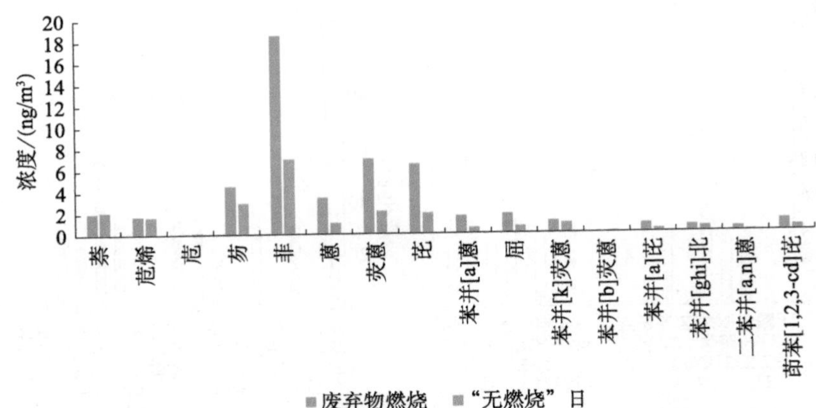

图 5-12　在贝鲁特废弃物燃烧和“无燃烧”日期间的 16 种多环芳烃水平

（4）以色列

a. 空气质量

根据以色列环境保护部发布的污染排放数据，2012～2018 年，PM_{10} 排放量下降了 57%，这是此前用于能源生产的煤炭量削减以及满足其他法规的要求的结果。以色列 PM_{10} 排放的主要来源是工业（20%）、运输（33%）和废弃物焚烧（20%）①。

以色列环境保护部继续建立新的空气质量监测站并升级现有站点，以根据两个主要标准监视其他污染物：人口较大或密集的地区以及靠近排放来源的区域。

b. 气候变化

根据 2020 年以色列气象服务中心发布的报告，其中包括以色列气候变化的可能情况，在严重的情况下，到 21 世纪末，以色列的平均温度将升高 4 ℃。根据中度情况，从 2040 年到 21 世纪中叶，平均温度将升高 1.5 ℃，然后持平。2007～2018 年以色列极端气候事件发生数量如图 5-13 所示②。

① Environmental Health in Israel 2020 [EB/OL]. https://www.ehf.org.il/en/Environmental_Health_Israel_2020 [2020-12-30].

② 关注丨“一带一路”沿线国家的环境状况与主要问题 [EB/OL]. https://www.thepaper.cn/newsDetail_forward_10406468 [2020-12-15].

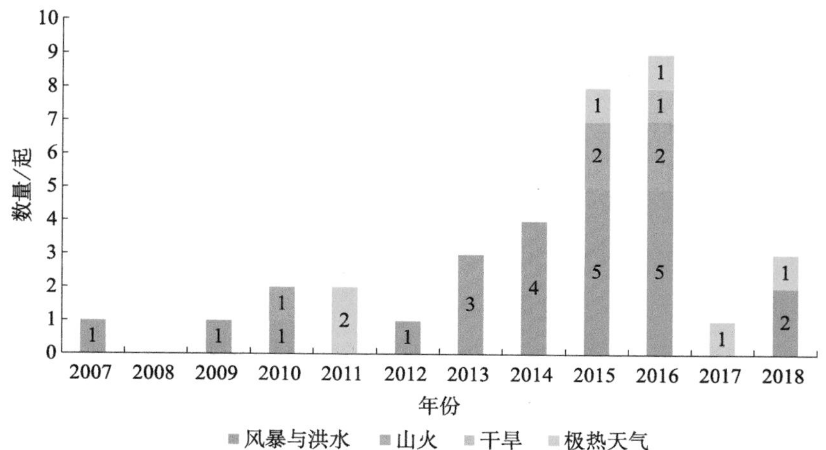

图 5-13　2007～2018 年以色列极端气候事件发生数量

c. 水资源

以色列饮用水所含化学污染物浓度受其 1974 年颁布的饮用水标准限制，并于 2013 年进行更新。该标准设定了最大允许的污染物浓度水平，以及超过 90 种化学污染物浓度水平，包括金属、农药、放射性核素和工业有机污染物。该标准要求饮用水供应商在其用水来源（地表水、地下水和脱盐水）中对这些污染物进行定期测试，并向以色列卫生部报告结果。

2. 区域矿产资源开采与生态环境保护现状

（1）阿尔巴尼亚

阿尔巴尼亚位于东南欧巴尔干半岛西岸，北与塞尔维亚（科索沃地区）和黑山、东与北马其顿、南与希腊接壤，西临亚得里亚海，隔奥特朗托海峡和亚得里亚海与意大利相望。阿尔巴尼亚水力资源、太阳能资源、铬矿资源较为丰富。

a. 矿产资源

阿尔巴尼亚矿产资源种类较多，包括石油、天然气、沥青、褐煤、石灰石、铬、铜和镍铁等。阿尔巴尼亚铜矿的储量和产量位居欧洲第二位，也是世界上铬铁矿的开采大国。20 世纪 70～80 年代其出口量居世界第二位，产量居世界第三位。截至 2021 年，该国探明石油储量约 4.38 亿 t，天然气储量约 181.6 亿 m^3，煤矿储量约 7.94 亿 t，铬矿储量约 3690 万 t，铜矿储量约

2419 万 t，镍铁矿和硅酸镍矿储量约 3.64 亿 t。目前，阿尔巴尼亚开采、出口的主要矿产资源是铬矿和石油[①]。

b. 矿产资源开采现状

阿尔巴尼亚镍铁矿的开采主要集中在东部的利布拉什德区和波格拉德茨区，其中尤以普雷尼亚斯、古里库奇两矿区为最大，东北部的库克斯区亦有镍铁矿。许多矿床目前没有被开采或由小规模作业开采。阿尔巴尼亚的铜从 1939 年开始开采，主要产地集中在米尔迪塔区的库尔布内什、库克斯区的杰兼和普克区的图奇。煤田集中分布在地拉那区、台佩莱纳区的梅马利和科尔察区的姆博列—德雷诺沃。其中，德雷诺沃是阿尔巴尼亚开采历史最久、产量最大的煤矿。阿尔巴尼亚油气区在亚得里亚海盆地东部，1974 年石油产量达到最高峰 222.5 万 t，1982 年天然气产量达到最高峰 9 亿 m^3，2004 年石油产量下降到 31 万 t[②]。

c. 生态环境保护现状

阿尔巴尼亚有许多已知的环境问题，主要包括空气和水污染、废弃物管理、基础设施薄弱和森林砍伐四大问题。

2015 年，联合国通过了《2030 年可持续发展议程》。该议程的核心是 17 项可持续发展目标和 169 项相关具体目标。然而，在阿尔巴尼亚，确定可持续发展目标的优先次序是一项非常具有挑战性和复杂的任务。阿尔巴尼亚面临的四大问题是由其内在经济和社会问题直接导致的结果。

处理垃圾不当，以及废水、污水未经处理就加以排放，导致了阿尔巴尼亚的水污染。城市垃圾收集系统薄弱，农村垃圾收集系统匮乏。阿尔巴尼亚的垃圾收集覆盖率约为 77%。回收是由私人公司完成的，这些公司雇佣人收集塑料、金属、玻璃和废纸，然后加工或包装，卖给其他国家，剩下大部分都被填埋了。森林砍伐同样令人关切，非法砍伐仍然是阿尔巴尼亚森林面临的主要威胁。

---

① 阿尔巴尼亚自然资源 [EB/OL]. https://baike.baidu.com/reference/361248/62c7463D5Hf6A5HhaCVhwDR0nf1FoHeDr-bJccAvNGQ7rMxAdyqwPFdAdQ-BsoWzzri4ls_9SkBeLUTaDBSaBdYFr0xYMqz6SSFsoJ5zuDOQV7wrDhsR_13dloMO [2020-07-15].

② 2021 年阿尔巴尼亚矿产资源分布概况分析 [EB/OL]. http://www.zcqtz.com/news/265853.html [2021-12-14].

（2）格鲁吉亚

a. 矿产资源调查

格鲁吉亚位于欧亚两洲交界之高加索山地区，矿产资源较贫乏，该国主要矿产有锰矿石、煤、铜矿石、多金属矿石和重晶石，其中锰矿石储量丰富，品位较高，截至 2021 年，该国共探明锰矿储量为 2.344 亿 t，可开采量 1.6亿t，部分锰矿品位较高[①]。根据《2022—2026年格鲁吉亚矿业投资前景及风险分析报告》数据，在该国西部、东部和黑海地区发现了大量的石油和天然气资源，石油资源储量为 5.8 亿 t，其中 3.8 亿 t 在陆上，2 亿 t 在黑海，天然气 1520 亿 m^3[②]。

b. 生态环境保护现状

1）水资源：格鲁吉亚的水资源丰富，矿泉水闻名独联体及中东欧国家；拥有大小河流 319 条，水电资源理论蕴藏量 1560 万千瓦，是世界上单位面积水能资源最丰富的国家之一[③]。因此，格鲁吉亚的水资源足以满足实际用水需求。然而，格鲁吉亚水资源分布不均，主要集中于西部地区，而东部地区却常常面临缺水的困境。

为了引进欧洲的水资源管理模式，格鲁吉亚有必要向一种全新且更加可持续的管理模式转型，如流域管理，这是一种水资源管理的战略性解决方案，使水资源管理具备长期可持续性。该方案可以实现对包括地下水在内的所有类别的水体进行统一管理。此外，流域管理还包含空间规划和土地使用。同时，该方案兼顾了所有用水行业的利益，并对生态系统进行了统筹考虑。

2）大气保护：格鲁吉亚的空气污染物主要来自交通运输业、工业和能源业。在城市地区，汽车尾气是主要的空气污染源。现有的数据表明，格鲁吉亚所有的具备监测数据的城市中，首要污染物（SO_2、NO_2、CO 和泽斯塔波尼的 MnO_2）都超过了容许限度。交通运输业是大多数空气传播污染物的主要源头[③]。

---

① 「国别概况」快速了解格鲁吉亚——投资环境 [EB/OL]. https://baijiahao.baidu.com/s?id=1698245751152124614&wfr=spider&for=pc[2021-04-28].

② 2021 年格鲁吉亚矿产资源分布概况以及资源开发项目分析 [EB/OL].http://www.zcqtz.com/news/264847.html[2021-12-13].

③ 格鲁吉亚资源情况简介 [EB/OL].http://ge.mofcom.gov.cn/article/ddgk/zwdili/201507/ 20150701058342.shtml[2015-7-23].

3）垃圾和化学制品造成的污染：在自然景观和人文场所不受约束地随意丢弃生活垃圾，是格鲁吉亚的一个突出问题。这种情况不仅会影响美观也会带来经济问题，同时还会增加疾病和寄生虫繁殖的风险；此外，还会毒害那些以垃圾为食的非野生和野生动物，或者导致它们体内聚集有害物质。由于未合理建设正规城市垃圾填埋场，空气、地下水和地表水都受到污染，进而严重影响环境。

（3）塞浦路斯

塞浦路斯是位于地中海最东面的一个岛国，也是亚洲西端的一个国家。塞浦路斯岛与希腊、土耳其、叙利亚、黎巴嫩、以色列、埃及隔海相望，自古以来就是连接中东、非洲和欧洲的交通要道。

a. 矿产资源

塞浦路斯矿藏以铜为主，其他有硫化铁、盐、石棉、石膏、大理石、木材和土性无机颜料。近年来，矿源开采量逐年下降。森林面积为 1735 km^2。水力资源贫乏，已建立大型水坝 6 个，总蓄水量为 1.9 亿 m^3[①]。塞浦路斯南部和西南部海域发现有天然气储藏，现已探明南部专属经济区阿芙洛狄忒气田天然气储量约 4.5 万亿 ft^3[②]，卡吕普索气田天然气储量 6 万亿～8 万亿 ft^3，其他海域也可能蕴藏丰富天然气资源[③]。

b. 生态可持续发展

当前，塞浦路斯高度重视环保与节能指标，为符合欧盟 2030 年环保目标，塞浦路斯将推出系列计划，以期实现到 2030 年时，塞浦路斯温室气体排放量减少 40%，能源利用率提升 32.5% 的目标。因塞浦路斯天然气高储量于近十年内被发掘，在未来将有更多的清洁能源可供使用，目前正在使用的清洁能源有太阳能、电能、光伏能源、液化石油气：在厨房及卫生间设计中，留有相应的使用设施备用口、通风口、节能材料等。近年来，淡水资源在塞

① 塞浦路斯国家概况 [EB/OL]. https://www.mfa.gov.cn/web/gjhdq_676201/gj_676203/oz_678770/1206_679666/1206x0_679668/[2023-09-05][2019-02-20].

② 1 ft^3≈0.0283 m^3。

③ 塞浦路斯 [EB/OL].https://obor.nea.gov.cn/v_country/getDataCountry.html?id=1351&channelId=29&status=2[2019-12-25].

浦路斯变得更加稀缺，对海水淡化的需求也在逐年增加。2008 年，塞浦路斯出现极度干旱，不得不从希腊进口饮用水，这种情况随着全球气候变暖、极端天气增多而可能再度发生。

5.5.3 热带沙漠气候区域

热带沙漠气候区域包括伊朗大部、伊拉克、约旦、也门、阿曼、阿联酋、卡塔尔、科威特、巴林、土耳其东南部、叙利亚南部、沙特阿拉伯除西部高原、埃及除北部地区和尼罗河三角洲。

丝路沿线国家和地区中西亚 18 国除黎巴嫩、以色列、巴勒斯坦、希腊和塞浦路斯属于地中海气候外，其余国家大部分地区均属于热带沙漠气候。

1. 区域生态环境现状

热带沙漠气候的特点为年均气温高，年温差较大，日温差更大，降水稀少，年降水量不足 125 mm。该气候带在沙漠广泛分布，生物较少，只有零星的耐旱植物，如仙人掌。在沙漠边缘地带有灌木丛分布。植被类型为热带荒漠。

（1）生态基础

由于沙漠广泛分布，该区域生态环境状况较丝路沿线其他国家和地区差距大。西亚地区生态环境基础条件十分薄弱，生物多样性水平较低。由于环境基础较差，人口数量也较多，因此该区域环境压力较其他沿线国家而言较大。

（2）空气污染

同样地，西亚地区也饱受 $PM_{2.5}$ 污染的困扰，相关资料显示 $PM_{2.5}$ 较高的 22 个国家，其中有 11 个国家位于西亚地区。除了受制于地理条件，空气扩散条件较差以外，该地区过分依赖石油化工和重化工业的发展模式也是导致 $PM_{2.5}$ 偏高的重要原因。而在氮氧化物污染方面，西亚地区的排放总量和人均排放量均处于较低的水平。

（3）自然保护水平

由西亚地区经济发展水平较高，自然环境基础一般，因此对于环境保护的投入较大，自然保护区面积在全球平均水平左右，远超过丝路沿线其他地区。

（4）碳排放情况

在碳排放方面，西亚地区也是丝路沿线国家和地区中碳排放形势较为严峻的地区。西亚地区是世界主要的产油区，石油化工是传统的支柱产业，对石化行业的依赖导致人均碳排放和单位GDP碳排放都居于中高水平。受制于自然条件和技术水平，西亚地区依赖石油资源的格局短期内难以改变。

2. 区域矿产资源开采与生态环境保护现状

（1）伊朗

a. 矿产资源现状

伊朗不仅是石油和天然气资源的储藏大国，其他矿产资源也十分丰富。经勘探，除石油、天然气外，伊朗还有60多种其他矿产品。其中，已探明锌矿石储量为2.3亿t，居世界第一位；铜矿石储量为26亿t，约占世界总储量的4%，居世界第三位；铁矿石47亿t，居世界第十位[①]。截至2019年，伊朗已探明约570亿t矿产储量，在1万多种矿产中，有6400种矿产已开采[②]。

b. 生态环境污染

在伊朗，许多人鼓励将该国建立为加密货币矿商的圣地，这可能会对环境产生一些意想不到的影响。比特币（BTC）和加密货币挖矿的能源需求，加上在异常寒冷的冬天对热量的需求，导致天然气短缺，迫使发电厂燃烧“低级燃料油”来满足该国的电力需求；其结果是，伊朗许多城市笼罩着“厚厚的有毒烟雾”（图5-14）。

在矿产开采过程中，矿产工业废弃物的产生是不可避免的。人类对矿产品的使用需求日益增长，使得低品位矿产开采逐渐增加。低品位矿井开采产生的废弃物较多，而垃圾的产生又较多破坏自然，导致额外的污染释放到环境中（图5-15）。

① 伊朗价值数十亿美元的矿物资源 其生产和出口如何？ [EB/OL]https://chinese.aljazeera.net/economy/2019/10/3/iran-produce-export-mineral-resources[2019-12-30].

② 伊朗价值数十亿美元的矿物资源 其生产和出口如何 [EB/OL]. https://chinese.aljazeera.net/economy/2019/10/3/iran-produce-export-mineral- resources[2019-10-03].

图 5-14　德黑兰的雾霾

图片来源：视觉中国

图 5-15　部分沼泽地被抽干以开垦土地用于农业或石油勘探

图片来源：视觉中国

c. 生态环境保护现状

近年来，伊朗加快了环境立法速度，制定了比较完备的涉及环境管理和保护的法律法规 20 余部，涵盖水污染治理和水资源保护、土地综合治理、垃圾处理、空气污染治理、生物资源保护等诸多环境领域。同时，不断强化环境监管措施，强化环境监控和信息收集，推动公众参与。

积极与中国合作，推动“一带一路”环保事业。伊朗是“一带一路”沿线的重要国家之一，有大量的中国企业来到波斯大地，在油气、轨道交通等领域同伊朗合作。同时，也有中国垃圾焚烧发电企业来到这里，建设了中东地区的第一家垃圾焚烧发电厂，利用城市生活垃圾发电，既处理了伊朗的城市垃圾，又为城市提供了能源，成为“一带一路”倡议环保领域的一个亮点[①]。尤其是德黑兰垃圾焚烧发电厂的运营，为德黑兰处理了部分垃圾，生产了电能，同时没有对空气造成二次污染，成为伊朗和中国企业在环保领域合作的一个典范。

伊朗对采矿引起的环境污染问题采取积极措施，如提高采矿标准，提高采矿管理人员对经济和环境效益的认识，这可能是在伊朗实施环境法的最可行方法（Kordi et al.，2021）。还有审查常规采矿作业以减少矿山废弃物和有关有害残留物，将粉尘控制规定纳入作业计划（Mozaffari，2013）。

（2）约旦

a. 矿产资源现状

约旦矿产资源主要有磷酸盐、钾盐、铜、锰、油页岩和少量天然气。磷酸盐储量约 20 亿 t。死海海水可提炼钾盐，储量达 40 亿 t。油页岩储量为 400 亿 t，但商业开采价值低。能源是约旦经济发展的支柱，2019 年约旦矿产资源出口占总出口的 19.7%，占 GDP 的 7.6%[②]。

约旦境内风能、太阳能等可再生能源丰富，其中风能资源主要分布在约旦南部马安地区、北部伊尔比德地区、东部扎尔卡地区，风速可达 7～9 m/s。

b. 矿产资源开采

约旦正专注于利用大型和复杂工业领域的未利用的国家矿石，努力提高采掘和矿业部门的附加值。2019 年，该部门的收入达到 24.3 亿约旦第纳尔，占 GDP 的 7.7%。同年，该部门的出口值达 9.45 亿约旦第纳尔，约占出口总额的 19%。约旦将继续鼓励建立采掘和矿物加工业，并实施矿产资源勘探计划[③]。

约旦是世界上最大的磷肥、钾肥、溴、化肥和化学酸的生产国和出口商之一，并且是生产钾肥的唯一阿拉伯国家。约旦的采矿业正在走向积极的发展。

---

① 中国积极投入伊朗垃圾发电项目“一带一路”环保事业 [EB/OL]. https://news.bjx.com.cn/html/20180530/901573.shtml[2018-05-30].

② 能源是约旦经济的支柱 [EB/OL]. http://www.mofcom.gov.cn/article/i/jyjl/k/202005/20200502968716. shtml [2020-05-29].

③ 约旦鼓励发展采掘和矿物加工业 [EB/OL]. www.jiayan.cn/hyzx/91.cshtml [2021-04-21].

c. 生态环境污染

目前，约旦主要环境问题包括：空气污染；废水排放问题；炼油厂和溢油产生的含油废物的处置；危险化学废弃物的处置。约旦石油炼制公司的主要活动是提炼原油，以及储存、进口和销售石油产品。不同的加工活动，会产生一些气体、液体和固体形式的污染物。重型设备和旋转机械的噪声是另一个污染问题，热电站则会造成空气污染和水污染。

约旦的矿产开采历史悠久，从石器时代的燧石开采到青铜时代瓦迪费南的早期铜矿开采。在近代和过去 30 年中，采矿部门迅速发展，建立了许多与矿物有关的工业事业基地。然而，因为在采矿过程中忽略了许多活动对自然环境的影响，一些矿山和采石场的发展带来了问题。

d. 生态环境保护现状

由于普遍认识到化石燃料资源的有限性，以及它们对环境的不利影响和进口成本，因此约旦重新审查使用可再生能源的可能性。可再生能源对发达国家和发展中国家都具有潜在的重要意义。可以得出的结论是，如果加紧研究和发展工作，可再生能源将来可能有助于满足约旦经济对能源的需求，并缓解与其他石油能源有关的生态问题。

约旦已经生产了不同类型的风能转换器，从几瓦到 100 kW，用于电池充电、抽水和农村电气化系统。此外，100 kW 到 5 MW 的发电机器也正在开发中。

（3）也门

a. 矿产资源现状

也门是一个典型的资源型国家，石油和天然气是其最主要的自然资源。也门水资源紧缺，主要依靠地下水。

也门是游离在石油输出国组织（Organization of the Petroleum Exporting Countries, OPEC）之外的石油生产国，石油是其主要能源，在国家经济中扮演着最重要的角色。综合世界银行和经济合作与发展组织等国际和区域合作组织的数据，也门的石油储量约 97.1 亿桶，以轻质油为主。也门政府面临的最大挑战是石油产量逐年递减。自 2001 年产油高峰后，也门境内没有大的油气突破，石油产量呈现逐年下降趋势，勘探投入不足，如表 5-1 所示。

表 5-1　2003～2006 年也门石油产量情况

年份	石油日产量 / 桶	石油年产量 / 亿桶
2003	448 228	1.57
2004	423 743	1.48
2005	416 656	1.46
2006	364 870	1.33

也门已探明的天然气储量为 16.9 万亿 ft^3，集中于马里卜和贾夫两大天然气田，但长期以来采出的天然气只是作为石油生产的副产品被重新回灌入井，小部分用于国内市场消费。为了应对近年来石油产量减少的挑战，也门加大了天然气开发利用的力度。目前，也门正通过建设大型天然气液化站、修建输气管线和出运港口，努力成为天然气的商业生产及出口国。

除油气资源以外，也门蕴含丰富的如金、铜、镍、银、锌、铅及铁等金属矿藏，以及石膏、岩盐、石英砂、石灰岩和花岗岩等非金属矿藏，如表 5-2 所示。目前，已有很多信息证明也门存在有商业开发价值的金、银、锌、铅等金属矿藏，一些古代的金、银、锌和铅矿井，也正在被重新发掘，勘探和采掘的结果表明，也门的金属矿藏在一定程度上有商业开采价值。由于缺乏准确翔实的基础地质勘查资料，加之经济落后和引资力度不足等原因，也门的非石油矿产资源开发基本处于起步阶段。

表 5-2　也门金属与非金属矿产情况

序号	金属矿产		非金属矿产	
	品名	现状	品名	现状
1	金	有探讨	石膏和无水石膏	开发活跃
2	铅、锌、银	有探讨	岩盐	部分生产和出口
3	铜、钴、镍		硅砂	
4	钛、铁		石英	
5	放射性矿物质		天然沸石	
6	稀土		火山渣	
7			长石	
8			黏土矿物	
9			滑石	
10			建筑和装饰用材料（大理石 / 石灰石、花岗岩）	开发活跃

也门矿业开发的程度与其丰富的矿产资源不成比例。由于地质调查工作程度落后、基础设施不健全、引资力度不足等原因，除建筑石材的开采和使用比较普遍外，也门的金属矿产开发基本处于起步状态，很多依赖外国公司，矿业占也门 GDP 的比重极低。

b. 矿产资源开采

总体而言，也门目前矿产资源的勘探和开发不仅和其悠久的矿物开发历史不相称，而且和其丰富的矿藏也很不相称。目前，也门已开发利用的矿物主要有盐、砂、石膏、石材等很有限的几种，这些矿物产品主要在本地市场销售，只有很少一部分出口①。

近几年，也门地质和矿物勘探局一直致力于各种地质矿物勘探以发现有商业开采价值的矿床，初期勘探结果令人振奋，已发现了一些有商业开采价值的金属和非金属矿藏。这可以从也门地质和矿物勘探局发行的也门地质勘探指南上得到证实，目前已有一些外国公司表示愿意在矿业领域和也门合作。

c. 生态环境污染

也门拥有多样化的地理景观和丰富的自然资源，包括石油和天然气。经济上最可行的油田位于该国的南部和东部地区，包括 Hadhramaut、Shabwah 和 Marib。

也门的空气污染是由多种因素造成的，包括车辆、发电厂和重型建筑工具（如工业锯）的广泛使用。也门空气污染的一个主要来源是汽车和其他车辆的排放，另一个来源是石油工业。虽然石油占也门收入的很大一部分，是一种宝贵的经济资源，但石油的生产、勘探和运输对沿海和海洋地区的空气污染做出了重大贡献②。城镇化、海水淡化厂、采矿、采石都是造成也门空气污染恶化的原因。

d. 生态环境保护现状

也门冲突的升级和社会日益军事化让也门环境付出了沉重的代价。目前，由联合国牵头重启和谈的努力对于避免冲突进一步升级和减少冲突起到

① 2021 年也门矿产资源开发情况及也门矿业政策分析 [EB/OL]. http://www.zcqtz.com/news/259707.html [2021-12-01].

② Yemen Environment - current issues [EB/OL]. https://www.indexmundi.com/yemen/environment_current_issues.html [2021-09-18] .

了积极的作用。因此，通过更多地参与决策并为也门提供应对气候变化挑战所需的工具，是为也门建设和平与可持续未来的重要组成部分。

2008 年，也门水与环境部承认了空气污染问题的严重性，并开始制定减少空气污染的国家战略。从那时起，也门政府实施了一些简单的措施来改善空气质量，如 2000 年之前制造的车辆不再被允许进入该国。同时，还降低了对新车的税收，以鼓励更多的人投资新建更现代和更环保的汽车。也门水与环境部正在努力减少车辆排放造成的空气污染，从而仅在萨那每年就节省约 1 亿美元的相关健康成本[①]。

（4）阿联酋

a. 矿产资源现状

阿联酋是一个以产油著称的西亚沙漠国家，有“沙漠中的花朵”的美称，矿产资源非常丰富，主要是石油和天然气。阿联酋的石油资源非常丰富，已探明的石油储量约 130 亿 t，约占世界总储量的 5.6%，居世界第八位。已探明天然气储量 42.4 亿 t，约占全球储量的 3.2%，居世界第九位。

b. 矿产资源开采

2014 年，阿联酋是 OPEC 第二大石油和其他液体生产国。2014 年，阿联酋石油和其他液体总产量为 350 万桶 /d，其产量在 OPEC 中排名第二，仅次于沙特阿拉伯。其中，原油产量为 270 万桶 /d，是 OPEC 第四大原油生产国，仅次于沙特阿拉伯、伊拉克和伊朗。其余的为非原油液体（冷凝液、天然气工厂液体和炼油厂加工中的产物）。2020 年，阿联酋每天增加 80 万桶的原油产量，将原油产量提高到 350 万桶 /d。不过由于较难发现重大油藏，因此其产量的增加只能通过阿布扎比现有油田中提高石油采收率技术（Enhanced Oil Recovery，EOR）的使用来实现（Kordi et al.，2021）。

截至 2022 年，阿联酋天然气探明储量为 42.4 亿 t，约占全球储量的 3.2%，居世界第九位[②]。尽管资源量丰富，但在 2008 年阿联酋还是成为天然气净进

① Yemen Environment - current issues [EB/OL]. https://www.indexmundi.com/yemen/environment_current_issues.html [2021-09-18] .

② 阿拉伯联合酋长国国家概况 [EB/OL].https://www.mfa.gov.cn/web/gjhdq_676201/gj_676203/yz_676205/1206_676234/1206x0_676236[2023-07-29].

口国。造成上述现象的原因主要有两点：①阿联酋在2012年将天然气总量的30%回注进地层中用于提高原油采收率；②阿联酋低效的、快速扩展的电网依赖于天然气发电，近年来经济及人口的快速增长给电网带来了更大的负担（这也就意味着需要更多的天然气进行发电）。

c. 生态环境污染

由于阿联酋石油产量较大，而负面带来的环境影响也不言而喻，主要为石油进出口过程中，不恰当的运输导致石油泄漏。例如，阿联酋常将受石油泄漏影响的海滩暂时关闭，受影响的海滩已由阿联酋当局清理[①]。

同时，石油泄漏也会引发一系列健康问题：海湾水域是世界上污染最严重的水域之一，因为通过海湾的船只漏油，以及非法倾倒压载水和舱底水。环保公司正试图强调这种海洋污染与癌症、哮喘、糖尿病和心脏病等人类疾病之间的联系。此外，石油泄漏也会对鱼类等海洋生物产生破坏性影响。石油在水面上停留了薄薄的一层，切断了阳光对下面珊瑚礁的光线。阿联酋将更加依赖从海洋中获取和饮用水资源。已经有几起海水淡化厂因涉及阿联酋沿海油轮事故而不得不关闭的案例。

（5）科威特

a. 矿产资源现状

科威特石油和天然气储量丰富。截至2021年，现已探明的石油储量为140亿t，居世界第七位；天然气储量为1.78万亿m^3，居世界第十八位。石油、天然气工业是科威特财政收入的主要来源和国民经济的支柱，其产值占GDP的45%[②]。除开采石油外，现正开采丰富的海底气田。

b. 生态环境现状

科威特是一个水比油贵的国家，生活用水都是用海水淡化的，生产成本较高，全年高温干燥，降水极少，地表无常年性河流，是个缺水严重的国家。科威特环保专家称，希望借鉴中国经验和技术，以加大科威特环保力

① 阿联酋：受石油泄漏影响的海滩暂时关闭 [EB/OL]. https://dhiss.com/portal.php?mod=view&aid=93345[2022-05-26].

② 中东最亲美的国家及油气王国——科威特 [EB/OL]. http://www.360doc.com/content/12/0121107/54192271_1060134165.shtml [2023-09-05].

度，应对空气污染、沙尘暴、沙漠化、固体废弃物处理等问题。科威特政府提出“2035 年国家愿景”发展规划，拟将科威特打造成金融和贸易中心，以改变长期依赖石油的经济格局。

科威特主要存在的环境问题为空气污染：科威特因为高温天气曾经一度被关注，号称全球最大“轮胎墓地”，轮胎火灾事故产生大量致癌物质，受大气环流的影响，这些黑色污染最终也会危害全球，轮胎的循环利用是处理的关键。针对全球性的“黑色污染”问题，目前仍然没有一个良好的解决办法。

（6）沙特阿拉伯

a. 矿产资源现状

截至 2023 年，沙特阿拉伯原油探明储量为 363.5 亿 t，占世界储量的 16%，居世界第二位；天然气储量为 8.2 万亿 m^3，居世界第六位[①]。此外，沙特阿拉伯还拥有金、铜、铁、锡、铝、锌、磷酸盐等矿藏。

沙特阿拉伯东部波斯湾沿岸陆上与近海的石油和天然气藏量极丰。鲁卜哈利沙漠东部的布赖米绿洲为沙特阿拉伯、阿联酋、阿曼三国争议地区。截至 2016 年底沙特阿拉伯维持全球最高原油产能，约为 1200 万桶 / 日。沙特阿拉伯天然气无进出口，产量完全用于满足国内需求。2016 年天然气产量和消费量为 3.9 万亿 ft^3，随着沙特阿拉伯国内精炼产能扩张及天然气发电用量增加，未来天然气需求将逐步上行。[②]

b. 生态环境现状

沙特阿拉伯是一个有着 225 万 km^2 领土的国家，也是目前阿拉伯世界中面积最大的几个国家之一。只是很可惜，沙特阿拉伯 80% 的领土都是戈壁和荒漠，仅仅只有靠近海边和湖泊的一些地方适合人类生存（图 5-16）。受益于丰富的石油资源，沙特阿拉伯启动沙漠治理。然而沙特阿拉伯的大多数领土属于热带荒漠气候，一年四季严重缺乏降雨，年蒸发量超过 4000 ml，极

① 沙特阿拉伯国家概况 [EB/OL]. https://www.yidaiyilu.gov.cn/p/854.html [2019-06-21].

② 一文读懂沙特石油产业数据：石油及天然气储量、产量、油田、出口 [EB/OL].https://finance.qq.com/a/20190916/002420.htm[2019-09-16].

度的干旱和恶劣的气候条件，也让沙特阿拉伯政府最终无奈再次放弃了对沙漠的治理计划。

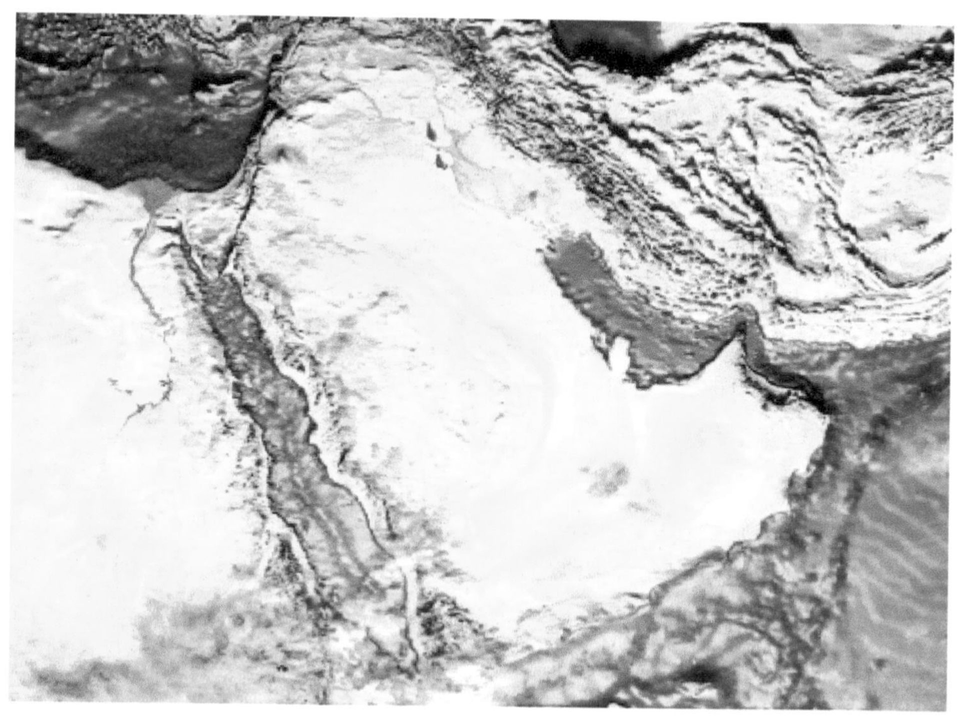

图 5–16 沙特阿拉伯沙漠地带图

图片来源：视觉中国

c. 环境保护措施

尽管沙特阿拉伯过去以石油资源而闻名，但沙特阿拉伯正在为未来开展各种环保的旅游活动。沙特阿拉伯“2030 愿景”提到：通过提高污水处理效率、建立全面的回收工程、减少污染、防治沙漠化等措施保护我们的生活环境。同时，提高、优化水资源的使用，减少水资源消耗，使用经过回收和处理的生活用水。尽全力保护、恢复海滩、自然保护区、海岛等资源，并向公民开放[①]。

① 沙特阿拉伯 2030 愿景 [EB/OL].http://www.saudi-cocc.net/uploads/190726/2030.pdf [2016-04-30].

5.6 小　　结

城镇市政设施是保障城市正常运行和健康发展的物质基础，也是生态文明建设的重要保障。而生态文明是人类文明发展的新的阶段，是以人与自然、人与人、人与社会和谐共生、全面发展为基本宗旨的社会形态。城镇市政设施与生态环境建设是实现区域社会经济可持续发展的重要保障，“一带一路”也应成为市政设施与生态文明建设的具体实践。因此，丝路沿线国家和地区更要肩负历史使命，推进可持续发展，在“一带一路”建设中以市政设施建设与生态文明理念为思想引领。

目前，丝路沿线国家和地区城镇市政设施仍存在总量不足、标准不高、运行管理粗放等问题，严重制约了生态文明的建设。因此，丝路沿线国家和地区要从市政设施建设的视角审视“一带一路”生态问题。加强城镇市政设施建设，有利于推动经济结构调整和发展方式转变，拉动投资和消费增长，促进节能减排，更重要的是为生态保护保驾护航。共建“一带一路”，各国要共同应对生态环境方面的挑战，包括共同推动技术进步，加快技术扩散速度，以新技术改造生产方式，从源头上解决污染排放问题，协调好开发与生态环境保护的关系，保护好生物多样性；将新技术应用于市政设施建设和环境治理；保障饮用水安全，推广应用智能化、高效率的集中供水成套装置；推动更加平衡和更具公平的发展；优化分工格局，共同推动“一带一路”的结构升级；构建生态安全保障体系，提高“一带一路”建设的环境承载力。总之，城镇市政设施与生态环境保护的国际合作是“一带一路”建设优先考虑的重要任务之一，是“一带一路”建设可持续发展的重要切入点。

本章参考文献

杜莉，马遥遥. 2019. “一带一路”沿线国家的绿色发展及其绩效评估 [J]. 吉林大学社会科学学报，59（5）：135-149，222.

李维明，高世楫. 2018. 基于经合组织分析框架的全球绿色增长进程比较 [J]. 重庆理工大学学报（社会科学），32（11）：1-12.

王晓彦，解淑艳，汪巍，等. 2022 中欧环境空气臭氧评价对比与启示 [J]. 中国环境监测，38（4）：41-49.

吴绍洪，刘路路，刘燕华，等. 2018. “一带一路”陆域地理格局与环境变化风险 [J]. 地理学报，73（7）：1214-1225.

Abusin S, Lari N, Khaled S, et al. 2020. Effective policies to mitigate food waste in Qatar [J]. African Journal of Agricultural Research, 15(3): 343-350.

Andraka D, Ospanov K, Myrzakhmetov M. 2015. Current state of communal sewage treatment in the Republic of Kazakhstan [J]. Journal of Ecological Engineering, 16(5): 101-109.

Baki O G,Ergun O N. 2021. Municipal solid waste management: Circular economy evaluation in Turkey [J]. Environmental Management and Sustainable Development, 10(2): 76-92.

Elfeki M, Tkadlec E. 2015.Treatment of municipal organic solid waste in Egypt [J]. Journal of Materialsand Environmental Science, 6(3): 756-764.

Hanan F, Munawar S, Qasin M, et al. 2014. Management of municipal solid waste generated in eight cities of Pakistan [J]. International Journal of Scientific & Engineering Research, 5(12): 1186-1192.

Huttner K R. 2013. Overview of existing water and energy policies in the MENA region and potential policy approaches to overcome the existing barriers to desalination using renewable energies [J]. Desalination and Water Treatment, 51(1-3): 87-94.

Inglezakis V J, Moustakas K, Khamitova G, et al. 2018. Current municipal solid waste management in the cities of Astana and Almaty of Kazakhstan and evaluation of alternative management scenarios [J]. Clean Technologies and Environmental Policy, 20(3): 503-516.

Kordi Z M, Sharegh Z S, Rezazadeh H. 2021.The necessity of establishing environmental courts with looking at the Iran situation [J]. The Judiciary Law Journal, 85(115): 215-239.

Maryam B, Büyükgüngör H. 2019.Wastewater reclamation and reuse trends in Turkey: Opportunities and challenges [J]. Journal of Water Process Engineering, 30: 100501.

Miandad R, Anjum M, Waqas M, et al. 2016. Solid waste management in Saudi Arabia: A review [J]. Journal of Applied Agriculture and Biotechnology, 1(1): 13-26.

Mozaffari E. 2013. Raising environmental awareness among miners in Iran [J]. International Electronic Journal of Environmental Education, 2(3): 121-128.

Murtaza G, Zia M H. 2012.Wastewater Production, Treatment and Use in Pakistan[R/OL] https://www.ais.unwater.org/ais/pluginfile.php/232/mod_page/content/127/pakistan_murtaza_finalcountryreport2012.pdf[2023-06-19].

Nas B, Uyanik S, Ahmet Y, et al. 2019.Wastewater reuse in Turkey: From present status to future potential [J]. Water Supply, 20(1): 73-82.

Ospanov K, Kuldeyev E, Kenzhaliyev B K, et al. 2022.Wastewater treatment methods and sewage treatment facilities in Almaty, Kazakhstan [J]. Journal of Ecological Engineering, 23(1): 240-251.

Peña-Ramos J A, Bagus P, Fursova D. 2021.Water conflicts in Central Asia: Some recommendations on the non-conflictual use of water [J]. Sustainability, 13(6): 3479.

Rupani P F, Delarestaghi R M, Abbaspour M, et al. 2019. Current status and future perspectives of solid waste management in Iran: A critical overview of Iranian metropolitan cities [J]. Environmental Science and Pollution Research, 26(32): 32777-32789.

Wahaab R A, Mahmoud M, van Lier J B .2020. Toward achieving sustainable management of municipal wastewater sludge in Egypt: The current status and future prospective [J]. Renewable and Sustainable Energy Reviews, 127: 109880.

6

丝路沿线国家和地区城镇低碳能源转型与建筑能源应用

6.1 概　　述

随着传统化石能源消费量增加而引起的大气污染、气候变化等问题日益严峻，世界各国更加重视和大力发展低碳能源，能源格局由化石能源主导向绿色、低碳能源转型，预计低碳能源占全球一次能源消费的比重将持续提升。

2013 年，中国国家主席习近平在访问哈萨克斯坦时提出建设“丝绸之路经济带”倡议。它的核心内容是促进基础设施建设和互联互通，促进协调联动发展，实现共同繁荣。在“一带一路”建设合作框架内，能源转型期对新型能源的开发利用往往是国家权力提升的重要基础。在应对气候变化的国际背景下，通过技术的革命性进展，创新发展低碳能源，率先建立低碳经济体系是国家竞争力的重要体现。推动能源结构低碳化，提升可再生能源竞争力，体现了丝路沿线国家和地区充分考虑能源与环境的关系，加大“绿色经济”转型力度的理念。低碳能源清洁程度高、技术创新性强且产业关联性广泛，是建设低碳“一带一路”的重要抓手。

目前，实现绿色低碳发展是国际社会的重要共识之一。丝路沿线国家和地区目前正面临气候变化的刚性约束和适应的难题，都在寻求经济可持续发展路径，探索能源和科技变革的创新增长方式，以避免高碳路径锁定效应和伴生的发展陷阱。未来，丝路沿线国家和地区城镇建筑等重点领域非化石能源替代和用能方式改变，是构建低碳、安全高效能源体系的坚强保障。

6.2 丝路沿线国家和地区正面临经济发展高碳锁定的严峻挑战

丝路沿线国家和地区从土地面积上看，占全世界面积的 1/3 以上；从人口规模上看，占全世界人口的 60%；从 GDP 上看，占全世界 GDP 的 32%。“一带一路”将大力推进沿线城镇能源基础设施建设，以降低电力使用成本，并提高低碳能源的消纳比例，推动社会经济绿色转型。然而，推进丝路沿线国家和地区城镇建筑低碳发展潜力巨大，而建筑高碳路径锁定效应和伴生的发展挑战依然严峻。

首先，近年来丝路沿线国家和地区经济高速增长，经济发展活力和潜力日益凸显。2010～2019 年，丝路沿线国家年均 GDP 增速明显高于世界年均 GDP 增速，部分国家保持了高于 6% 的年均增速，如塔吉克斯坦 2019 年 GDP 相对于 2000 年增长超过 300%（图 6-1）①。但是丝路沿线多为发展中国家和经济转型国家，建筑业在国民经济中的占比较高。如果这些国家不能走上绿色低碳道路，势必重蹈高污染、高排放的粗放式经济增长覆辙，这对本国和世界环境承载力而言，都是极大的挑战。

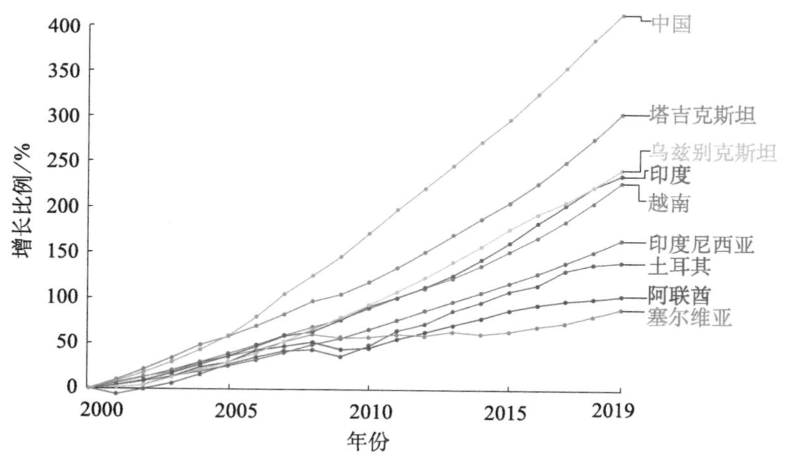

图 6-1　2000～2019 年部分丝路沿线国家 GDP 相对增长比例

其次，丝路沿线国家和地区建筑用能以电能为主，其来源为燃烧化石燃料和可再生能源等。根据《联合国气候变化框架公约》，电力和能源活动是温室气体排放的最大来源之一。丝路沿线国家和地区建筑用能强度和碳排放强度较高，未来可能成为全球能源消费和温室气体排放的主要增长源之一

① Maddison Project Database 2020[EB/OL]. https://ourworldindata.org/grapher/gdp-world-regions-stacked-area?country=Sub-Sahara+Africa～Latin+America～Middle+East～South+and+South-East+Asia～East+Asia～Western+Offshoots～Eastern+Europe～Western+Europe[2022-07-12].

（图 6-2）。一方面，丝路沿线国家和地区的人均能源消耗和碳排放量低于世界平均水平；另一方面，单位 GDP 的能源消耗及碳排放量却是世界平均水平的 2 倍。碳排放锁定效应是指现有能源基础设施未来会产生的累积二氧化碳排放（Tong et al.，2019），表征了现有排放源对未来气候变化的潜在影响，新建能源基础设施在未来会锁定大量的碳排放。丝路沿线国家和地区在能源产业结构和能源基础设施扩建速度方面存在差异，其碳排放锁定效应也相对有所不同（图 6-3）（张强和同丹，2021），2020 年锁定碳排放排名前十的国家对丝路沿线国家和地区全部锁定碳排放的贡献超过 70%。尽管部分国家的碳排放总量较小，但近年来大量新建的能源基础设施使其碳排放锁定效应明显增加。以塔吉克斯坦为例，2020 年其未来锁定的碳排放量仅为 3.3 亿 t，在“一带一路”沿线国家和地区锁定碳排放中的占比不足 1%，但近年来塔吉克斯坦火电和水泥行业保持高速扩张，近五年火电装机容量和熟料产能分别增加了 3 倍和 1.5 倍，致使锁定碳排放增速位列丝路沿线国家第二（张强和同丹，2021）。

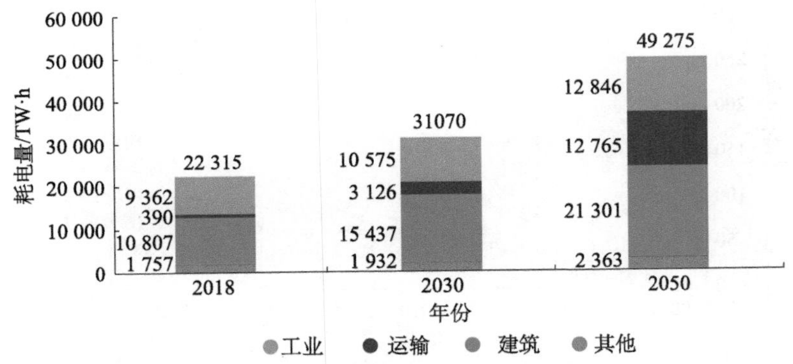

图 6-2　2018～2050 年丝路沿线国家和地区建筑耗电量（Gielen et al.，2021）

丝路沿线国家和地区发展普遍存在高消耗和高排放的问题，在未来能源消耗和碳排放量呈现快速上升的态势下，借鉴、融合低碳发展的经验，对于沿线国家实现城镇建筑绿色转型尤为必要。《巴黎协定》生效之后，丝路沿线国家根据“共同但有区别的责任和各自能力”的原则，提出了具有本国特色的国家自主贡献目标，不仅包括降低碳排放强度、设定达峰时间等相对减排目标，也包括增加碳汇、发展清洁能源等非温室气体目标。虽然大多数沿线国家提出了国家自主贡献目标，但其中超过 40% 的目标是有条件的，其落实取决于国际社会资金、技术、能力建设方面的支持。仅仅依赖沿线国家自身来落实自主贡献目标仍然存在难度，这就为以应对气候变化、实现低碳发展的国际合作模式预留了空间。

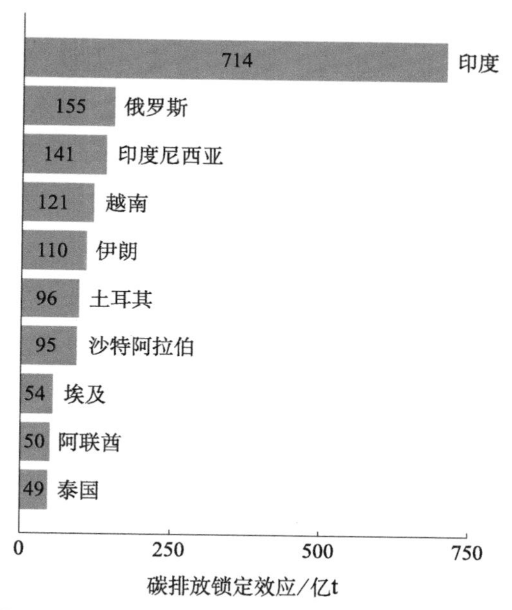

图 6-3　2020 年丝路沿线碳排放锁定效应前十的国家（张强和同丹，2021）

6.3　丝路沿线国家和地区低碳能源转型前景

丝路沿线国家和地区基于优异的自然禀赋条件、严重的能源电力短缺和国家战略规划支持，低碳能源转型具有巨大的发展潜力。在这些国家推动低碳能源转型不仅有利于减少气候变化带来的不利影响，保护环境和民众身体健康，加速能源结构转型，还有利于打造良好的国际形象。

6.3.1　旺盛的电力需求市场

丝路沿线国家和地区电力缺口较大，人均装机水平非常低，只有 480 W，仅为世界平均水平的一半，为中国的1/3。其中，可再生能源等低碳能源占比较低，如东盟国家仅为6%左右。例如，印度电力需求从2000年约600 TW・h，快速增长到2021年约1700 TW・h（图6-4）①，是全球增速最快的地区之一。预估2019～2040年丝路沿线国家和地区电力投资规模约6.11万亿美元，占世界的比例为31%。其中，南亚电力投资规模最大，预估为2.83万亿美元；其后依次为东南亚、中东欧及中亚、中东。“一带一路”沿线是电力投资规模最大的地区，预计新增投资规模高于北美、西欧、非洲、拉美等世界其他地区，也高于同期中国电力投资规模。

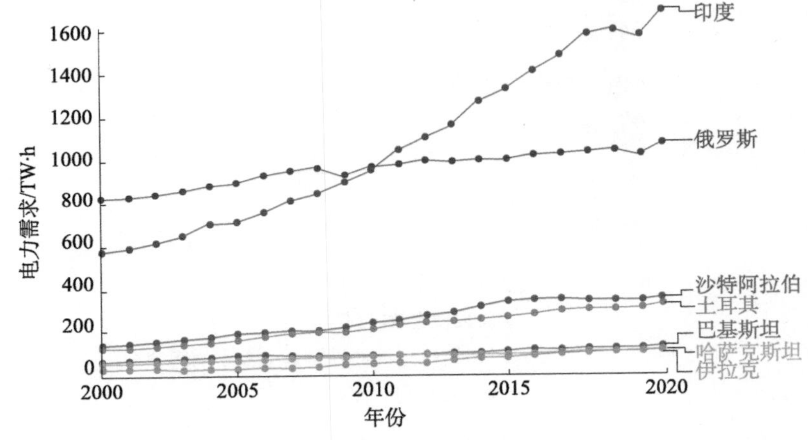

图6-4　2000～2021年部分丝路沿线国家和地区电力需求

在全球“碳中和”目标约束下，煤电等高消耗传统能源发展受到较大的限制，低碳能源的电力需求持续增长。《“一带一路”可再生能源发展合作路径及其促进机制研究》预测，2020～2030年，以“一带一路”沿线重点国别发布的可再生能源装机规划目标水平为基础，沿线38个国家的可再生能源装机总量有望达到644 GW，风电、太阳能总投资有望达到6440亿美元，具有较大的投资市场。

① Maddison Project Database 2020[EB/OL]. https://ourworldindata.org/grapher/gdp-world-regions-stacked-area?country=Sub-Sahara+Africa～Latin+America～Middle+East～South+and+South-East+Asia～East+Asia～Western+Offshoots～Eastern+Europe～Western+Europe[2022-07-12].

6.3.2 国家能源战略的契机

目前，越来越多的丝路沿线国家和地区制定了本国中长期可再生能源发展规划。部分丝路沿线国家和地区处于生态环境比较脆弱的地区，严重依赖传统化石能源，改变能源结构、增加非化石能源比重刻不容缓。为此，丝路沿线国家和地区的能源战略纷纷转向发展低碳能源。例如，越南提出了《全国能源发展策略》，以加强太阳能和风能发电建设，逐步扩大低碳能源比率，目标是 2030 年占总发电量 15%～20%，并在 2045 年提升至 25%～30%（Phan et al., 2020）。匈牙利计划到 2030 年，90% 的电力供应实现脱碳（白菊，2021）。根据中国新能源海外发展联盟的统计研究，2018 年“一带一路”沿线 38 个国家宣布的风电和光伏的装机规划是 638 GW（中国人民银行国际司课题组，2021）；在碳中和背景下，该数据可能还将翻番。这意味着，丝路沿线国家和地区的电力市场势必需要大量的海外投资参与，为该地区开展可再生能源投资带来巨大的政策窗口（朱雄关，2019）。煤炭油气资源不足导致传统化石能源价格较高，越来越多的国家在政策层面向绿色投资倾斜，可再生能源前景更为广阔。2019～2040 年丝路沿线国家和地区预计新增可再生能源发电投资约 1.81 万亿美元，占新增发电投资的 51%。从新增投资规模看，可再生能源发电将超过传统化石能源发电。与世界电力发展整体趋势一致，低碳化、清洁化是电力发展的方向。预计 2019～2040 年丝路沿线国家和地区新增可再生能源发电投资比化石能源发电投资多 37%。

同时，丝路沿线国家和地区中建筑用能低碳化是改变能源结构、增加非化石能源占比的重要方向。一方面，大规模采用高效建筑节能材料、设备和技术，如建筑外墙、窗户和屋顶隔热材料、智能控制系统等，推广超低能耗建筑技术，通过高效隔热、通风、太阳能热水、地源热泵等措施控制建筑能耗。另一方面，丝路沿线国家和地区积极利用可再生能源（如太阳能、风能、水能）供应建筑用电，鼓励在建筑屋顶和周围安装太阳能和风能发电设备，以及利用地下水和雨水来供应建筑用水。这些可再生能源的应用不仅减少了碳排放，同时还节约了能源。丝路沿线国家和地区建筑用能低碳化是可持续发展的重要目标。通过建筑节能、发展低碳建筑用能设备、利用可再生能源、国际合作等措施，可以实现建筑用能低碳化，并为国家的可持续发展做出贡献。

6.3.3 优异的低碳自然条件

相当数量的丝路沿线国家和地区具备优异的光照辐射和风力资源条件，发展可再生能源的潜力巨大。丝路沿线大部分地区太阳充足，太阳能资源非常丰富。例如，中东地区、北非地区和南亚地区都是典型的太阳能资源丰富的地区。这些地区使用太阳能热水器和太阳能电池板等技术来满足建筑用电和热水需求，可以显著减少碳排放。中国内蒙古自治区、西北地区和哈萨克斯坦等是风力发电的理想地点。利用风能发电设备来供应建筑用电，可以降低碳排放并减少对传统能源的依赖。沿线水力资源富集的区域主要集中在青藏高原周边区域，包括巴基斯坦、塔吉克斯坦、吉尔吉斯斯坦、哈萨克斯坦等国。这些国家水电资源丰富，但开发程度较低，开发潜力巨大。综上所述，丝路沿线国家和地区的自然条件各异，但是多数地区都拥有丰富的低碳自然资源，如太阳能、风能、水能和地热能等，这些优异的低碳自然条件为丝路沿线国家和地区实现可持续发展提供了支持，长期来看在这些地区投资新能源项目可能会有良好的市场回报。

目前而言，推进丝路沿线国家和地区城镇低碳发展有三个关键路径：一是大力推动清洁能源技术创新、发展和转移；二是加强建筑、交通等行业低碳能力建设；三是积极引导金融资源支持丝路沿线国家和地区低碳项目。因此，如能充分了解、建立沿线区域城镇低碳能源转型机制与新型低碳建筑设施，丝路沿线国家和地区城镇有望实现低本高效的低碳转型发展，从而推进各参与国可持续发展，持续造福参与共建“一带一路”的各国人民，并为全球环境做出重大贡献。

6.4 丝路沿线国家和地区城镇低碳能源发展及建筑用能

丝绸之路沿线干旱半干旱国家主要有哈萨克斯坦、塔吉克斯坦、吉尔吉斯斯坦、乌兹别克斯坦、俄罗斯、巴基斯坦、伊朗、伊拉克、土耳其、亚美

尼亚、沙特阿拉伯、埃及、利比亚等。不过值得注意的是，“一带一路”建设面向所有国家开放，国家范围并没有设限。

能源是现代经济发展的命脉。中国在能源领域包括从国家能源政策方面一般以《中华人民共和国节约能源法》为准，即能源是指煤炭、石油、天然气、生物质能和电力、热力以及其他直接或者通过加工、转换而取得有用能的各种资源。其中，随着人类利用不断减少的煤、石油、天然气等是不可再生能源，已经被人类大规模开发利用，被称为传统能源。此外，可不断重复产生的水力、风力、太阳能等能源称为可再生能源或低碳能源。2019 年，全球 15.7% 的一次能源来自低碳来源，其中 11.4% 来自可再生能源，4.3% 来自核能①。尽管低碳能源发展迅猛，但全球能源结构仍然以煤炭、石油和天然气为主，其中 84% 的能源来自化石燃料，而且还在持续增加。目前，全球约 3/4 的温室气体排放来自化石燃料燃烧。为了减少温室气体排放，后续发展的丝路沿线国家和地区需要将能源系统从化石燃料转向低碳能源，进行“脱碳”发展，才能有效避免能源枯竭。

根据“一带一路”沿线国家和地区传统能源禀赋以及不同低碳能源优势，分析其传统能源应用情况及低碳能源发展前景，可以将丝路沿线国家和地区分为以下三类情况（表 6-1）：①兼顾传统能源及低碳能源发展型；②探索低碳能源改变传统能源依赖型；③积极发展低碳能源补充传统能源供应型。“一带一路”沿线国家和地区城镇应充分根据自身特点，扩大可再生能源的布局，积极推动水电、核电、风电、太阳能等清洁、可再生能源合作，推进能源资源就地就近加工转化合作，形成能源资源合作上下游一体化产业链。应对能源转型和安全挑战的路径，搭建“一带一路”城镇能源合作共同体，迈向更加绿色、清洁的能源未来。

表 6-1　丝路沿线国家和地区能源禀赋以及低碳能源优势分类

序号	分类	丝路沿线主要国家和地区
1	兼顾传统能源及低碳能源发展型国家	俄罗斯、哈萨克斯坦、土库曼斯坦、乌兹别克斯坦等

① Energy[EB/OL].https://ourworldindata.org/energy[2022-01-12].

续表

序号	分类	丝路沿线主要国家和地区
2	探索发展低碳能源改变传统能源依赖型国家	沙特阿拉伯、伊拉克、伊朗、阿联酋等
3	积极发展低碳能源补充传统能源供应型国家	中国、巴基斯坦、印度、孟加拉国等

此外，在能源消耗的途径中，住宅和建筑建造部门合计占全球最终能源消耗总量的27%，占二氧化碳直接排放量的16%（图6-5）①。在全球建筑面积持续增长，尤其是沿线区域的发展中国家能源获取途径改善、热带国家对空调需求增长、能源消费电器使用量的增加以及建筑面积快速增长的推动下，来自丝路沿线国家和地区的建筑运行和建筑建设的能源需求持续增长。2010年以来，建筑对能源服务的需求，特别是为冷却设备、电器和联网设备供电的电力已经超过了能源效率和脱碳的增长。特别是，能够获得空调制冷的家庭比例从2010年的27%增长到2020年的35%②。建筑作业的直接和间接排放自2010年以来平均每年增长1%。尽管建筑耗能的最低性能标准正在收紧，热泵和可再生设备的部署正在加速，电力部门正在继续脱碳，但建筑部门二氧化碳排放量仍不容乐观。

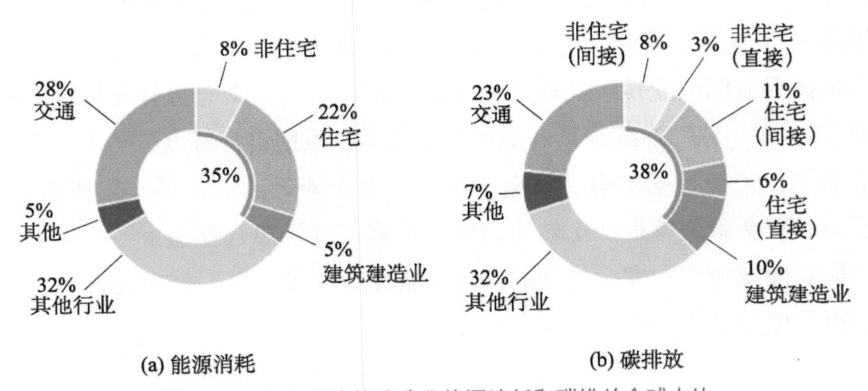

图6-5　2019年建筑建造业能源消耗和碳排放全球占比

① Statistical Review of World Energy 2021|70 th edition[EB/OL]. https://www.bp.com/content/dam/bp/business-sites/en/global/corporate/pdfs/energy-economics/statistical-review/bp-stats-review-2021-full-report.pdf [2022-08-21].

② Global building energy use and floor area growth in the Net Zero Scenario, 2010-2030[EB/OL]. https://www.iea.org/data-and-statistics/charts/global-building-energy-use-and-floor-area-growth-in-the-net-zero-scenario-2010-2030 [2022-08-21].

6.4.1 兼顾传统能源及低碳能源发展

从能源资源的角度来看，丝路沿线的俄罗斯、哈萨克斯坦、土库曼斯坦、乌兹别克斯坦等国家传统能源资源丰富，盛产石油、天然气、煤炭及各种矿藏，是能源矿产的"聚宝盆"，经济价值较大。其中，俄罗斯、哈萨克斯坦的石油储量分别占世界石油总储量的6%和1.8%，储采比分别达25.5年和49.3年（庞广廉等，2022）。从低碳可再生能源转型的发展视角来看，此类地区的风能、光能、水力等可再生能源资源量大。在全球积极实现碳达峰、碳中和的背景下，此类国家既可依托丰富的天然气资源实现低碳过渡，又具备新一轮能源革命的资源条件，有一定的发展优势。

1. 兼顾传统能源及低碳能源发展的典型国家概况

兼顾传统能源及低碳能源发展型国家中具有代表性的俄罗斯及哈萨克斯坦均为能源出口型国家，实现全球碳中和的目标愿景、保障能源安全和经济结构转型等使得以传统油气能源为主的结构也面临能源转型压力。从俄罗斯、哈萨克斯坦传统能源格局变化入手，分析其低碳转型动力，结合此地区国家低碳发展战略重点方向，为新形势下低碳能源转型与建筑用能提供思考与建议。

俄罗斯大部分地区处于北温带，1月气温平均为-40～-5℃，7月气温平均为11～27℃。俄罗斯天然气已探明蕴藏量占世界探明储量的25%，居世界第一位。石油探明储量占世界探明储量的9%。煤蕴藏量居世界第五位。作为全球温室气体排放大国之一，俄罗斯2021年碳排放总量约占全球温室气体排放总量的4.6%。受全球化石能源转型、欧盟《欧洲绿色协议》相关政策推出并实施等多重因素影响，俄罗斯2021年批准了《俄罗斯到2050年前实现温室气体低排放的社会经济发展战略》，为俄罗斯2060年前实现碳中和目标确立了顶层规划（丹美涵等，2022）。

哈萨克斯坦首都阿斯塔纳1月平均气温为-19～-4℃，7月平均气温为19～26℃。哈萨克斯坦石油资源丰富，已探明石油储量近140亿t。但哈萨克斯坦政府仍大力发展清洁和替代能源，以减少对油气资源的过度依赖。哈萨克斯坦在风能、太阳能、水电等领域拥有丰富的资源储备，近些年来出台相关法律法规，推动低碳能源发展。2013 年颁布《哈萨克斯坦发展替代和可再生能源 2013～2020 年行动计划》，计划 2030 年低碳能源发电量比例提升至 30%，2050 年提高至 50%；2017 年修订《支持利用可再生能源法》，引入可再生能源竞拍机制；2018 年进行可再生能源竞拍试点机制；2020 年通过《关于对支持可再生能源和电力的若干法律进行修订补充的法案》，细化可再生能源发展措施，降低对传统能源的依赖。

2. 典型国家能源应用现状

（1）俄罗斯

俄罗斯油气资源储量极为丰富，石油、天然气资源探明可采储量均位居世界前列，而且俄罗斯的这两种矿藏资源储量还具有巨大的潜力，尤其是随着北极的油气资源开发取得实质性进展，俄罗斯的油气资源储量将有更大的潜力前景。

a. 石油资源

根据英国石油公司（BP）《世界能源统计年鉴》的数据，截至 2015 年底，俄罗斯石油探明储量为 1032 亿桶，约 140 亿 t，居世界第六位，约占全球石油探明总储量的 6.0%，储采比为 25.5 年（朱雄关，2019）。由于俄罗斯石油储量涉及俄罗斯国家机密，所以世界各能源权威机构的预测数据与俄罗斯内部预测数据之间存在较大差异。2021 年 5 月 11 日俄新社报道，俄罗斯自然资源部部长科兹洛夫在接受媒体采访时表示，俄罗斯石油储备可开采 59 年，天然气则可开采 103 年[①]。

俄罗斯有着悠久的石油开发历史，1985～1988 年苏联石油产量一直保持全球第一，并于 1987 年达到历史峰值 56 950 万 t，这一时期苏联所辖地区的石油产量在全球的占比超过 1/5，是世界上最主要的石油产区。1996 年，俄罗斯石油产量降至 30 287 万 t，较峰值时下降了近一半。2000 年后，随着国际石油市场油价的逐步攀升，俄罗斯经济逐渐复苏，俄罗斯联邦政府通过制定积极有效的能源政策并加大对油气领域的资金投入力度，促使其油气产量

① 俄罗斯自然资源部部长：俄石油资源储量可供再开采 59 年 [EB/OL]. http://m.news.cctv.com/2021/05/11/ARTIRuMW90Hi98NMUFhdyMNc210511.shtml[2023-09-04].

快速提升。2014～2019 年，石油产量每年增长 1.4%，2019 年达到 5.61 亿 t。2020 年产量下降了约 9%，至 5.12 亿 t（图 6-6）[①]，俄罗斯是 2020 年世界第二大原油生产国，仅次于美国，与沙特阿拉伯处于同一水平。

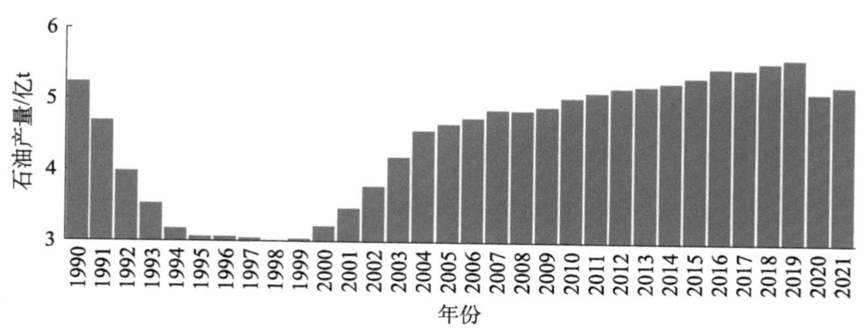

图 6-6 1990～2021 年俄罗斯石油产量

b. 天然气资源

俄罗斯不仅石油资源丰富，而且是世界天然气储量最为富足的国家之一。其天然气资源主要分布在西西伯利亚和东西伯利亚地区。俄罗斯天然气储量自 1991 年以来一直保持在 30 万亿 m^3 以上，截至 2015 年底，俄罗斯天然气探明储量为 32.3 万亿 m^3，占全球天然气探明总储量的 17.3%，储采比为 56.4 年。俄罗斯石油公司总裁表示，俄罗斯东部陆地天然气储量为 8.7 万亿 m^3，而资源潜力超过 33 万亿 m^3，这意味着俄罗斯天然气储量将远高于之前的预测（朱雄关，2019）。

1986～2008 年，除少数年份外，俄罗斯天然气产量一直位居世界首位。俄罗斯天然气产量和消费量一直比较稳定，基本保持在 6000 亿 m^3 左右，居世界第二位（朱雄关，2019）。俄罗斯既是油气生产大国，也是油气消费大国，石油消费总量仅次于美国和中国，居世界第三位，而天然气消费量居世界第二位。俄罗斯天然气资源丰富，受其国内实行的能源价格机制（天然气价格较石油和煤炭价格偏低）等因素的影响，俄罗斯在一次能源消费结构中以天然气为主，占比基本超过一半。根据国际能源机构（International Energy Agency，IEA）《2015 年世界能源展望》（World Energy Outlook 2015）的统计，

① Global Energy & CO_2 data[EB/OL]. https://www.enerdata.net/estore/energy-market/russia/[2022-08-21].

2013 年俄罗斯天然气消费量在所有能源消费中的占比为 55%，在一次能源消费中的占比超过 60%。俄罗斯天然气消费量也比较稳定，基本保持在 4000 亿 m^3 左右。

c. 煤炭资源

俄罗斯煤炭储量十分丰富，是世界第六大煤炭生产国和第三大煤炭出口国。截至 2014 年底，俄罗斯煤炭探明储量为 1570 亿 t，占世界探明储量的 17.6%，居世界第二位，仅次于美国。2014 年俄罗斯煤炭产量为 3.6 亿 t，占世界产量的 4.3%，居世界第六位，排名在中国、美国、印度尼西亚、澳大利亚、印度之后（朱雄关，2019）。2014 年俄罗斯是世界第三大煤炭出口国，煤炭出口 1.5 亿 t，仅次于澳大利亚和印度尼西亚。

（2）哈萨克斯坦

哈萨克斯坦油气资源量居中亚首位，石油储量居世界第 12 位，天然气储量居世界第 15 位，是能源出口型国家。2020 年石油储量为 39 亿 t，占世界石油储量的 1.7%，石油产量为 8610 万 t。2020 年天然气探明储量为 2.3 万亿 m^3，天然气产量为 317 亿 m^3，消费量为 166 亿 m^3，产量约为消费量的 2 倍（庞广廉等，2022）。

哈萨克斯坦能源消耗的来源包括石油、煤炭、天然气以及其他能源（水力和风力发电、太阳能、其他可再生能源等），见图 6-7[①]。2020 年，哈萨克

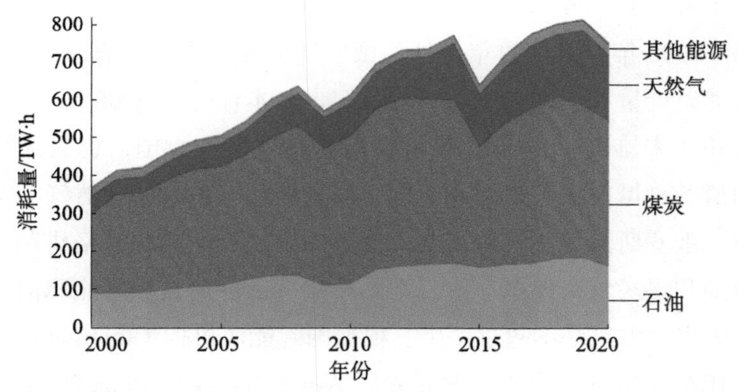

图 6-7　2000～2020 年哈萨克斯坦能源消耗的来源

① Energy[EB/OL].https://ourworldindata.org/energy[2022-01-12].

斯坦国内能源消费总量为 751.40 TW · h，其中石油消费 164.21 TW · h，煤炭消费 379.29 TW · h，天然气消费 176.56 TW · h，其他能源（水力和风力发电、太阳能、其他可再生能源等）消费 31.34 TW · h[①]。

哈萨克斯坦传统上一直依靠火力发电，作为煤炭、石油、天然气能源的大型供应商，哈萨克斯坦 70% 以上的电力依赖于火力发电。哈萨克斯坦经济对石油高度依赖，随着 2016～2017 年国际油价大幅下跌，哈萨克斯坦 GDP 增速放缓至 1.1%～1.2%，这也促使哈萨克斯坦决定从能源多样化向可再生能源转变，而不再依赖不稳定的油价。此外，哈萨克斯坦大部分火力发电站是苏联时期建造的，存在严重的老化问题。由于燃煤发电占比较高，加之电厂设施老化，造成大量空气污染物的排放，进而产生环境污染问题。因此，近年来哈萨克斯坦政府着手推广可再生能源设施，以便降低对现有火力发电的依赖程度，实现逐渐向低碳社会的转型，此举也是出于对国际油价的波动和环境污染等因素的考虑。

3. 典型国家低碳能源发展及建筑能源应用

目前，联合国政府间气候变化专门委员会提出了控制全球气温的长期目标，即将全球平均气温较前工业化时期上升幅度控制在 2℃以内，努力将温度上升幅度限制在 1.5℃以内，敦促全球国家减少温室气体排放，制定明确的减排目标。碳中和的目标、保障能源安全和经济转型等，使以传统油气能源为主的国家也面临能源转型压力。此外，建筑物在建造和运行阶段，需要消耗大量的建材和能源。建筑产生的二氧化碳，是导致全球变暖的重要因素，各个国家逐步意识到建筑节能能够大大节约能源及改善周围环境。

（1）俄罗斯低碳能源发展及建筑用能

a. 低碳能源发展

俄罗斯作为全球第一大油气净出口国、第二大油气生产国[②]、第四大温室

① Energy[EB/OL].https://ourworldindata.org/energy[2022-01-12].

② Statistical Review of World Energy 2021|70 th edition[EB/OL]. https://www.bp.com/content/dam/bp/business-sites/en/global/corporate/pdfs/energy-economics/statistical-review/bp-stats-review-2021-full-report.pdf [2022-08-21].

气体排放国[①]，其对碳中和的态度影响着全球脱碳减排进程。低碳发展绕不开高碳资产的剥离和高碳资源利用的降低，俄罗斯如果实施低碳策略，会对其经济产生较大影响，若不实施低碳策略，未来国内油气资源将会面临被新能源替代或加征高额碳税的境地。因此，2021 年俄罗斯联邦政府密集出台低碳政策，设定减排目标，落实减排举措（表 6–2），力争 2024 年前 12 个工业中心的有害气体排放量减少 20%，2050 年前温室气体净排放总量低于欧盟水平。2021 年 11 月，俄罗斯总理批准《俄罗斯到 2050 年前实现温室气体低排放的社会经济发展战略》，为提高森林等生态系统固碳能力、实现能源转型制定了发展基调。该战略提出，到 2050 年前，俄罗斯温室气体净排放量将比 2019 年减少 60%，比 1990 年减少 80%，并在 2060 年前实现碳中和（丹美涵等，2022）。

表 6–2　2021 年俄罗斯联邦政府关于低碳发展方面的主要事件

时间	事件	主要内容
1 月 19 日	副总理阿布拉姆琴科批准开展碳排放交易试点行动计划	在萨哈林州开展试验，旨在提出验证温室气体排放和清除系统的方法，首次建立碳排放交易系统，确保 2025 年实现该地区碳中和
2 月 19 日	就气候战略和低碳经济等热点问题举行会议	政府推动限制温室气体排放的法律草案出台，该法案将为俄罗斯实现碳中和奠定基础
7 月 20 日	总理米舒斯京批复绿色融资目标和主要方向	绿色项目须符合气候和可持续发展领域国际文件；优先事项包括减少污染物和温室气体的排放、提高资源利用效率和节能
9 月 23 日	总理米舒斯京批复绿色融资标准	启动绿色项目的领域包括废弃物管理、能源、建筑、工业、交通、供水、农业、生物多样性和环境保护
10 月 25 日	政府批准温室气体排放清单	包括二氧化碳、甲烷、一氧化二氮、六氟化硫、氢氟烃、全氟化碳和三氟化氮
11 月 1 日	批准到 2050 年低温室气体排放的社会经济发展战略	以目标情景为基础，确保俄罗斯在全球能源转型背景下的竞争力和可持续经济增长

资料来源：丹美涵等（2022）

① Global building energy use and floor area growth in the Net Zero Scenario, 2010-2030[EB/OL]. https://www.iea.org/data-and-statistics/charts/global-building-energy-use-and-floor-area-growth-in-the-net-zero-scenario-2010-2030 [2022-08-21].

俄罗斯将按照政府计划中的发展路径实现碳减排和碳中和，确保其在全球能源转型背景下的竞争力和可持续经济增长的同时，实现经济脱碳发展。具体来看，俄罗斯一方面将减少化石燃料生产和运输，在石油开采领域引入现代系统，另一方面将继续开发多元的能源资源储备，促使天然气、氢气、氨气等在低碳能源结构中发挥更大作用。

目前，根据英国气候及能源智库机构恩伯（Ember）发布的2022年国际能源数据，俄罗斯有39%的电力来自低碳能源（图6-8）①，主要的低碳电力是核能发电，俄罗斯发电的平均碳排放量为364～366.4 gCO_2/kW·h。

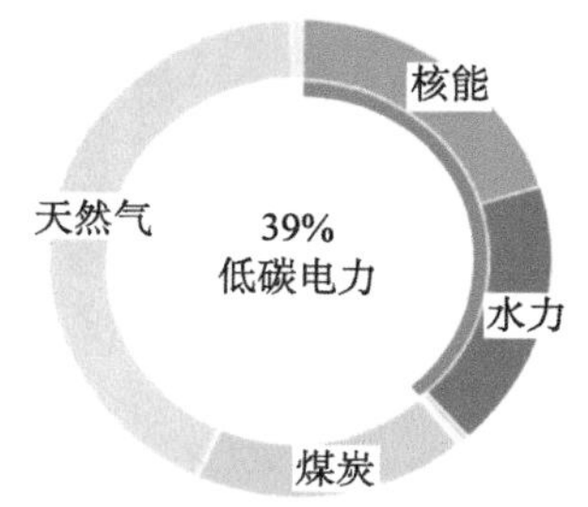

图6-8　2022年俄罗斯低碳电力占比

b. 建筑用能及碳排放

俄罗斯冬季漫长严寒，夏季短促凉爽，温差普遍较大，与中国北部严寒地区气候有一定的相似性，每年有9个月左右的时间为严寒天气，属于冬季寒冷需要采暖、夏季凉爽不需要空调的地区。由于能源优势较大，多年来俄罗斯建筑等领域节能意识、政策有一定的滞后。根据国际能源机构数据，与节能技术发达国家相比，俄罗斯单位GDP能耗高出10余倍，其建筑碳排放占比逐年增长（IEA，2019）。

国际上一般根据使用类型将建筑类型分为民用和工业，民用建筑又分为两类，分别是居住建筑和公共建筑。数据表明，全球居住建筑能耗普遍比公共建筑能耗高，居住建筑占建筑能耗总量的比例较大，2000～2014年居住建筑能耗占建筑能耗总量的比例一直处于73%以上的水平（邹瑜，2017），可以认为居住建筑能耗的大小在一定程度上决定了一个国家的建筑能耗总量。

① Electricity in Russia in 2022[EB/OL]. https://lowcarbonpower.org/region/Russia[2022-09-14].

俄罗斯住宅建筑领域能耗中天然气来源占比近70%，在所有能源类型中遥遥领先，见图6-9。

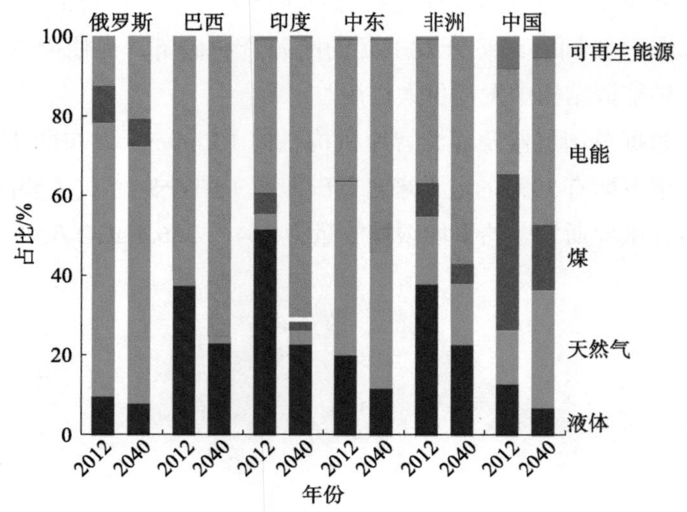

图6-9　2012年和2040年俄罗斯等国家和地区居住建筑领域能耗中不同能源来源占比（Asia Pacific Energy Research Centre，2006）

俄罗斯是非经济合作与发展组织欧洲和欧亚大陆最大的经济体。在《2016年世界能源展望》的参考案例中，俄罗斯居住建筑领域的能源消费平均每年增长0.6%，到2040年约占该地区居住建筑能源消费总量的50%左右。尽管2012～2040年，俄罗斯人口预计将平均每年下降0.4%，但城镇化的增长会导致俄罗斯居住建筑能耗的增加。按人均计算，俄罗斯目前的居住建筑能耗领先于非经济合作与发展组织国家，在《2016年世界能源展望》的参考案例中，其居住建筑总量继续以0.6%的速度增长。低效的建筑设计和供暖系统，再加上俄罗斯大部分地区的寒冷气候，都是导致人均能源消耗较高的因素。为了提高居住建筑的能源效率，俄罗斯联邦政府于2009年11月通过了一项能源效率法，其中包括对新建建筑进行强制计量，以及其他旨在衡量建筑效率的措施。尽管《2016年世界能源展望》的参考案例假设俄罗斯的能源效率有所提高，但预计期间经济每年增长2.0%，导致生活水平上升，对能源消耗电器和设备的需求增加，抵消了一些节约，导致2040年居住建筑能耗增加（图 6-10 和图 6-11）。

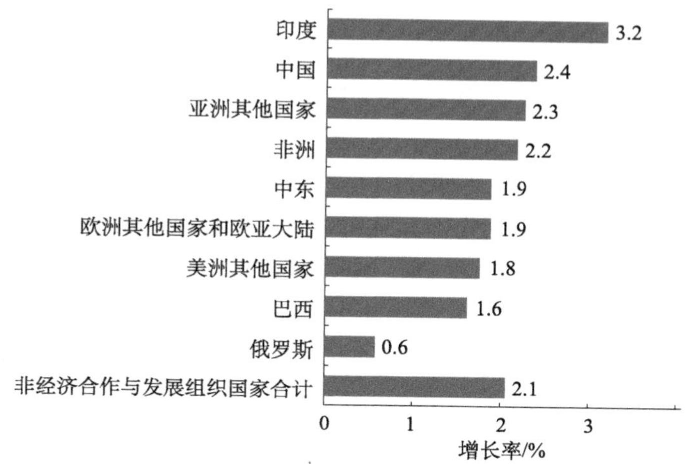

图 6-10　2012～2040 年俄罗斯等国家和地区居住建筑领域能源消耗的年平均变化（EIA，2017）

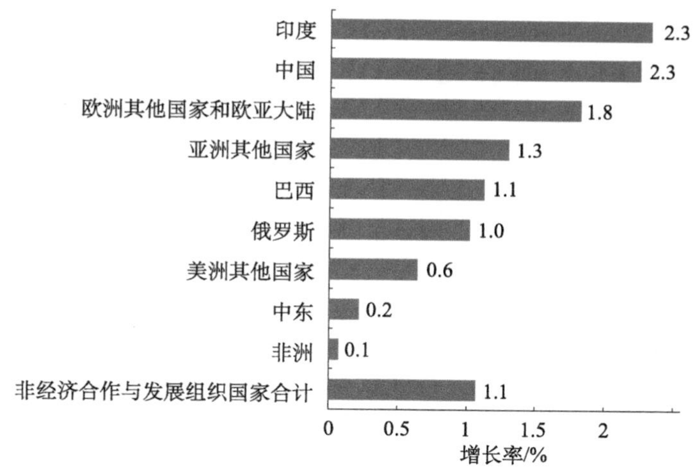

图 6-11　2012～2040 年俄罗斯等国家和地区居住建筑领域人均能源消耗的年平均变化（EIA，2017）

c. 低碳建筑能源应用典型案例

俄罗斯陆续推出建筑相关节能标准及能源发展计划，体现了国家层面充分重视低碳建筑能源应用。20 世纪 80 年代俄罗斯建筑围护结构损失能量约为建筑能耗的33%，远低于建筑节能发达国家。为提高节能效率，俄罗斯修订了建筑外墙保温技术标准，要求建筑能耗下降30%以上。在设计阶段，对建筑外墙和门窗采用新技术和新材料，提高热工性能，其中围护体系中墙体的热阻是原有墙体节能标准要求的3倍。通过提高外围护体系节能效率，达到新建建筑节能40%的目标。此外，为开发低碳能源，俄罗斯提倡使用核能、太阳能、热泵等新技术（胡春江，2013）。

俄罗斯供热技术世界领先，其集中供热已有百余年历史［集中供热系统首次出现于1903年圣彼得堡（Гуторов and Байбаков，2003）］。1964年，核能供热方案在苏联被首次提出，其发展历程可划分为五个阶段（Aleksandr和赵金玲，2019）：①核原料生产堆余热利用阶段；②核电站汽轮机抽汽供热阶段；③核能热电厂阶段；④低温核供热堆阶段；⑤漂浮式核能热电站阶段，见图6-12。此外，俄罗斯建筑用核能供热技术还可分为低温核供热堆、核电站汽轮机抽汽供热、漂浮式核能热电站三类。

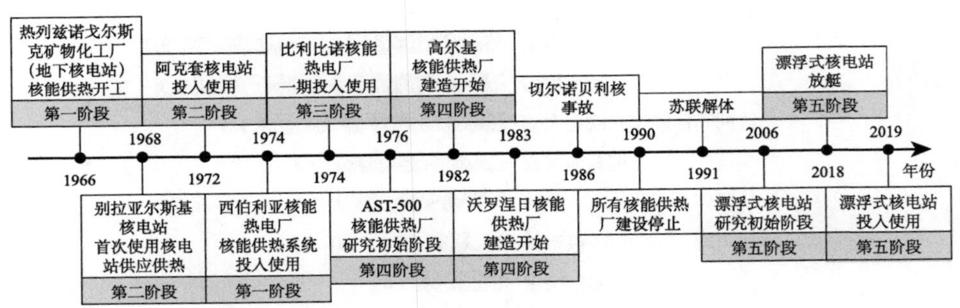

图6-12　苏联及俄罗斯核能供热技术的发展历程（Aleksandr和赵金玲，2019）

基于低温核供热堆技术，核能供热堆不需要发电，只用于供热，回路的低参数（T=208℃，P=1.96 MPa）提高了系统安全性，核能供热厂可位于城镇附近。供热管网的供/回水温度为144/64℃，其运行模式就是保障热用户基本热负荷。可利用低温核供热堆替代经济性及环保性差的热源，采用其他合理热源调峰。适用于电能供应充足而热能供应缺口较大的条件。截至2016年，全俄罗斯核电总供热量为154.8亿MJ，占全国总供热量的0.3%，其中核电站汽轮机抽汽总供热量为121.3亿MJ，占全国总供热量的0.2%（Aleksandr和赵金玲，2019）。目前，在俄罗斯运行的核电站与卫星城之间供

热管网的技术数据见表 6-3。

表 6-3 俄罗斯核电站卫星城供热网的现状

核电站名称	卫星城名称	冬季室外计算温度 /℃	卫星城到核电站距离 /km	一次（二次）网供 / 回水温度 /℃	核电站热功率 /MW	核电站供热负荷 /MW
库尔斯克	库尔恰托夫	−24	≈3	130/70（130/70）	663	350
列宁格勒 -1	索斯诺维博尔	−24	≈5	165/70（150/70）	628	547
新沃罗涅日	新沃罗涅日	−24	≈3.5	150/70（110/70）	64+186	52
别拉亚尔斯基	扎列奇内	−32	≈3	130/70（119/80）	342	231
斯摩棱斯克	杰斯诺戈尔斯克	−24	≈3	130/70（110/70）	805	341

资料来源：Aleksandr 和赵金玲（2019）

目前，俄罗斯漂浮式核电站到了建造实施的阶段，其“罗蒙诺索夫院士”号漂浮式核能热电站的热力系统见图 6-13。该漂浮式核能供热厂有两个反应堆，总热功率为 300 MW · h。除了供热与发电外，漂浮式核能热电站还可以进行海水淡化，每天可以淡化 40×10^3～240×10^3 m^3 的海水。 由于俄罗斯偏远地区占国家总面积的 70%，此类地区的建筑供热费用较高，发展小型核能供热项目较为合理。

（2）哈萨克斯坦低碳能源发展及建筑能耗

a. 低碳能源发展

哈萨克斯坦拥有水能、风能、太阳能、生物能等多种可再生能源。领土面积近半区域的风速达到 4 ～ 6 m/s，风力年发电潜能可达 9200 亿 kW · h。年平均光照 2200 ～ 3000 h，光伏年发电潜在产能可达 25 亿 kW · h，该国还有较高的硅储量。根据哈萨克斯坦能源部消息，2020 年哈萨克斯坦可再生能源发电量为 32 亿 kW · h，比上年增长 32.2%。

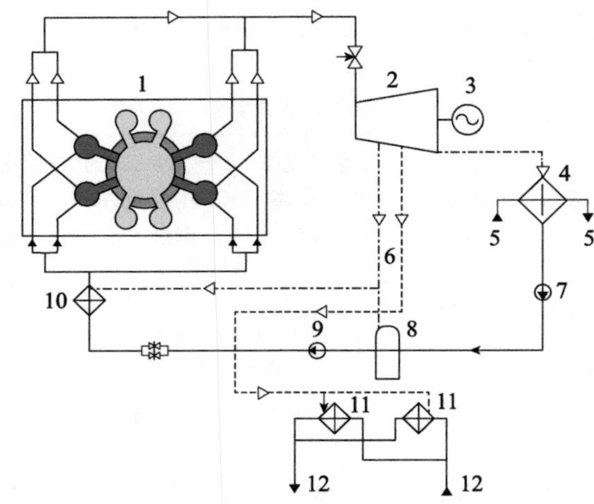

图 6-13 俄罗斯“罗蒙诺索夫院士”号漂浮式核能热电站的热力系统
（Никитин and Андреев，2011）

1- 反应堆；2- 涡轮机；3- 发电机；4- 主冷凝器；5- 弦外水；6- 涡轮机抽气；7- 冷凝水泵；8- 除气器；9- 给水泵；10- 给水加热器；11- 供热系统换热器；12- 供热系统水

哈萨克斯坦自 2017 年举办阿斯塔纳世博会以来，一直在采取措施实现向可再生能源的转型，可再生能源装机容量逐年提升（表 6-4）。各区建设了太阳能和风能发电厂，可再生能源被列入各区重大投资项目，哈萨克斯坦政府也将提供减税等各种优惠的政策，这是因为在可再生能源领域安装相关设备的初期投资费用相对较高。

表 6-4 2011～2020 年哈萨克斯坦可再生能源装机容量

项目	可再生能源装机容量 /MW										2011～2020 年年均增长率 /%
	2011 年	2012 年	2013 年	2014 年	2015 年	2016 年	2017 年	2018 年	2019 年	2020 年	
水能	3 560	3 568	3 575	3 608	3 639	3 649	3 667	3 667	3 667	3 667	0.3
风能	7	112	223	225	234	507	628	1 103	1 507	1 507	81.6
太阳能	79	382	829	1 304	1 425	2 451	2 702	2 967	2 988	2 988	49.7
生物质能	1 975	2 196	2 634	2 829	3 231	3 395	3 824	4 196	4 255	4 389	9.3

数据来源：《2021 年全球可再生能源统计年鉴》（*Renewable Energy Statistics 2021*）

近年来，哈萨克斯坦出台了相关法律法规，推动可再生能源发展。2009年颁布《支持利用可再生能源法》，建立支持可再生能源融资结算中心；2013年颁布《哈萨克斯坦发展替代和可再生能源2013～2020年行动计划》，计划清洁能源发电量在总发电量中的比例在2030年达到30%，2050年达到50%；2017年修订《支持利用可再生能源法》，引入可再生能源竞拍机制；2020年通过《关于对支持可再生能源和电力的若干法律进行修订补充的法案》，进一步细化可再生能源发展措施，提升可再生能源规模，降低发电成本。

2021年1～9月，哈萨克斯坦全国新增可再生能源装机容量1922 MW，可再生能源发电32.37亿kW·h，较去年同期增长36%，在哈萨克斯坦全国发电总量中的占比升至3.9%。其中，风力发电11.83亿kW·h，小型水力发电6.72亿kW·h，太阳能发电13.79亿kW·h，生物质发电260万kW·h①。根据Ember发布的2021年国际能源数据，哈萨克斯坦有12.5%的电力来自低碳能源，主要的低碳电力是水力发电，发电的平均碳排放量为655.3gCO_2/kW·h（图6-14）①。为落实《巴黎协定》，哈萨克斯坦政府确定了2030年前将温室气体排放量缩减15%的目标。为实现这一目标，哈萨克斯坦提出新的国家自主减排贡献目标，并相应制定《2022～2025年路线图》。

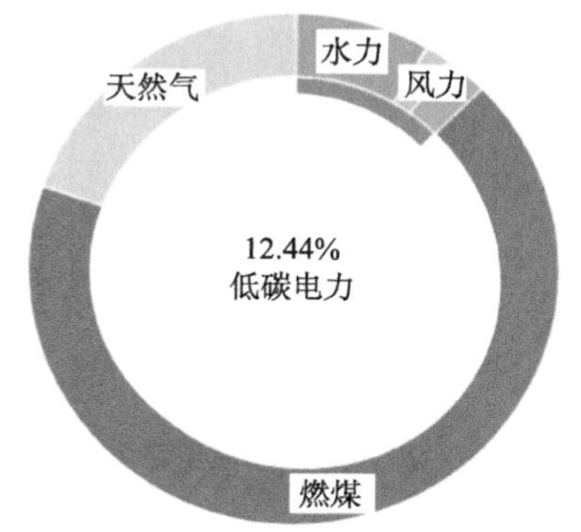

图6-14　2021年哈萨克斯坦低碳电力占比

① Electricity in Russia in 2022[EB/OL]. https://lowcarbonpower.org/region/Russia[2022-09-14].

b. 建筑用能及碳排放

哈萨克斯坦境内各地气候有较大差异，北方部分城市（如阿斯塔纳等）接近西伯利亚，气候寒冷，1 月平均气温为 -19℃，7 月平均气温为 19℃。在严寒气候区的哈萨克斯坦建筑冬季需要进行采暖、保温。由于哈萨克斯坦货币的贬值，2014 年建筑领域发展受到了一定的负面影响，见图 6-15①。但随着对油气领域、运输领域、工业项目的持续投资，哈萨克斯坦的建筑业开始呈现快速发展势头，建筑业占 GDP 的比重从 2020 年的 6.1% 升至 2021 年的 6.25%，明显高于经济平均增速。2008 年哈萨克斯坦建筑业用电量为 9.7 亿 kW·h，此后逐年增长，2017 年用电量为 13.2 亿 kW·h①。与此同时，2000～2019 年，哈萨克斯坦建筑碳排放量从 1.12 Mt 迅速增加到 43.3 Mt，见图 6-16② 和图 6-17③，2019 年已经成为哈萨克斯坦第二大碳排放产业。此外，2019 年建筑业碳排放的相对增速达到 3766%，远超国内其他行业（图 6-16）。建筑业发展面临高碳锁定的风险，需要大力发展低碳建筑，实现低本高效的低碳转型发展。

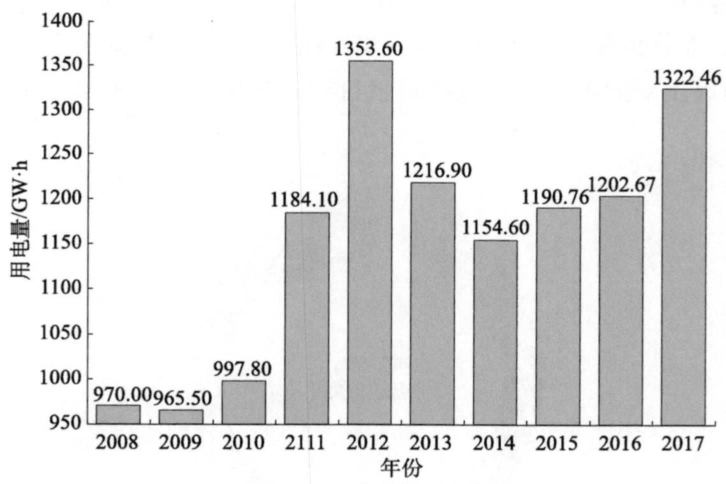

图 6-15　2008～2017 年哈萨克斯坦建筑业消耗电力

① Kazakhstan Electricity: Consumed: ow Construction[EB/OL]. https://www.ceicdata.com.cn/datapage/en/kazakhstan/electricity-balance/electricity-consumed-ow-construction[2022-09-14].

② Emissions by sector[EB/OL]. https://ourworldindata.org/emissions-by-sector[2022-09-14].

③ Historical GHG Emissions[EB/OL]. https://www.climatewatchdata.org/ghg-emissions[2022-09-14].

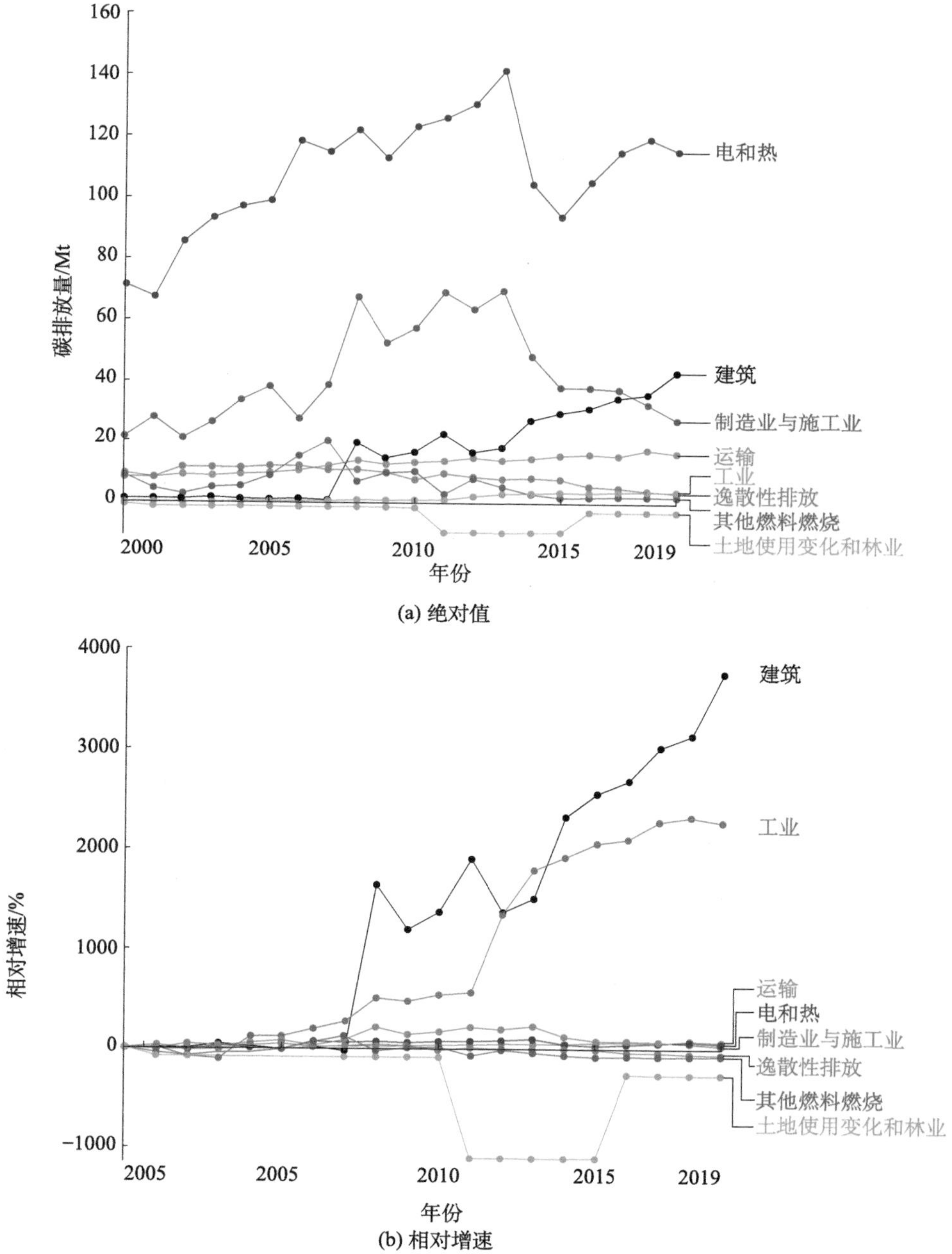

(a) 绝对值

(b) 相对增速

图 6–16　2000～2019 年哈萨克斯坦建筑等领域碳排放量

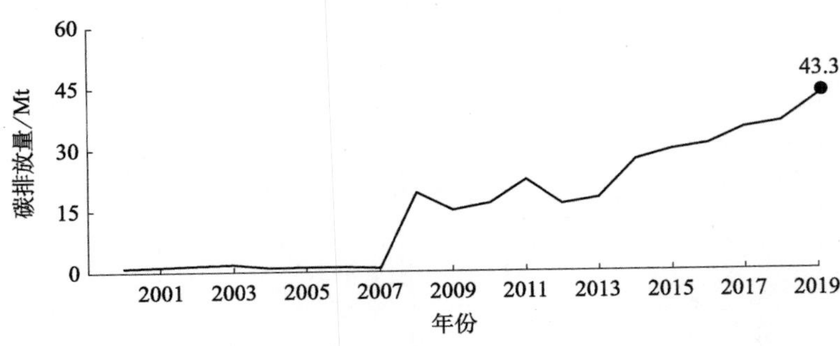

图 6-17　2000～2019 年哈萨克斯坦建筑领域碳排放量

c. 低碳建筑能源应用典型案例

2017 年世博会在哈萨克斯坦首都阿斯塔纳举行，主题为“未来能源”，旨在探讨如何确保安全和可持续地获得能源，同时降低二氧化碳排放量。对于哈萨克斯坦这样正在经历从以石油经济为基础向自然和可持续资源经济转型的国家来说，“未来能源”显得尤其重要。因此，世博园建设过程中以可持续能源供给为目标，低碳能源的应用将确保经济的增长和提高社会标准，同时缓解环境问题。基于这种认识，世博园建筑和自然环境相互关联，通过主动和被动策略降低总体能源需求及基地能源消耗，同时最大化能源收集潜能和提高用户舒适度。

每座世博建筑的外形均考虑和场地的关系。由于冬季极其寒冷且太阳辐射有限，建筑朝向需获得最大程度的日光辐射改善建筑内部空间，还可收集后利用光伏电池阵列发电。在后世博阶段，先进的智能电网系统启动，并有效地分配全天和全年的能源。2017 年世博会代表性标志为 2.4 万 m^2 的哈萨克斯坦馆，位于世博园的中心位置，也是基地内“未来能源”的象征。球体内对称设计的两个中庭，具有吸收和对流作用，可将球体较温暖的气流循环至温度较低的一侧。建筑物外墙系统可有效降低热损失。太阳能光伏综合系统可节约能源，同时提高建筑的能量输出，并利用综合太阳能光伏和风涡轮的可再生资源为整个建筑提供能源。在测试阶段，能源模型预测发电量为每年 81 056kW · h，满足总能源需求的 2.21%。游客可通过置于球体顶部的外露光伏面板组件及风涡轮获得可再生能源发电体验（图 6-18）。建筑顶部被留有一个凹形区域来放置风涡轮，以充分利用潜在风能发电。针对阿斯塔纳严冬条件特别设计了带动西南主导风向风涡轮机，预计年发电量达到 527 万 kW · h，等同于建筑总用电量的

1.6% 或总能源需求的 0.9%（戈登·吉尔和安东尼·威欧拉，2018）。

图 6-18 哈萨克斯坦馆风穴、风涡轮及光伏面板系统
（戈登·吉尔和安东尼·威欧拉，2018）

世博园会议中心为 2017 年世博会的重要活动场所，通过太阳辐射分析确定屋顶光伏板的最佳位置（图 6-19）。外墙向下倾斜，尽可能减少墙壁受到的太阳辐射，外墙的水平玻璃窗为建筑外围的主要交通区域提供间接的自然采光。通过日照分析，确定了中庭天窗的尺寸和形状，以及天窗玻璃上的集成太阳能电池设置密度。

世博会结束后，100% 的世博会后非饮用水由现场水回收设施提供，24% 的世博会后电力由现场能源系统提供。根据设计，世博后电网总能源需求比美国采暖、制冷与空调工程师学会发布的《ASHRAE 90.1》2010 年基准线低 49%，而办公楼将则比上述基准线节能 22%～40%，总体电网能耗减少 59%（戈登·吉尔和安东尼·威欧拉，2018）。

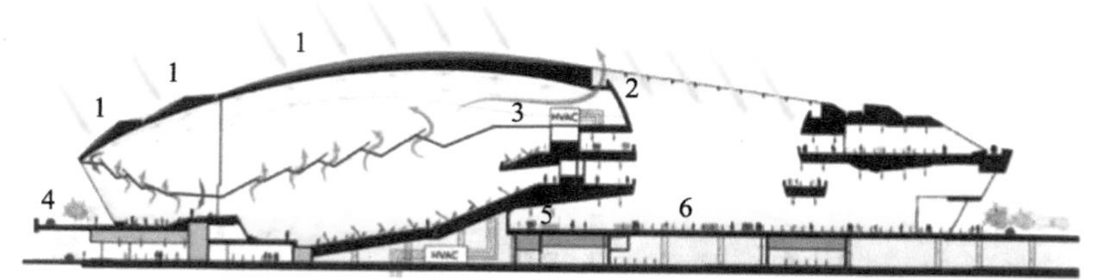

图 6-19 2017 年世博园会议中心外景及环境分析图
（戈登·吉尔和安东尼·威欧拉，2018）

1- 屋顶安装光伏建筑一体化面板；2- 中庭排烟；3- 回风循环流向空气处理装置；4- 周边辐射制热；5- 座位区置换通风；6- 地板辐射制热供冷

6.4.2 探索低碳能源改变传统能源依赖

丝路沿线的沙特阿拉伯、阿联酋等国家能源结构单一，油气资源占绝对优势，是能源和经济的支柱。依靠极为丰富的油气资源，成为世界主要的能源出口国。沙特阿拉伯石油储量规模居世界第二位，储采比达 70 年以上。2014 年，阿联酋石油储量占世界总储量的 9.5%，居世界第六位，储采比约为 53 年。虽然这些国家的传统油气资源丰富，但在全球减碳行动背景下，也在探索太阳能、风能等清洁能源的有效利用。

1. 亟待发展低碳能源改变传统能源依赖的典型国家概况

沙特阿拉伯位于亚洲西南部阿拉伯半岛，是“一带一路”的交会地带，其石油储量和剩余产能均居世界首位，石油产业为沙特阿拉伯贡献了 50% 的 GDP 及 70% 的财政收入。天然气可采储量为 8.2 万亿 m^3，占世界储量的 4.1%，居世界第四位。沙特阿拉伯拥有开发太阳能、风能的良好自然条件，平均日照量达到 2200 kW · h/ m^2。沙特阿拉伯的风能集中区全年平均风速为 6.0～8.0 m/s，风力资源较为充足。沙特阿拉伯始终将能源转型作为国家战略的重要组成部分，“2030 愿景”提出要大力发展天然气、太阳能、核能等新能源。2021 年，沙特阿拉伯提出“绿色沙特倡议”和“绿色中东倡议”，致力于推动低碳能源使用，降低化石燃料影响。

阿联酋是以产油著称的中东沙漠国家，自 1966 年阿联酋发现石油以来，该国一跃成为世界最富裕的国家之一。阿联酋位于阿拉伯半岛东部，北濒波斯湾，石油和天然气资源非常丰富。《海湾消息报》2019 年 11 月 4 日报道，阿布扎比最高石油委员会宣布，阿联酋发现了新油气储藏，石油储罐桶数增加 70 亿个，常规天然气增加 58 万亿标准立方英尺（TSCF），使阿联酋在全球石油和天然气储量排名中从第 7 位上升到第 6 位[①]。

2. 典型国家能源应用现状

（1）沙特阿拉伯

沙特阿拉伯能源结构单一，石油占绝对优势，是能源产业和经济的支柱。

① 阿联酋油气储量全球排名第 6[EB/OL]. http://obor.nea.gov.cn/detail2/10555.html[2023-09-04].

依靠极为丰富的油气资源，成为世界第一大原油出口国。同时，沙特阿拉伯也是世界第三大炼油国，炼油与化工均以出口为导向，逐渐成为全球的产能中心。

a. 石油资源

沙特阿拉伯是世界石油资源最丰富的国家，与科威特、巴林、卡塔尔、阿联酋和伊拉克南部都处于阿拉伯地台东缘的含油气区内，区内沉积岩厚度达5000 m以上，主要的产油层为侏罗系灰岩和白垩系砂岩，石油资源主要分布在东北部的阿拉伯（波斯湾）盆地内，截至2017年沙特阿拉伯已探明130个油气田。沙特阿拉伯石油资源储采比达70年以上，长期内还有较大的增产潜力。2019年，沙特阿拉伯原油产量为5.6亿t，是世界第二大产油国。沙特阿拉伯原油出口量多年来高达4亿t以上，是世界第一大原油出口国，见图6-20①。

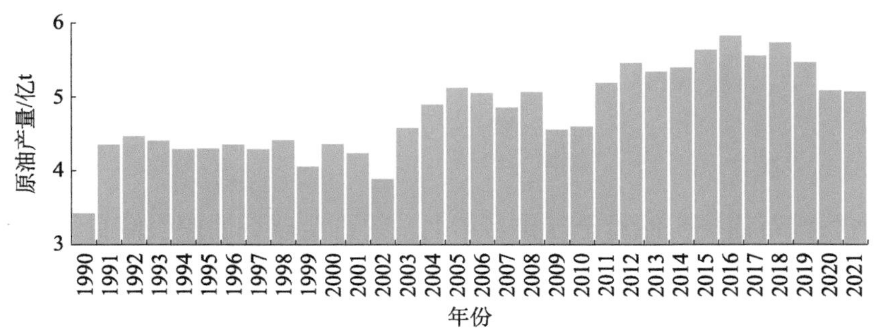

图6-20　1990～2021年沙特阿拉伯原油产量

b. 天然气资源

沙特阿拉伯天然气储量丰富，勘探开发潜力大。沙特阿拉伯2020年探明天然气储量排名世界第七位，天然气产量从2010年的87 660亿ft^3增长到2020年的119 000亿ft^3，增幅为35.75%，见图6-21②。为满足因天然气发电量增加和精炼产能扩张而持续上行的国内天然气需求，沙特阿拉伯拟大力提高天然气产量，在“2030愿景”中制定了到2030年天然气产量增加1倍，达到2373亿m^3的目标愿景。为快速增加天然气产量，沙特阿拉伯拟大力发展海上常规天然气和陆上非常规天然气。

① Global Energy & CO_2 data[EB/OL]. https://www.enerdata.net/estore/energy-market/russia/[2022-08-21].

② Saudi Arabia Natural Gas Production: OPEC: Marketed Production[EB/OL]. https://www.ceicdata.com.cn/en/indicator/saudi-arabia/natural-gas-production-opec-marketed-production[2022-09-14].

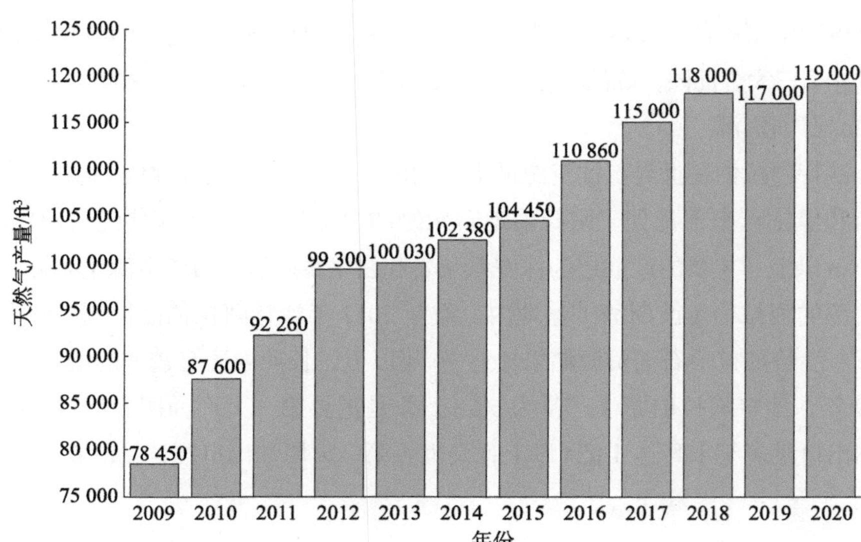

图 6-21　2009～2020 年沙特阿拉伯天然气产量

（2）阿联酋

阿联酋石油探明储量全球排名第七，约占全球石油探明储量的 6%。阿联酋石油和其他液体总产量为 350 万桶 /d，在 OPEC 中排名第二，仅次于沙特阿拉伯。阿联酋既是石油等液态产品的出口大国，也是消费大国，其人均石油消费量居世界第一。阿联酋天然气探明储量全球排名第七，尽管资源量丰富，但是在 2008 年阿联酋还是成为天然气净进口国。为了满足天然气增长的需求，阿联酋通过 Dolphin 天然气管道项目从卡塔尔进口天然气。

3. 典型国家低碳能源发展及建筑能源应用

（1）沙特阿拉伯低碳能源发展及建筑能耗

a. 低碳能源发展

沙特阿拉伯现阶段的石油、天然气等化石能源发电量占绝大部分，低碳电力仅占 0.46%，见图 6-22[①]。近年来，天然气消耗量占比逐年递增，而石油消耗量占比逐年递减。沙特阿拉伯在新能源方面的国家战略不断调整，发展

① Electricity in Russia in 2022[EB/OL]. https://lowcarbonpower.org/region/Russia[2022-09-14].

目标不断提高，发展速度持续加快。

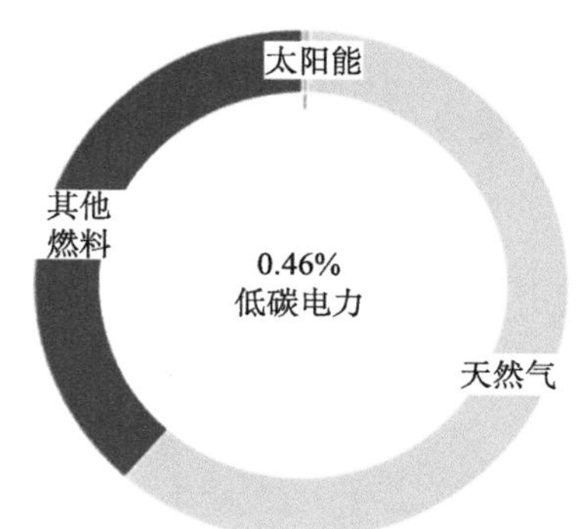

图 6-22 2021 年沙特阿拉伯低碳电力占比

从政策来看，2016 年沙特阿拉伯能源部宣布将其新能源的总体目标从 2040 年的占比 50% 提前至 2023 年的占比 40%。2019 年，沙特阿拉伯发布了《2030 年可再生能源规划》，将大力建设新能源发电项目，以替代燃油电厂，太阳能是最重要的发展方向，其次是风能。规划将 2023 年新能源装机目标从此前的 9.5 GW 提升至 27.3 GW；2030 年新能源装机目标 58.7 GW，包括光伏 40 GW、风电 16 GW、光热发电 2.7 GW。受政策支持及大量投资涌入，光伏装机量及发电量跃升，风电亦有所发展但相对滞后。2016 年“2030 愿景”发布后，太阳能的装机量及发电量迎来快速增长，2019 年的装机量是 2016 年的 16 倍。2022 年，沙特阿拉伯计划开发一座光热光伏混合发电项目，采用独立发电项目模式开发，预计规模为 350 MW。与光伏相比，风电发展略显滞后，但也开始有所增长。

沙特阿拉伯还积极涉足氢能产业，2019 年 6 月第一座加氢站启用；2020 年 7 月，沙特阿拉伯与美国合资建设产能 650 t/d 的制氢工厂，拟用于出口及供本土氢燃料公共汽车使用，预计 2025 年投产。此外，沙特阿拉伯计划部署 1 GW・h 的储能项目建设，实现 24 h 完全由可再生能源供电。

b. 建筑用能及碳排放

沙特阿拉伯夏季炎热干燥，最高气温可达 50℃以上。因此，沙特阿拉伯地区空调制冷能耗占建筑总能耗的比例最大。建筑业是沙特阿拉伯第三大产业，仅次于石油和信息通信技术行业，也是中东地区最大的建筑市场。2000～

2019 年，沙特阿拉伯建筑碳排放量从 3.20 Mt 增加到 4.86 Mt，见图 6-23① 和图 6-24②。2019 年，建筑碳排放在各产业中排第五。

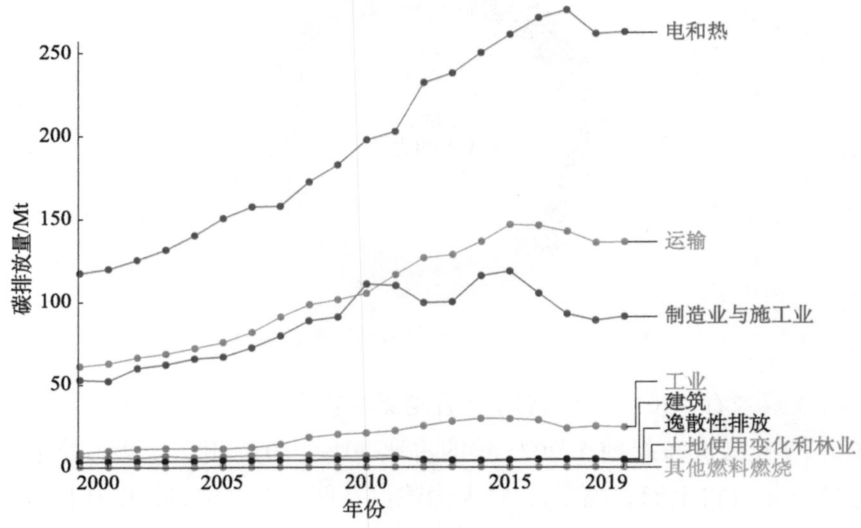

图 6-23　2000～2019 年沙特阿拉伯建筑等领域碳排放量

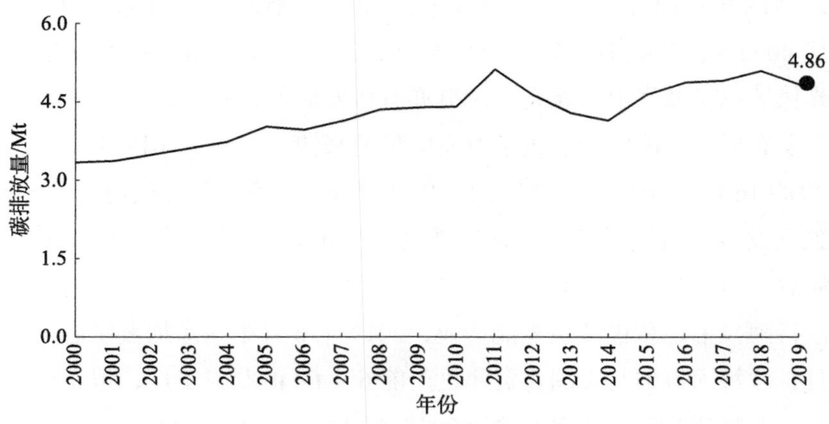

图 6-24　2000～2019 年沙特阿拉伯建筑领域碳排放量

c. 低碳建筑能源应用典型案例

沙特阿拉伯阿卜杜拉国王科技大学内两座高约 60 m、形似烟囱的太阳能

① Emissions by sector[EB/OL]. https://ourworldindata.org/emissions-by-sector[2022-09-14].

② Historical GHG Emissions[EB/OL]. https://www.climatewatchdata.org/ghg-emissions[2022-09-14].

塔十分醒目。即使在没有自然风的情况下，太阳能塔的深色表面仍可以吸收太阳的热量，加热周围空气使其向上流动，带动空气流通，达到通风降温的效果。此外，校园的路面使用浅色石材，地面能反射更多热量，降低了校园的热岛效应。

沙特阿拉伯持续阳光充足的条件为太阳能的利用提供了巨大的潜力。阿卜杜拉国王科技大学校园的巨大屋顶被设计成包含大型太阳能热阵列，为所有校园建筑提供生活热水，以及太阳能光伏阵列，根据需求为校园建筑发电和分配电力。同时，可以合并未来的阵列以补充未来增加的能源需求。南北实验室大楼的两座屋顶安装了近 1.2 万 m^2 的太阳能装置，每座最大发电量为 1 MW，每年可生产高达 3300 MW · h 的清洁能源。这一产出将每年减少近 1700 t 碳排放，每年可为学校节省 27% 的能源支出。

（2）阿联酋低碳能源发展及建筑能耗

a. 低碳能源发展

阿联酋 4.08% 的电力来自低碳能源，主要低碳电力是太阳能发电，天然气发电能源占比最大，见图 6-25①。据阿联酋发布的《2050 年能源战略计划》，2050 年阿联酋低碳能源在总体能源中的占比将提升至 50% 以上，其电力领域的碳足迹将减少 70% 以上。同时，阿联酋也将企业和个人的能源消费效率提升 40% 以上。

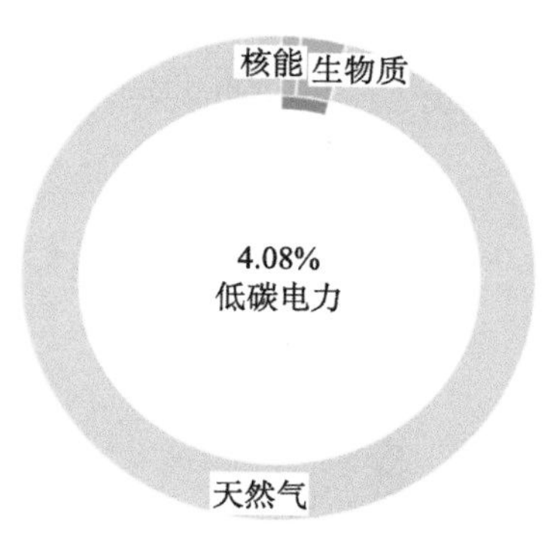

图 6-25　2020 年阿联酋低碳电力占比

目前，阿联酋清洁能源领域的发展集中在光伏和核电两方面。位于阿布扎比的宰夫拉光伏电站是目前全球最大的单体光伏电站，总规划装机规模为 2 GW，由阿布扎比国家能源公司与马斯达尔主导建设。另外，阿联酋首座核电站巴拉卡核电站 2 号机组也已正式并网，根据此前的规划，到 2030 年，该核电项目预计将为阿联酋提供至少 14 GW 的电力。

b. 建筑用能及碳排放

阿联酋属热带沙漠气候，全年分为两季：5～10 月为热季（夏季），天气

① Electricity in Russia in 2022[EB/OL]. https://lowcarbonpower.org/region/Russia[2022-09-14].

炎热潮湿，气温超过 40℃，沿海地区白天气温最高达 45℃以上，湿度保持在 90% 左右；11 月至次年 4 月为凉季（冬季），气候温和晴朗，有时降雨，气温一般为 15～35℃。因此，阿联酋全年空调制冷能耗占建筑总能耗的比例最大。

建筑业是阿联酋的第三大产业，仅次于石油和批发零售业，建筑业产值占 GDP 的比例超过 10%。2006 年阿联酋迪拜建筑用电量为 6.58 亿 kW · h，2017 年用电量为 12.795 亿 kW · h，见图 6-26[①]。同时，2002～2019 年，阿联酋建筑碳排放量从 12 万 t 增加到 56.9 万 t，见图 6-27[②]。值得注意的是，虽然 2019 年相比 2000 年碳排放的增速达到 78.13%，但是从 2018 年开始阿联酋建筑碳排放开始逐年降低。2019 年，建筑碳排放在各产业中排第六。

c. 低碳建筑能源应用典型案例

BEEAH 集团的新总部大楼坐落于阿联酋沙迦，远望如同流动的沙丘一般，与周围的沙漠景观融为一体。其内部的建筑材料统一为纯白色，日光透过玻璃投射进室内，整个空间更显通透与洁净。BEEAH 总部就好像一系列相互连接的“沙丘”，以其朝向及形态呼应着环境，并意在优化当地的气候条件。

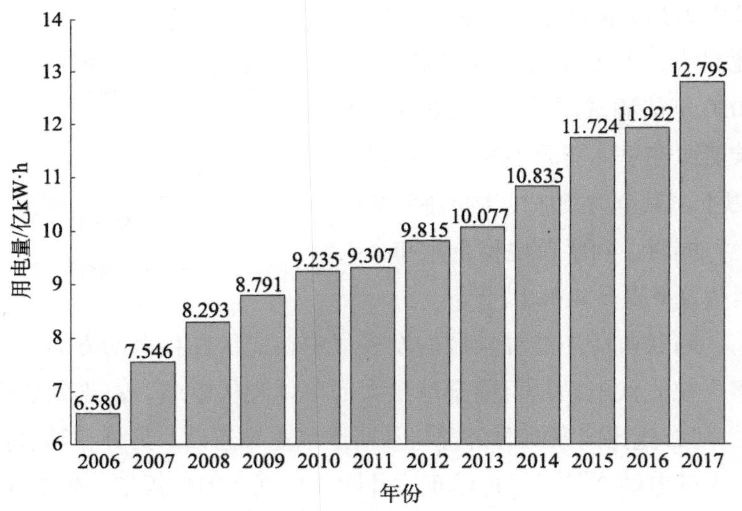

图 6-26　2006～2017 年阿联酋迪拜住宅建筑消耗电力

① United Arab Emirates Electricity Consumption: Dubai: Residential[EB/OL]. https://www.ceicdata.com.cn/en/united-arab-emirates/electricity-consumption/electricity-consumption-dubai-residential[2022-09-14].

② Historical GHG Emissions[EB/OL]. https://www.climatewatchdata.org/ghg-emissions[2022-09-14].

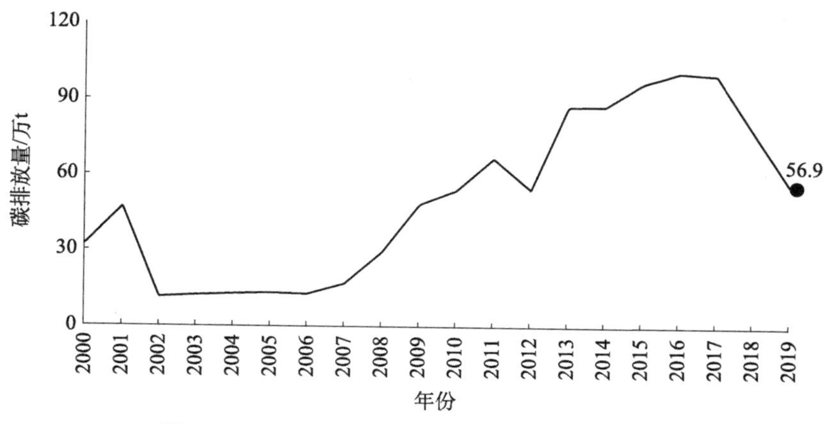

图 6-27 2000～2019 年阿联酋建筑领域碳排放量

BEEAH 总部大楼的两个主要“沙丘”是公共空间、管理部门、行政区域的所在之处，三者所有室内区域都有着充足的日光和景致，其外立面也减少了直接暴露在烈日之下的玻璃数量。同时，这三个功能区由中央庭院连接，因而中央庭院既是建筑中的“绿洲”，同时也是自然通风策略不可或缺的一部分。9000 m^2 的 BEEAH 总部以可持续性为核心设计策略，并使用大量的本地采购材料，同时，建筑配备了面向未来的前沿技术，以此实现 LEED 白金标准级的运营模式，继而实现净零排放和最低能耗。建筑中使用的玻璃纤维强化板将进一步减少太阳能增益，同时，楼板系统和幕墙玻璃系统的冷却将共同调节室内温度，以此让室内空间有着最佳的舒适度。此外，场地内水处理系统将过滤废水，从而最小化水资源消耗。其太阳能农场则将为特斯拉电池组充电，以此满足建筑物每天日夜的能源需求。

6.4.3 积极发展低碳能源补充传统能源供应

中国、巴基斯坦、孟加拉国等国家能源产量远远不能满足国内需求，短期内难以实现能源自给，必须大量依靠进口能源。巴基斯坦能源缺乏且能源结构相对单一，对石油和天然气的依存度高达 80% 左右。虽然中国能源总量较丰富，但是人均能源拥有量在世界上处于较低水平。同时，中国能源资源分布不均衡，开发难度较大。对于传统化石能源匮乏的国家与地区，积极寻求能源转型，大力发展低碳可再生能源已成为能源结构改革和环境改善的重要途径。

1. 积极发展低碳能源补充传统能源供应的典型国家概况

巴基斯坦位于南亚次大陆西北部，东接印度，东北与中国毗邻，西北与阿富汗交界，西邻伊朗，南濒阿拉伯海。除南部属热带气候外，其余属亚热带气候。南部湿热，受季风影响，雨季较长；北部地区干燥寒冷，有的地方终年积雪。年平均气温 27℃。巴基斯坦电力需求较大，是人均电力消费最低的国家之一，电力供应长期无法满足需求，且电力系统可靠性不足。与其他能源类型相比，巴基斯坦拥有的水电资源禀赋较为丰富，水电是巴基斯坦发展的重点方向。

中国位于亚洲东部，太平洋西岸。从气候类型上看，东部属季风气候，西北部属温带大陆性气候，青藏高原属高寒气候。从温度带划分看，有热带、亚热带、暖温带、中温带、寒温带和青藏高原区。中国冬季气温偏低，而夏季气温又偏高，气温年较差大。中国能源的生产与消费呈现以煤炭为主、多能互补的结构。中国是世界上能源资源较丰富的国家，也是能源生产与消费大国，但人均拥有能源资源量仅为世界平均水平的一半左右，人均能源消费量也明显低于世界平均水平。清洁低碳能源继续快速发展，占比进一步提升，能源结构持续优化。

2. 典型国家能源应用现状

（1）巴基斯坦

从能源储量看，巴基斯坦能源储量较丰富，包括煤炭、天然气和原油在内可采能源储量共 2981 Mtce（屈秋实等，2019），但同巴基斯坦人口和国土面积相比，能源储量并不充沛。在能源类型上，巴基斯坦能源种类多样，不仅包括石油、天然气、煤炭、水能、核能等传统能源，风能、太阳能等新能源也逐渐形成生产规模。

从各类能源比较来看，巴基斯坦基本能源禀赋结构为“富煤、水，贫油、气”。煤炭资源储量较为丰富，约占巴基斯坦各类能源储量的 72%，全部已探明储量为 2188 Mtce，占世界的 0.3%。天然气资源是巴基斯坦储量第二大的能源资源，资源储量约 722 Mtce，约占巴基斯坦能源总储量的 23.7%，储采比为 10.9。巴基斯坦石油资源并不丰富，约占世界的 0.03%。巴基斯坦

发展水电具有得天独厚的自然优势，境内印度河从北部山地至南部平原，纵贯巴基斯坦全境，理论年水能发电量为 4.75×10^{8} MW·h，在世界排名 18 位。随着经济的快速发展，巴基斯坦能源生产总体呈稳步上升态势。巴基斯坦一次能源从 1971 年的 4.66 Mtoe 上升至 2015 年的 49M toe，44 年约增加了 9.5 倍，年均增长 5.5%，但还远低于世界平均水平和中低收入国家平均水平（屈秋实等，2019）。

（2）中国

中国能源的生产与消费呈现以煤炭为主、多能互补的结构，基本形成了煤、油、气、电、核、新能源和可再生能源多轮驱动的能源生产体系。国务院新闻办公室 2020 年 12 月发布的《新时代的中国能源发展》白皮书显示，2019 年中国一次能源生产总量达 39.7 亿 tce，为世界能源生产第一大国①。煤炭仍是保障能源供应的基础能源，2012 年以来原煤年产量保持在 34.1 亿～39.7 亿 t，原油年产量保持在 1.9 亿～2.1 亿 t。天然气产量明显提升，从 2012 年的 1106 亿 m^3 增长到 2019 年的 1762 亿 m^3。电力供应能力持续增强，累计发电装机容量 20.1 亿 kW，2019 年发电量 7.5 万亿 kW·h，较 2012 年分别增长 75%、50%。

a. 煤炭生产与消费

截至 2017 年底，中国煤炭查明资源储量为 16 666.73 亿 t；若按每年 50 亿 t 使用量计算，煤炭储量足够使用 300 多年。2016 年，中国能源领域供给侧结构性改革初见成效，化解煤炭过剩产能，煤炭产量下降明显，全年煤炭产量为 3410.60 Mt，比上年下降 9.0%，见图 6-28②。之后，煤炭优质产能持续释放，年产 120 万 t 及以上煤矿产能达到总产能的 3/4，进一步向资源富集地区集中，煤炭产量逐渐提高。2019 年，中国煤炭结构性去产能不断深入，煤炭生产增速略有回落。2019 年，全国煤炭产量为 3846.33 Mt，同比增长 4.0%。

---

①《新时代的中国能源发展》白皮书 [EB/OL]. https://www.gov.cn/zhengce/2020-12/21/content_5571916.htm[2023-09-04].

② China Production: Coal[EB/OL]. https://www.ceicdata.com.cn/datapage/en/china/industrial-production-annual/cn-production-coal[2022-09-14].

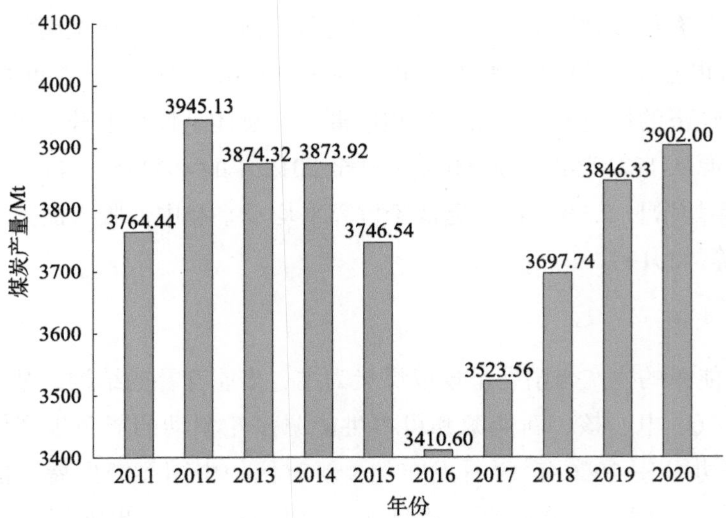

图 6-28　2011～2020 年中国煤炭产量

基于中国国家统计局数据，2019 年全国煤炭消费量为 4019.15 Mt，同比增长 1.1%，见图 6-29①，煤炭消费量占能源消费总量的 57.7%，比上年下降 1.5 个百分点。从主要耗煤行业看，根据《中国能源大数据报告（2020）—煤炭篇》，电力行业煤炭消费量增幅较大，全年耗煤 22.9 亿 t 左右，同比增长 9%；钢铁行业全年耗煤 6.5 亿 t，同比增长 4.8%；化工行业耗煤 3.0 亿 t，同比增长 7.1%；建材行业耗煤有所减少，全年耗煤 3.8 亿 t，同比下降 24%。2019 年中国政府工作报告将“推进煤炭清洁化利用”写入其中，这是在明确“煤炭消费比重进一步降低，清洁能源成为能源增量主体”的能源结构调整方向后，促进能源产业绿色化发展的另一个重要发力方向。

b. 石油生产与消费

中国的石油剩余可开采量，大约是 256 亿桶，在世界排第 13 位。但对于中国的人口和经济规模来说，人均石油占有量较低，石油储备量仅为排名第一的委内瑞拉的 9%。2021 年，中国原油产量达到 398.77 万桶 /d，同比增长 2.1%。其中，页岩油实现经济规模生产，产量达 240 万 t。渤海油田原油

① China Coal: Consumption[EB/OL]. https://www.ceicdata.com.cn/datapage/en/china/coal-balance-sheet/cn-coal-consumption[2022-09-14].

产量达 3013.2 万 t，原油增量约占中国原油增量的近 50%。2021 年，中国石油新增探明地质储量为 16.4 亿 t。2012～2020 年，中国石油消费量稳步提升（图 6-30）。2019 年，中国石油消费量约 7.15 亿 t，同比下降 2.3%，这是多年以来中国石油消费量首次出现回落。2021 年中国石油需求随新冠疫情的反复而持续震荡，导致中国石油消费量持续负增长。

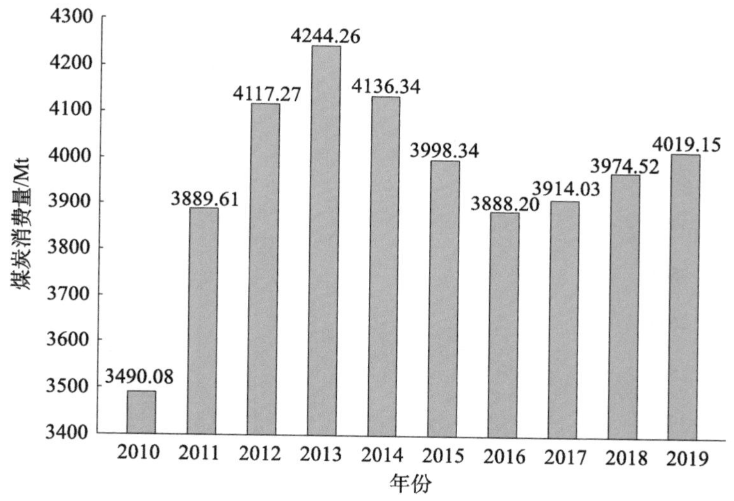

图 6-29 2010～2019 年中国煤炭消费量

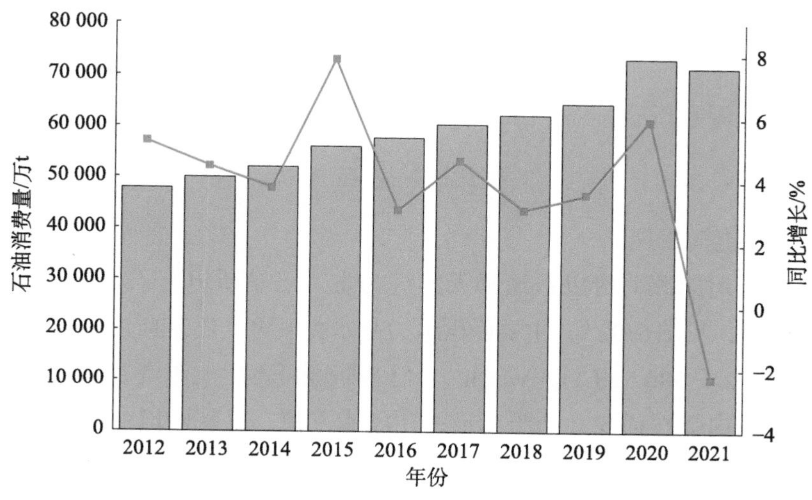

图 6-30 2012～2021 年中国石油消费量

c. 天然气生产与消费

中国是全球第六大天然气储量国，截至 2022 年，已探明天然气储量为 12.4 万亿 m^3。2021 年，中国天然气产量达到 2075.8 亿 m^3，同比增长 7.8%。其中页岩气产量 230 亿 m^3、煤层气利用量 77 亿 m^3，继续保持良好的增长势头。中国首个自营超深水大气田——“深海一号”全面投产，首个商业开发的大型页岩气田——涪陵页岩气田累计生产页岩气 400 亿 m^3。2021 年中国天然气消费量达到 3726 亿 m^3，天然气消费量回升明显（图 6-31）。

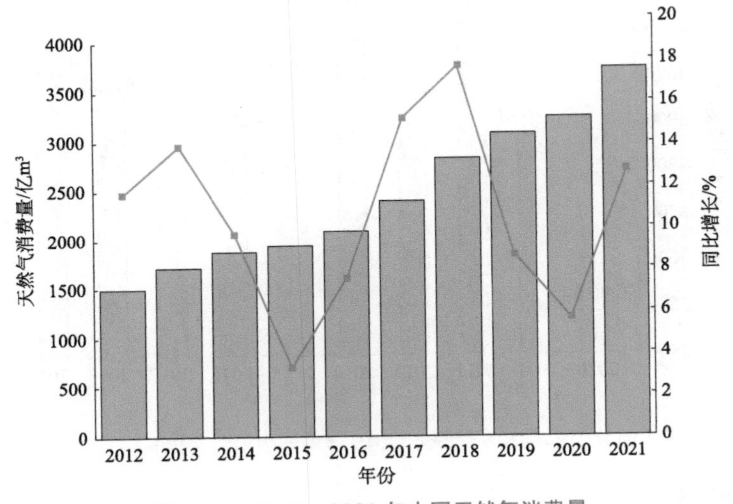

图 6-31　2012～2021 年中国天然气消费量

3. 典型国家低碳能源发展及建筑能源应用

（1）巴基斯坦低碳能源发展及建筑能耗

a. 低碳能源发展

巴基斯坦能源消费以石油和天然气为主。巴基斯坦有 43.81% 的电力来自低碳能源，见图 6-32①，主要低碳电力是水力发电。巴基斯坦电力平均碳排放量为 334.2 ～380.5 $gCO_2/kW\cdot h$①。巴基斯坦可再生能源资源丰富，在太阳能方面，国内降雨稀少、光照充足；在风能方面，巴基斯坦信德省、俾路支省等南部地区风场面积宽阔，风向稳定、风能资源丰富且质量良好，给可再

① Electricity in Russia in 2022[EB/OL]. https://lowcarbonpower.org/region/Russia[2022-09-14].

生能源产业发展奠定了坚实的基础。

巴基斯坦国家电力监管局（National Electric Power Regulatory Authority, NEPRA）数据显示，截至 2019 年，巴基斯坦累计光伏装机容量已达到约 1.3 GW[①]。随着光伏应用日渐成熟和可再生能源发电对火力发电替换的深入，预计到 2030 年，巴基斯坦光伏装机容量将达到 12.8 GW，到 2047 年该数字将达到约 26 GW，光伏电池片市场空间广阔。风力发电行业有潜力产生 43 000 MW 的电力，覆盖面积为 9700 km^2，风电产业在发展上具有天然优势。

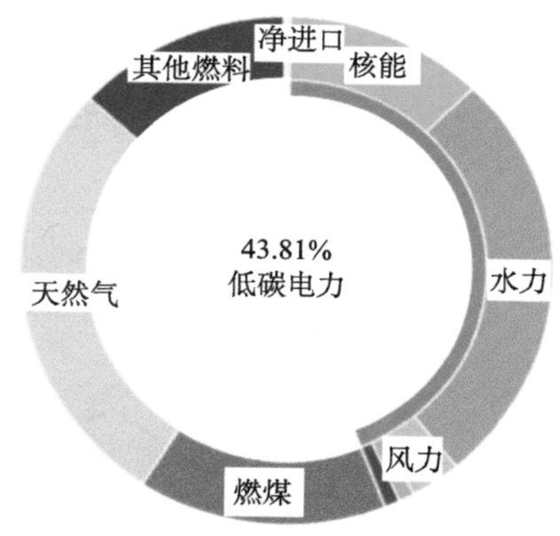

图 6-32　2021 年巴基斯坦低碳电力占比

b. 建筑用能及碳排放

随着巴基斯坦基础设施建设日益加速，建筑业发展前景广阔。巴基斯坦多数建筑未遵照节能标准，造成了较大的能源消耗。建筑行业消耗了该国 26% 的天然气消费总量，效率较低，且无任何电气法规和标准。与此同时，2000～2019 年，巴基斯坦建筑碳排放量从 11.5 Mt 增加到 21.6 Mt，见图 6-33[②] 和图 6-34[③]。近 20 年来，巴基斯坦建筑领域二氧化碳排放量接近翻倍增长。2019 年，建筑碳排放量在各产业中排第四。

① 巴基斯坦要求政府屋顶全部装光伏！中国外交部:鼓励中资企业参与项目建设 [EB/OL]. http://www.ccedia.com/news/11126.html[2023-09-04].

② Emissions by sector[EB/OL]. https://ourworldindata.org/emissions-by-sector[2022-09-14].

③ Historical GHG Emissions[EB/OL]. https://www.climatewatchdata.org/ghg-emissions[2022-09-14].

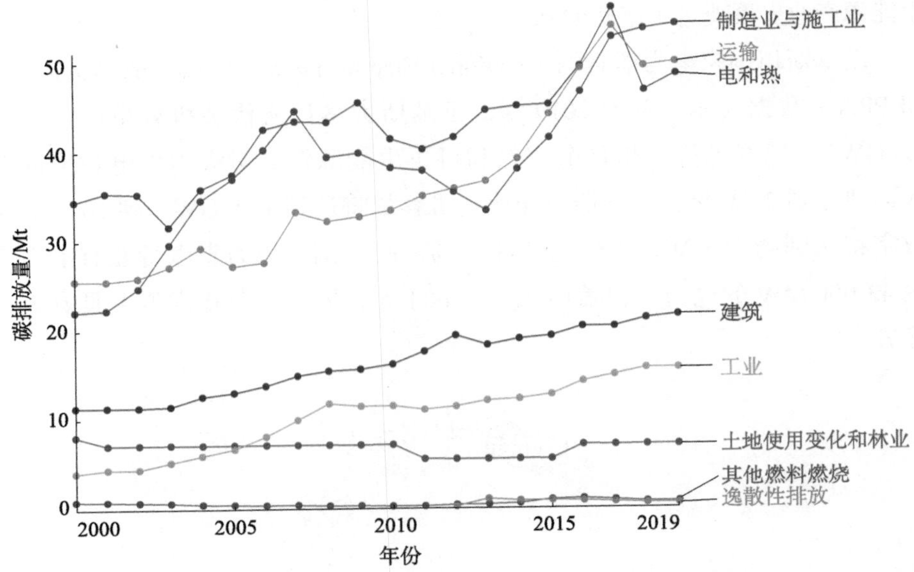

图 6-33　2000～2019 年巴基斯坦建筑等不同领域碳排放量

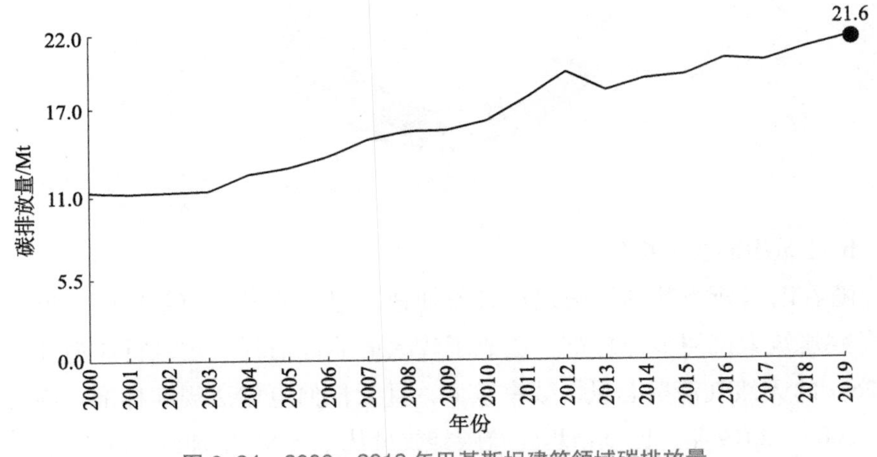

图 6-34　2000～2019 年巴基斯坦建筑领域碳排放量

（2）中国低碳能源发展及建筑能耗

a. 低碳能源发展

在全球积极实现碳达峰、碳中和的背景下，中国正在全力推进能源低碳发展。在能源结构调整方面，中国加强了重点地区和城市煤炭消费减量工作，煤炭消费增长得到控制，煤炭占一次能源消费比重持续下降，由 2012 年的68.5%下降至2019年的57.7%[①]。同时，天然气和风电、光伏等可再生能源加快发展。

重点用能领域能效水平持续提高，中国工业领域2012～2017年高耗能行业单位能耗累计降低23.2%，建筑领域绿色节能建筑全面推广，建成了全球最大规模的充电设施网络，新能源汽车保有量占世界的一半以上。能源绿色低碳转型为减污降碳做出了重要贡献。2019年单位GDP二氧化碳排放比2005年降低48.1%。煤炭消费减量替代从源头减排二氧化碳超过27亿t。仅2019年非化石能源发电对应贡献的二氧化碳减排量就超过20亿t。电力行业建成了世界最大规模的超低排放清洁煤电供应系统，2019年电力行业烟尘、二氧化硫、氮氧化物排放比2012年分别下降约88%、90%、89%。2021年，中国有33.74%的电力来自低碳能源，见图6-35[②]，主要的低碳电力是水力发电。中国发电的平均碳排放量为542.9～632.9 $gCO_2/kW \cdot h$[②]。

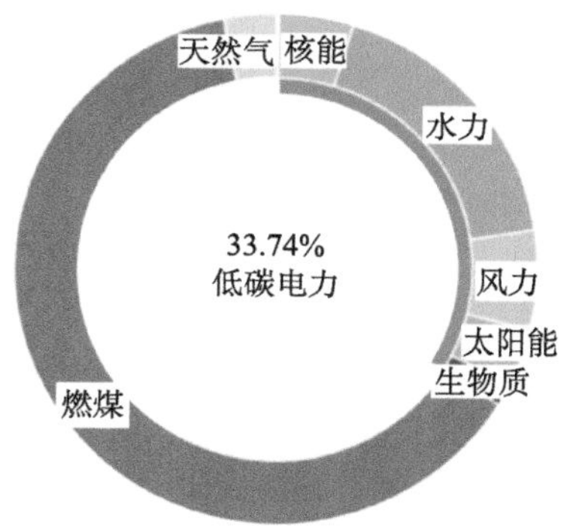

图6-35　2021年中国低碳电力占比

b. 建筑用能及碳排放

国家统计局公布的《中国人口普查年鉴2020》显示，我国家庭户人均居住面积达到41.76 m^2，平均每户居住面积达到111.18 m^2。我国城市家庭人均居住面积为36.52 m^2。统计表明，2019年建筑能源消耗量达到91.42 Mtce，

① China Coal: Consumption[EB/OL]. https://www.ceicdata.com.cn/datapage/en/china/coal-balance-sheet/cn-coal-consumption[2022-09-14].

② Electricity in Russia in 2022[EB/OL]. https://lowcarbonpower.org/region/Russia[2022-09-14].

见图 6-36[①]，占全国总能耗的 11%。2005～2010 年，中国建筑能耗平稳增长，年均增速为 5.9%；2011 年和 2012 年，建筑能耗出现异常值，异常值来源于建材能耗；2016 年之后，中国建筑能耗增速明显放缓，年均增速为 3.6%。

清华大学建筑节能研究中心（2022）预测，2019 年民用建筑建造由于建材生产、运输和施工过程导致的碳排放量已达 16 亿 t。其中，建材生产运输阶段用能相关的碳排放以及水泥生产工艺过程碳排放占主要部分，占比分别为 77% 和 20%。而 2019 年我国建筑业建造（民用建筑建造、基础设施建造）相关的碳排放量约 43 亿 t，接近我国碳排放总量的 1/2（清华大学建筑节能研究中心，2022）。

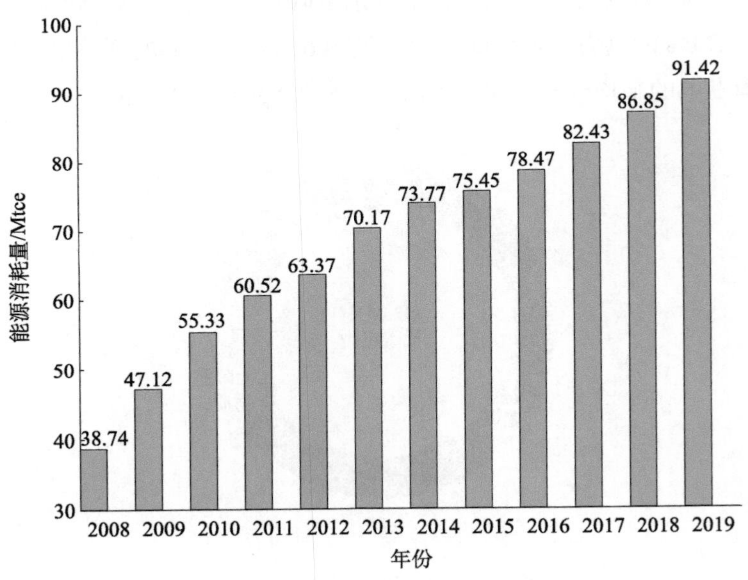

图 6-36　2008～2019 年中国建筑能源消耗量

2019 年，中国建筑运行的化石能源消耗相关的碳排放量约 22 亿 t。其中，直接碳排放约占 29%，电力相关的间接碳排放占 50%，热力相关的间接碳排放占 21%。2019 年中国建筑运行相关二氧化碳排放折合单位面积平均建筑运行碳排放指标为 35kg/m^2。按照四个建筑用能分项的碳排放占比分别

① China Electricity Consumption: Residential[EB/OL]. https://www.ceicdata.com.cn/datapage/en/china/electricity-summary/cn-electricity-consumption-residential[2022-09-14].

为：农村住宅 23%，公共建筑 30%，北方采暖 26%，城镇住宅 21%。可以发现，公共建筑由于建筑能耗强度最高，所以单位建筑面积的碳排放强度也最高，为 48 kg CO_2/m^2；而北方供暖分项由于大量燃煤，碳排放强度次之，为 36kg CO_2/m^2；农村住宅和城镇住宅单位平方米的一次能耗强度相差不大，但农村住宅由于电气化水平低，燃煤比例高，所以单位平方米的碳排放强度高于城镇住宅。农村住宅单位建筑面积的碳排放强度为 23 kg CO_2/m^2，而城镇住宅单位建筑面积的碳排放强度为 16 kg CO_2/m^2（清华大学建筑节能研究中心，2022）。

2000～2019 年，中国建筑碳排放量从 274 Mt 增加到 454 Mt，建筑碳排放量增加了 65.69%①。值得注意的是，中国建筑碳排放总量虽然整体呈现增长趋势，但建筑能耗及碳排放增速已经显著放缓，见图 6-37② 和图 6-38①。中国建筑单位面积碳排放强度为 36 kg CO_2/m^2，低于发达国家水平，未来伴随城镇化和经济水平的提升减排潜力巨大。

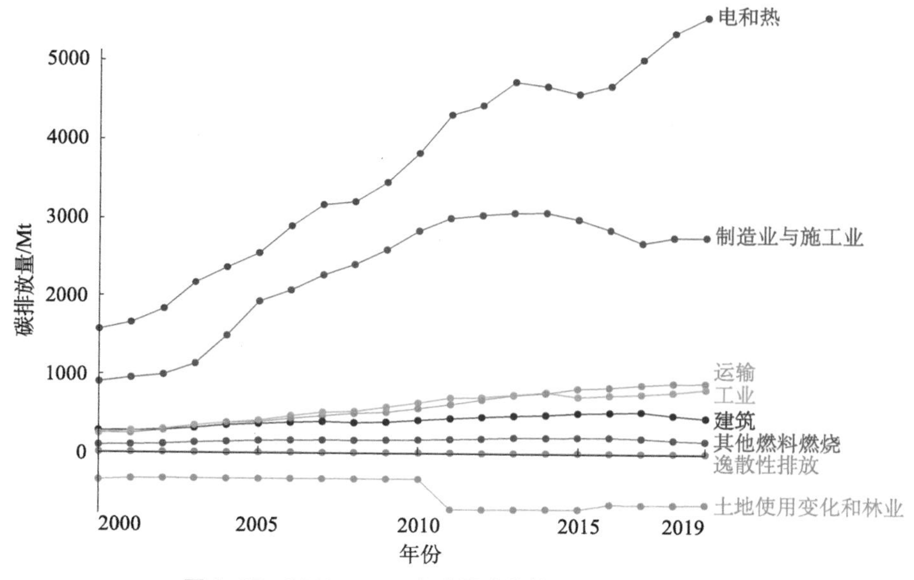

图 6-37　2000～2019 年中国建筑等不同领域碳排放量

① Historical GHG Emissions[EB/OL]. https://www.climatewatchdata.org/ghg-emissions[2022-09-14].

② Emissions by sector[EB/OL]. https://ourworldindata.org/emissions-by-sector[2022-09-14].

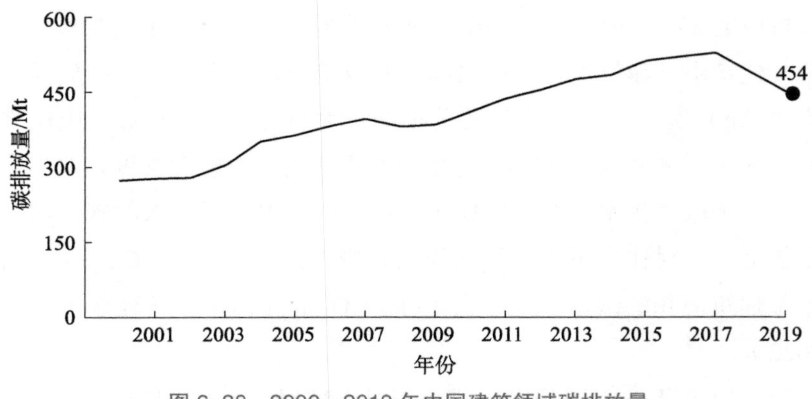

图 6-38　2000～2019 年中国建筑领域碳排放量

c. 建筑低碳能源应用典型案例

中国的建筑节能发展历程可以划分为三个阶段。第一阶段（1990 年前）：在 1980～1981 年全国基础能耗调研的基础上提出了节能 30% 的目标。第二阶段（1991～2005 年）：在 1990 年已完成 30% 节能目标后再节能 30%，即在 1980～1981 年能耗基础上节能 50%。第三阶段（2005 年后）：在 2005 年已完成 50% 节能目标后再节能 30%，即在 1980～1981 年能耗基础上节能 65%。第三阶段是城市建筑节能减排工作的深化与发展时期，中国的低碳建筑将被动节能和主动节能技术相结合。表 6-5 汇总了低碳建筑采用的典型节能措施。选取中国北京奥运村作为低碳能源应用的典型案例，分析低碳建筑案例中多种技术结合使用情况。中国北京奥运村坐落在北京奥林匹克中心区西北侧，由居住区、国际区和运营区三部分构成。北京奥运村总建筑面积 50 余万平方米，其中运动员公寓建筑面积为 37 万 m^2，包括 22 栋 6 层楼建筑和 20 栋 9 层楼建筑，赛时容纳 1.6 万余人居住。北京奥运村集成应用了数十项低碳技术，是集中体现“绿色、科技、人文”三大奥运理念的住宅小区。

表 6-5　中国低碳建筑采用的典型节能措施

分类	节能领域	节能措施
围护结构保温隔热系统	外墙和屋顶保温系统	外保温复合墙体；屋顶绿化；呼吸式幕墙
	门窗节能系统	阻断门窗框热桥的建材；节能玻璃：如多层玻璃、镀膜玻璃、Low-E 玻璃等；遮阳设施：电动百叶外遮阳、铝箔遮阳隔热窗帘

续表

分类	节能领域	节能措施
空调采暖系统	太阳能空调系统	太阳能采暖系统：太阳墙新风供暖系统、被动式采暖太阳房； 太阳能制冷系统：太阳能压缩式空调、太阳能吸收式制冷空调等
	热泵空调系统	地源热泵，地下 / 地表水水源热泵；原生污水 / 中水水源热泵
	通风空调及废热 / 冷回收	通风空调系统：风压 / 热压自然通风；竖壁 / 柱壁贴附通风； 废冷 / 热回收系统：热管换热器、热回收新风换气机
照明节能系统	自然采光系统	集光器技术：主动式集光器、被动式集光器； 光线传导技术：如光导管、光导纤维
	公共区域照明	楼梯间和地下车库等公共区域：感光自控系统、声光自控系统； 景观照明和装饰照明：风光互补路灯、太阳能草坪灯
热水系统	热水供应	太阳能热水系统：如真空管式太阳能热水器等
能源供应系统	太阳能光伏建筑一体化	光伏屋顶；光伏幕墙
建筑管理系统	楼宇自控系统	智能化的楼宇管理系统；远程监控与评估系统

北京奥运村建设的再生水源热泵系统利用污水处理厂排入河道的再生水，为奥运村提供冬季供暖和夏季制冷。利用再生水的温度进行热交换，不改变水质、水量，比普通分体空调节电 40% 以上，且夏季改善了大型建筑群的室外热环境，消除了热岛效应。

北京奥运村大量使用了太阳能系统。建设了与建筑造型相结合的太阳能生活热水系统，夏季日产热水为 600 t，奥运会期间为 14 000 名运动员提供洗浴热水。奥运会后，供应全区近 2000 户居民全年的生活热水需求，年节约电力近 550 万 kW · h、年减少排放二氧化碳 5577 t。此外，北京奥运村安装了约 730 盏太阳能庭院灯、阳台灯、草坪灯、风光互补灯、光导管等，节电约 1.8 万 kW · h/a，相当于减排二氧化碳 18 t/a。运动员公寓的室内照明全部采用节能灯具，同样照度下比普通灯泡节电 20%，总体年节约照明用电 58 万 kW · h。

北京奥运村的微能耗建筑，通过利用自然存在的热能、冷能、光能、风能、地能五种可再生能源，集成应用了太阳能采暖、太阳能热水、太阳能除湿、太阳能热电联产、风力发电、地源热泵供暖制冷、智能化控制、冬季自然储冷等 20 余项技术。冬季自然储冷用于夏季空调，是利用热管技术将冬季的寒冷低温导入地下水池，自然冻冰储存冷能，能提供建筑物整个夏季约 20% 的供冷量。微能耗建筑吸收自然能量，为建筑提供电能和热量、供暖和制冷，引领了未来的绿色建筑。

北京奥运村建设了楼宇智能控制系统，自动控制建筑群体各项设备的运行，使各项设备系统相匹配，达到节能运行状态。北京奥运村集成应用了可再生能源、中水回用、绿色建材、建筑节能、室内环境、生态景观、绿色照明等生态建筑技术。奥运会期间，可再生能源利用设备系统从太阳和再生水中获取 789 万 kW · h 的能量，可节约 3077 tce，相当于减排二氧化碳 8000 t。奥运会后，可再生能源利用系统每年从太阳和再生水中获取 6700 万 kW · h 的能量，可节约 2.6 万 tce，相当于减排二氧化碳 6.7 万 t。北京奥运村获得了中国政府颁发的“城市建设节能减排典范”奖杯、“美国绿色建筑协会”LEED 金奖，联合国环境规划署认为北京奥运村完全履行了申奥承诺，设计出了以人为本、健康、舒适和节能的居住环境。

6.5 小　结

当今世界正经历百年未有之大变局，全球气候变暖问题是大变局的一个重要挑战。实现绿色发展、低碳发展是国际社会的重要共识之一。随着丝路沿线国家和地区城镇化进程的加速和人民生活水平的提高，其建筑用能强度和碳排放强度会有较大幅度的增加，将释放巨大的节能降碳潜力，实现碳中和目标的挑战和压力较大。

目前，形成绿色低碳发展已经逐渐成为丝路沿线国家和地区的发展战略，进一步加强新能源合作，搭建绿色丝绸之路，帮助沿线区域实现可再生能源高质量发展，实现低碳能源转型。未来，丝路沿线国家和地区城镇建筑等重点领

域非化石能源替代和用能方式改变，是构建清洁低碳、安全高效能源体系的坚强保障。在“一带一路”建设合作框架内，各方携手应对世界挑战，拓展发展新空间，探索能源和科技变革的创新增长方式，避免高碳路径锁定效应和伴生的发展陷阱。展望未来，随着技术和政策的不断更新，丝路沿线国家和地区建筑用能低碳化发展将会进一步加速。同时，各国政府应继续加大对低碳经济的支持力度，促进清洁能源和可再生资源的发展。建筑业在未来的低碳化过程中也将起到关键作用，为实现全球碳减排目标做出重要贡献。

本章参考文献

白菊. 2021-10-18. 能源为何引起如此高规格重视? [N]. 半岛都市报，A02.

丹美涵，车超，陈仕林，等. 2022. 俄罗斯低碳转型下中俄能源合作新机遇 [J]. 国际石油经济，30（4）: 11-17.

戈登·吉尔，安东尼·威欧拉. 2018. 阿斯塔纳博览城——未来能源的会后遗产规划 [J]. 揭锋山，罗为为，易希，译. 建筑学报,（8）: 51-57.

胡春江. 2013. 中俄严寒地区建筑节能构造体系比较研究 [D]. 吉林：吉林建筑大学.

庞广廉，汪爽，王瑜. 2022. 中亚能源转型与可再生能源投资合作 [J]. 国际石油经济，30（2）: 76-83.

清华大学建筑节能研究中心. 2022. 中国建筑节能年度发展研究报告 [M]. 北京：中国建筑工业出版社.

屈秋实，王礼茂，牟初夫，等. 2019. 巴基斯坦能源发展演变特征分析 [J]. 世界地理研究，28（6）: 50-58.

张强，同丹. 2021. 全球能源基础设施碳排放及锁定效应 2021[R]. 全球能源基础设施排放数据库工作组: 3-12.

中国人民银行国际司课题组. 2021. 以绿色金融合作支持“一带一路”建设 [J]. 中国金融，(22) : 20-22.

朱雄关. 2019. 中国与“一带一路”沿线国家能源合作 [M]. 北京：社会科学文献出版社.

邹瑜. 2017. 国际建筑能耗差异性及影响因素研究 [D]. 重庆：重庆大学.

Asia Pacific Energy Research Centre. 2006. APEC Energy Demand and Supply Outlook 2006: Economy Review[R]. Japan: Institute of Energy Economics.

EIA. 2017. The International Energy Outlook 2016 (IEO2016) [R].

Gielen D, Gorini R, Leme R, et al. 2021. World energy transitions outlook: 1.5° C pathway[R]. International Renewable Energy Agency (IRENA): Abu Dhabi, United Arab Emirates : 13-23.

IEA. 2019. CO_2 emissions from fuel combustion 2019 edition[R]. IEA CO_2 Emissions from Fuel

Combustion Database.

Phan A, Nguyen T K N, Nguyen T T. 2020. Vietnam's National Energy Development Strategy to 2030 and Outlook to 2045[J]. International Journal of Economics & Business Administration (IJEBA), (4):1023-1032.

Tong D, Zhang Q, Zheng Y, et al. 2019. Committed emissions from existing energy infrastructure jeopardize 1.5 ℃ climate target[J]. Nature, 572(7769): 373-377.

Aleksandr S，赵金玲. 2019. 俄罗斯核能供热技术发展与现状分析 [J]. 区域供热，(5):126-132.

Гуторов В Ф，Байбаков С А. 2003. 100 лет развития теплофикации в России [J]. Энергосбережение，(5)：32-35.

Никитин А, Андреев Л. 2011. Плавучие атомные станции [M]. Москва: Bellona Foundation.

7

丝路沿线国家和地区地域适宜性建筑材料与工业支撑

7.1 概　　述

公元前 138 年与公元前 119 年，使者张骞两次“凿空之旅”激活了亚欧大陆的商贸活动，由汉朝主导开拓的陆上丝绸之路就此拉开帷幕。跨越两千年的传承，2013 年中国国家主席习近平西行哈萨克斯坦、南下印度尼西亚正式提出“一带一路”倡议，赋予古丝绸之路崭新的时代内涵。“一带一路”发端于中国，贯通中亚、东南亚、南亚、西亚乃至欧洲部分区域，途经范围广阔，其复杂的气候环境条件、明显的社会经济发展差异、鲜明的地域文化特色及多样的矿产资源，造就了丝路沿线各个国家建筑要素和建筑材料的巨大差异（Hasanbeigi et al.，2016）。

丝路沿线国家和地区的陆域涵盖全部五个气候带，气候环境复杂，不同的气候条件下沿线各国建筑特点及所使用的建筑材料差异较大。除了气候差异外，丝路沿线国家和地区地域文化特色鲜明，社会经济发展差异大，其形成了沟通中华文明、印度文明、波斯文明、阿拉伯文明、希腊文明的经济文化交流之路，受不同的文化、宗教、经济发展及安全因素的影响，各国的城镇化现状与中国的城镇化道路大为不同（Hasanbeigi et al.，2011）。经济发展水平不同造成了各国对建材工业的需求不同，尤其表现在其水泥、钢材、陶瓷、玻璃、保温材料及石材的需求量差异非常大。丝路沿线国家和地区的成矿条件和成矿背景复杂，建材生产和加工所需的矿产资源储量差异较大（Rojas-Cardenas et al.，2017）。受技术、资金、产业水平和建设需求的影响，各国家与建筑材料相关的矿业发展水平不一，矿产资源储量和矿业发展水平直接决定了各国建材工业的发展水平及建筑材料的进口比例。

本章通过分析丝路沿线国家和地区气候条件、文化与经济发展特征，阐述各区域建筑发展现状及其建筑材料特点和建筑材料需求状况，以丝路沿线国家和地区的矿物资源为基础，结合其建设需求和产业水平，分析其建筑工业的发展现状。

7.2 丝路沿线国家和地区建筑材料及建材工业发展的严峻挑战

丝路沿线的国家和地区在建筑材料及建材工业发展上呈现出明显的地理差异。西欧国家如比利时、英国、法国和德国以及中国在建筑材料人均和总量供需方面表现较高。相比之下，中东、中亚、非洲和东欧地区的建筑材料供需水平相对较低。这表明丝路沿线起点和终点的重要国家在建筑工程开发和利用方面具有更高水平，而中部沿线国家的建筑工程开发和利用水平相对较低。各国的矿产资源、工业水平和对于建筑材料的不同需求，造成其在建材工业发展过程中面临不同的问题。

一些国家靠传统的能源重工业发展，长期以来经济结构一直比较单一，导致其在非能源领域和基础设施建设领域发展相对滞后，故建筑材料和建材工业的发展滞后。一些国家建筑材料原料资源丰富，但受工业发展的制约，只能将原料出口到国外，然后再从国外进口加工好的建材产品。一些国家经济开放度高，其居民生活水平不断提高，对住房的需求越来越大，建筑市场日趋活跃，从而极大地刺激建筑材料需求，但其因缺乏优质的、高附加值的深加工产品的生产能力，因此建材产品只能依赖国外进口。一些国家近年来高度重视基础设施建设，高铁、核电站等基础设施建设如火如荼，这些基础设施的建设直接带动了建材行业的发展。然而其国家内部建材生产线较落后，生产力不足，建材类产品供不应求且价格的市场波动频繁（张瑞祥，1994）。

不同国家在建筑材料及建材工业发展过程中面临不同的问题。总体来看，丝路沿线国家和地区未来随着人口的不断增长与城镇化水平的加快发展，在一定程度上国家或地区的消费结构和生产结构势必倾向于对建筑工程需求的不断增加，各个国家或地区的建筑工程需求量势必呈现出逐年增加的变化趋势。

7.3　丝路沿线国家和地区建筑及地域适宜性建筑材料发展现状

建筑材料种类繁多，大致分为无机材料、有机材料和复合材料。其中，无机材料包括黑色金属材料、有色金属材料和非金属材料，如天然石材、烧土制品、水泥、混凝土及硅酸盐制品等都属于非金属材料。有机材料包括植物质材料、合成高分子材料和沥青材料，而高分子材料包括塑料、涂料、黏胶剂。复合材料包括沥青混凝土和聚合物混凝土等，一般由无机非金属材料与有机材料复合而成。

建筑材料作为建筑的载体，与地域文化存在着内在联系。“一带一路”包括亚洲区域、欧洲区域和非洲区域，由于气候特征、地理位置和民风民俗的差异，各区域发展出了具有地方特色的地域性建筑材料，不同材料也主导了各地风格迥异的建筑（刘金彩和曾利群，2004）。

7.3.1　亚洲建筑及地域适宜性建筑材料发展现状

亚洲包括中国、蒙古国、菲律宾、马来西亚、柬埔寨、泰国、哈萨克斯坦、沙特阿拉伯、伊拉克、阿联酋、伊朗等国家，按区域差异划分为东亚、东南亚、中亚和西亚四个区域。下面按照分区介绍建筑及地域适宜性建筑材料发展现状。

1. 东亚地区建筑及地域适宜性建筑材料发展现状

丝路沿线的东亚国家有中国和蒙古国，其建筑都因地制宜，采用当地特色的建筑材料修建适应当地环境的地域性建筑。

中国通常划分为七大地理分区：华东地区、华南地区、华北地区、华中地区、西南地区、西北地区、东北地区。其中，西北地区一般指大兴安岭以西，昆仑山—阿尔金山—祁连山和长城以北，包括新疆、青海、甘肃、宁夏、内蒙古西部、陕西等地。其具有面积广大、干旱缺水、荒漠广布、风沙较多、生态脆弱、人口稀少、资源丰富等特点。

中国西北地区由于处于黄土高原区域。该区域院落的封闭性较强，屋身低矮，屋顶坡度平缓，还有相当多的建筑使用平顶。从材料上看，土坯、青砖、木材兼有，一砖到顶的较少，很少用筒瓦，与西北地区雨水少有关，木装修更简单，还常用窑洞建筑。总体风格是质朴敦厚，中国西北地区典型建筑形式如图 7-1 所示。根据需求，未来西北地区建筑材料的发展趋向于轻质化、智能化、节能化。例如，相变材料具有无过冷、无腐蚀性、相变潜热较高、价格便宜、使用安全等优点，在节能领域广受欢迎。此外，新型气凝胶建筑节能材料可以实现隔热保温性能和光热转换性能，也颇受欢迎（Marcante，2011）。

(a) 明清时期西北民居

(b)西北农村新民居

(c) 西北窑洞建筑

图 7-1　中国西北地区典型建筑形式

图片来源：视觉中国

漫长的丝绸之路见证了中华民族的繁盛兴衰，早期中国建筑以夯土为主要承重结构，辅以木构框架作补强。唐代以后中国木构建筑步向成熟，全木构架普及，以榫卯结构连接构件。中国西北干旱地区地广人稀，大部分地方气候干旱，降水稀少。由于屋面平缓，一般的建造方式是在房梁上铺设编织的芦席、稻草或玉米秸秆，上抹泥浆一层，再铺干土一层，最后用麦秸拌泥抹平。这种简易的屋顶施工方式可以很好地适应当地的气候和环境，使人们在干燥的气候条件下有一个舒适的住所。

土材料是指无须经过化学加工，仅通过物理加工以原状天然生土为主要原料的建筑材料。新疆地处亚洲腹地，气候干旱，境内沙漠、戈壁、绿洲相间分布，木材资源有限，石料质地松脆，属沙质黏土类的土壤却坚实可用，当地人以黏土为主要建筑材料创造了与当地自然环境相适应的生土建筑。其中，以土坯砌筑最为典型。干旱地区特殊的地理气候特征，导致其经济较为落后，自古以来就有土坯营造屋舍的传统。用土坯这种建筑材料修建房屋，经济成本低，可就地取材，施工建造简单便捷，保温隔热效果佳。土坯民居自然而然地成为最适合该地区供人们遮风挡雨的居所。作为我国最为典型的干旱地区，生土建筑无疑是吐鲁番地区最适宜的选择。

三大生土建筑类型中，窑洞是最为古老的。窑洞起源于古猿人"仿兽穴居"时期，分布情况受地形地貌影响较大，在新疆比较少见，只在吐鲁番发现了靠崖式窑洞，而独立式窑洞多分布于宁夏和陕西，下沉式窑洞主要分布于陕西。窑洞是从原始洞穴演变而来的。因黄土具有直立性强、易挖培成型的特点，故生于斯、长于斯的人们便利用自然为他们提供的合理的便利条件，稍加以人工改造，便使之成为适合人居住的窑洞。窑洞在建造过程中，用水量极少，也不像建造其他房屋时需要大量的木材、砖瓦、水泥等建筑材料，很适合在干旱少雨、交通不便、缺少砖瓦和木材的地方营造居住。同时，窑洞还有冬暖夏凉的优点，被人们所喜爱。

近年来，为了提升生土材料的力学性能，人们通过加入导热系数较低的农业废弃物秸秆类的天然植物纤维聚合物，提高了土坯砖的强度，增加了土坯砖的耐久性。同时，为了解决生土建筑抗震性能差的问题，人们将土坯砖与钢筋混凝土相结合，充分发挥出两种材料各自优越的物理性能。为了应对新疆吐鲁番地区生土材料在抗冻性和力学方面的局限，人们采取了化学改性的方法，即向生土材料中添加水泥和石灰。这种改性后的生土材料在抗压强度和抗冻性能方面得到提升，更能适应当地极端气候和土壤条件（于法鑫，2007）。

除此之外，新疆特殊的地理位置及自然地貌使得中原文化、印度文化、阿拉伯文化在这里碰撞、交融，成为东方与西方交流发展的有力例证。而在大漠、戈壁、绿洲、雪山、冰川、草原等奇特自然景观之上的一座座独具特色、形态各异的建筑，又以奇妙的造型、传统的建筑手法、独特的装饰艺术，构成了这片疆土上又一道亮丽的风景线。由于新疆雨水少，居住点一般分布在有地下水的绿洲。富裕的人家用砖块建筑房屋外，一般人家就地取材，用土坯和木架修建平顶住宅，依地形组合为院落式住宅。在布局上，院子周围以平房和楼房相穿插。由于大陆性气候非常明显，气温变化大，一般不开侧窗，只开前窗，或自天窗采光。室内装修风格偏重华丽（图 7-2），带有明显的伊斯兰风格。

图 7-2　中国新疆地区维吾尔族民居室内装修

图片来源：视觉中国

蒙古国蒙古包是草原游牧民在长期转徙生活中创造，后经不断与地理环境磨合、逐步改进而定型的当地风土建筑，建筑材料体现了其对所处地理环境气候以及蒙古族游牧文化的高度适应性特征。蒙古包分固定式和游动式两种。蒙古包涉及的建筑材料主要包括架木、苫毡、绳带，材料全部取自草原与山林；围护结构取自羊毛擀成的毡子；系绳取自驼马鬃、马尾搓成的围绳和带子，全部是因地制宜、就地取材。这类建筑的特点是，冬季在毡包内外加上毡子，隔风性和保暖性都很好；夏季则可以把围毡撩起通风凉爽。蒙古国现代建筑主要采用钢筋和钢筋混凝土等材料，如位于蒙古国首都乌兰巴托的蓝天塔为现蒙古国之最高建筑物，其外装蓝色玻璃幕墙（Moiseeva and

Rashevskaya，1999）。蒙古国典型建筑形式如图 7-3 所示。

(a) 蒙古包

(b) 乌兰巴托蓝天塔

图 7-3　蒙古国典型建筑形式

图片来源：视觉中国

2. 东南亚地区建筑及地域适宜性建筑材料发展现状

东南亚地区包括巴基斯坦、缅甸等国家，大多处于亚洲最低纬度区，属于热带气候。该区域常年雨量充沛，空气湿度大，日照十分强烈，气温高。特殊的气候条件提供了十分丰富的建筑材料，包括竹子、原木、藤草、树叶、树皮、椰壳、石材以及部分混合材料（如传统混凝土、泥草混合材料）等建筑材料。另外，马来群岛地区频繁的火山运动所带来的火山灰也能成为天然的建筑材料。人们利用天然的泥土火山灰材料制造当地的热带砖石与土坯。当地建筑常以木架结构连接，下部架空以利于通风、散热、隔潮，室内设有火塘以驱风湿（赵桂英等，2021）。

缅甸的建筑风格是在长期的生产和生活中为适应当地的气候环境特征而自发形成的，是长久以来人们改造自然的产物。缅甸传统建筑由于地处赤道热带气候区，常年高温多雨，由于地理关系，这里盛产品种丰富的木材，如缅甸的柚木，油性光亮，色彩均一，耐水耐火抵抗蛀虫，是建造房屋最好的材料，所以缅甸传统建筑都是从木构建筑发展起来的。总体上看，缅甸的建筑并不奢华，却有一种朴素美，让人感觉异常亲切。缅甸木雕工艺有着悠久的历史，并大量运用于室内和建筑宫殿的装饰中，在缅甸宫殿建筑中还能看到大量的贴金装饰，让宫殿看起来金碧辉煌、极其奢华。缅甸典型建筑形式如图 7-4 所示。

(a) 缅甸高脚屋

(b) 缅甸曼德勒皇宫

图 7–4 缅甸典型建筑形式

图片来源：视觉中国

菲律宾的建筑反映了该国的历史和文化遗产。在西班牙殖民化的 300 多年间，该地建筑主要受西班牙的影响。在此期间，出现了大型房屋的传统菲律宾 Bahay nabató（“石屋”）风格。这些房子是由石头和木头组合而成的大房子，结合了菲律宾、西班牙和中国元素。菲律宾典型建筑形式如图 7–5 所示。

(a)菲律宾“石屋”

(b)菲律宾教堂

图 7–5 菲律宾典型建筑形式

图片来源：视觉中国

有一种叫作“batalan”的特殊建筑物，通常位于房屋的后部，用于洗涤、沐浴、储水等家庭作业，房屋由木头和竹子等原材料制成，植根于树林树干上的树屋或房屋被视为有利的位置。第二次世界大战期间，马尼拉以外的许多遗产区和城镇被美国和日本的炸弹严重摧毁和破坏。大多数被摧毁或破坏的遗产结构从未恢复过，现已成为废墟，或被棚户区或混凝土结构所取代，而没有重要的建筑美学。近年来，菲律宾对建筑材料需求很高，但是由于当地生产不足和成本较高，水泥、骨料、钢筋、镀锌钢板和木材等基础材料大量依赖进口。作为多雨地域，该地建筑常会选用耐水性强的材料，如玻纤胎、聚酯胎沥青卷材，高分子片材并配套用耐水性强的黏结剂，或厚质沥青防水涂料等（Sun and Zhou，2016）。

马来西亚位于赤道地带，全年高温多雨，属典型的热带雨林气候。日照充足的湿热气候决定了当地建筑往往采用大型悬挑结构来遮阳隔热，并在阴影区创造微气候以促进通风散热。马来西亚典型建筑形式如图 7-6 所示。这类建筑常采用钢柱支撑、钢索悬挂 / 拉伸固定的梭状膜结构屋顶，其综合考虑了建构顶面表皮的钢构材料的力学性能。马来西亚目前处在寻求新经济增长点的发展时期，正积极兴建多项大型基建，需要大量建材原料。除了公用的基建设施之外，随着人民生活水平的提高，民用住宅建设等建筑业强劲增长，对建筑材料如门窗铝材设备、钢筋、水泥、陶瓷、五金等的需求逐渐增大，甚至出现供不应求的现象。马来西亚从原来依靠进口美国、日本、德国等发达国家的产品转化为现在大批进口中国的建材产品。

(a) 马来西亚传统民居

(b) 马来西亚现代城市建筑

图 7-6　马来西亚典型建筑形式

图片来源：视觉中国

泰国位于东南亚中心，是通往印度、缅甸和中国南部的天然门户。泰国建筑形式有传统式、现代式、传统与现代相结合、传统式的变异等几种形式。泰国典型建筑形式如图 7-7 所示。泰国建筑具有浓郁的佛教文化色彩和传统的民族特色，充分体现了泰国七百多年的历史文化。2017 年以来，泰国修复住房的需求不断上升，从而提升了对合成木材产品的需求。事实上，板材、混凝土、砖瓦等均大量依赖从中国进口（张志成，2022）。

(a) 泰国清传统民居

(b) 泰国曼谷城市建筑

图 7-7 泰国典型建筑形式

图片来源：视觉中国

3. 中亚地区建筑及地域适宜性建筑材料发展现状

中亚指亚洲中部内陆地区，包括哈萨克斯坦、吉尔吉斯斯坦、塔吉克斯坦、乌兹别克斯坦和土库曼斯坦等国家。中亚处于欧亚大陆腹地，为典型的温带沙漠、草原的大陆性气候，干旱半干旱区较广。该地区气候的突出特征有三个，第一，雨水稀少，极其干燥；第二，日光充足，蒸发量大；第三，温度变化剧烈，昼夜温差大（田莉，2019）。中亚地区的采矿、冶金业等重工业发达，最大的工业区是卡拉干达工业区，也是苏联四大工业区之一，其次是位于乌兹别克斯坦的中亚工业区（陈宜静，2017）。中亚建筑起源于帕提亚帝国、贵霜王朝和希腊巴克特里亚的沙漠城堡，其结构受限于商贸安全和供水的要求。环境因素自然决定了建筑结构，由于缺乏木料和石材，中亚人不得不将砖作为他们设计的要素。

目前，哈萨克斯坦 10 类建材自给率已达 100%，包括钢筋、混凝土、干混料、油漆、瓷砖、硅酸盐砖、蜂窝混凝土砌块、内门混凝土砌块、钢门混凝土砌块、玻璃。建筑业是哈萨克斯坦经济可持续发展的主要稳定器和动力源之一，目前其建筑行业呈现快速发展势头。哈萨克斯坦政府除了为社会弱势群体提供住房改善居住条件外，每年还要建设一大批医疗、教育、工业和市政、通信基础设施。考虑到全球高通胀因素以及建材在建筑成本中的占比高达 50%，哈萨克斯坦政府正在采取积极措施，提高本国建材产量。2021 年，哈萨克斯坦政府共实施 34 个大型建材生产项目，总投资额达到 760 亿坚戈[①]。与此同时，哈萨克斯坦建材生产行业也呈现快速发展势头。图 7-8 为哈萨克斯坦首都阿斯塔纳。哈通社 2021 年 12 月 28 日报道称，哈萨克斯坦工业和基础设施发展部部长贝布特·阿塔姆库洛夫在政府例行工作会议上表示，考虑到新建住房的增加，有必要增加现有企业的产能，实施新的投资项目，这将减少该行业对进口的依赖。新的建材生产项目涉及平板玻璃、瓷砖、洁具、外墙板、保温材料等用途广泛的建筑材料，目标是到 2025 年将建材进口比重从 42% 降至 27%[①]。除了建设新的产能，还将对现有产能进行现代化改造，确保建材价格合理，减少进口依赖。

图 7-8　哈萨克斯坦首都阿斯塔纳

图片来源：视觉中国

4. 西亚地区建筑及地域适宜性建筑材料发展现状

西亚又称西南亚，指亚洲西南部地区，包括沙特阿拉伯、阿联酋和伊朗等国家。这里不仅是亚、欧、非三洲的接合部，也是人类古代文明发祥地之一；该地区气候干旱，水资源缺乏，地形以高原为主。西亚地区建筑多样性明显，主要是因为气候和地理条件多样，传统建筑的材料丰富多样，进而产

① 哈萨克斯坦建筑行业保持快速发展势头 [EB/OL]. http://kz.mofcom.gov.cn/article/jmxw/202112/20211203232611.shtml[2023-09-04].

生了不同的建筑外观和风格。西亚地区，传统建筑材料主要有珊瑚、石材、黏土砖（泥砖）和木材。根据不同的地理条件，这些材料被灵活运用在建筑中。珊瑚主要在沿海地区使用，石材则更常见于山地地区的建筑，而泥砖则广泛应用于阿拉伯半岛中部的建筑（支文军等，2018）。

沙特阿拉伯是典型的沙漠干热气候，在这样的气候条件下，为了避免大量的热风沙和强烈的阳光进入室内，建筑采取了封闭式的平面布局，并减少门窗的面积，反映了迂回稳重的另一种热带建筑风格，如图 7-9 所示。同时，由于当地降水极少，绝大多数建筑采用了简便的平屋面形式。干热带建筑功能要求相对简单，主要是因为高温、高眩光和高日照辐射环境要求更加重视遮阳措施。即使是全空调建筑也须设置各种形式的遮阳设施。在像沙特阿拉伯这样的国家，通过利用太阳能，零碳住宅作为一个概念可能成为现实，因此这就势必对建筑材料和技术提出新的要求。

图 7-9　沙特阿拉伯典型建筑形式

图片来源：视觉中国

两河流域，即幼发拉底河和底格里斯河流域，是古代西亚文明的核心区域，其各时期所涉及的建筑材料也不同，其主要建筑形式如图 7-10 所示。苏美尔文明时期的建筑材料多来源于冲积平原上的黏土；在靠近水域的地区，人们常常利用芦苇、蒲草和棕榈树干来建造平台式屋顶。这种屋顶的构造方式是在木质框架上铺设一层泥土，并且在其表面抹上黏土灰浆。在亚述时期，人们使用多种建筑材料，包括熟砖、釉面砖、石块、沥青、贝壳和琉璃砖。为了确保建筑的稳定性，人们使用土墙和石块作为建筑的基础，以防止洪水发生时房屋倒塌。随着时间的推移，人们开始利用沥青、石片和贝壳来保护建筑物的外层，并使用琉璃砖作为装饰面，直到固定使用动植物或花饰的浮雕图案，这种彩色饰面逐渐成为当地建筑装饰的传统。波斯统治时期的建筑材料主要是石头、砖、土、玻璃砖、沥青、釉、大理石。蒙古国人和土库曼人统治下的伊拉克的建筑材料主要是瓷砖、陶片马赛克、拱顶石。现代住宅建筑中引入大量新型材料，如预应力混凝土、钢材、金属、釉面砖、张拉膜结构等（杜林泽，2012）。

(a) 伊拉克首都巴格达

(b) 苏美尔文明遗迹：伊拉克乌尔大塔庙

图 7–10　两河流域典型建筑形式

图片来源：视觉中国

阿联酋早期的建筑材料一般都是取自当地，由于阿联酋的建筑法规定建筑房屋和建筑物必须进行外装修和地板装修，因此建筑项目中天然石材和建筑瓷砖用量大。阿联酋典型建筑形式如图 7-11 所示。建筑项目工程中，低档和高档装饰石材主要依赖从中国、韩国、印度、意大利、南美等进口，水泥也大量进口。阿联酋在研究解决工业建设和海水淡化不可逆影响的方法时，提出了让城市工业废料成为未来乡土建筑材料的想法。通过创造一种可再生的材料将乡土建筑带入 21 世纪，这种材料可以对工业废弃物进行回收利用，并减少其他国家水泥的依赖。例如，阿联酋国家馆凭借“湿地”项目获得第 17 届威尼斯国际建筑双年展的 2021 年金狮奖。它展示了一种从回收的工业废卤水中提取环保盐基水泥的替代品原型，以减少建筑业对环境的影响，并且该材料有良好的二氧化碳吸收效果，可以将其用作可持续建筑材料，以打造“未来本土”建筑。

(a) 阿联酋传统民居

(b)阿联酋城市：迪拜

图 7-11　阿联酋典型建筑形式

图片来源：视觉中国

伊朗古称波斯，地处西亚、中亚和南亚交叉点，多高原和山，为半干旱和干旱气候，这对当地建筑设计带来了诸多挑战，建筑师通过合理的平面布局和绿色技术应用来加以应对，并在材料和建造技术方面注重对自然环境的尊重。伊朗至今仍留存着不少精美的历史建筑，其中波斯波利斯是古代波斯建筑巅峰时期的代表，其主要建筑有薛西斯门、百柱宫、觐见厅等，如图 7-12 所示（莎莎·阿纱飞和张炯，2012）。这些建筑大量使用纯金银、象牙和大理石材料，体现了古希腊与埃及文化对波斯文化的影响。

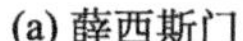

(a) 薛西斯门

(b) 百柱宫

图 7-12　伊朗波斯时期建筑遗迹

图片来源：视觉中国

伊朗的传统建筑采用了多种设计，以适应当地炎热干旱的气候条件。这些建筑注重利用阳光，在冬季最大化地获取阳光，在夏季则追求遮阳面积最大化；通常具有厚墙、门廊、地下空间、风斗、穹窿和圆顶等特征（图 7-13）。风塔是伊朗传统建筑中非常重要的元素，几千年来它们在炎热、干燥、干旱的环境中提供了自然的空气调节（王希隆，2019）。古代波斯人还普遍运用水库来储存饮用水。这些水库采用坚固的建筑材料，并广泛使用一种完全不透水的特殊灰浆——耐火泥。这种灰浆是用砂子、黏土、蛋白、石灰、山羊毛和煤灰按一定比例制成，具体的配比因城市位置和气候条件而有所不同（钱涛，2004）。水库厚度通常达到 2m，并且使用经过烘焙的特质砖块——水库砖搭建。出于对结构上的考虑，水库底部通常会填充重金属。

(a) 伊朗传统民居　　(b) 伊朗首都德黑兰

图 7-13　伊朗典型建筑形式

图片来源：视觉中国

伊朗建筑中经常使用的泥巴、泥砖和砖块，具有大热容量和耐热性好的特点，能够有效调节室内温度，还可以循环使用，有利于伊朗建筑的可持续性（柴利，2008；阿曼，2018）。

7.3.2　欧洲建筑及地域适宜性建筑材料发展现状

欧洲地区包括俄罗斯、乌克兰、波兰、奥地利、捷克、匈牙利、塞尔维亚、斯洛文尼亚、希腊、马耳他、波黑、意大利、葡萄牙等国家。下面按照分区介绍建筑及地域适宜性建筑材料发展现状。

1. 东欧地区建筑及地域适宜性建筑材料发展现状

东欧指欧洲东部地区，包括俄罗斯、乌克兰等地区，主体是东欧平原，平均海拔 170 m。东部边缘有乌拉尔山脉，平原上多丘陵和冰川，北部湖泊众多，东南部草原和沙漠面积较广。北部沿海地区属寒带苔原气候，往南逐渐过渡到温带草原气候，东南部属温带沙漠气候。该地区主要矿物有石油、煤、铁、锰、磷酸盐等。苏联解体后许多东欧国家纷纷加入欧盟，以廉价劳动力吸引各国企业设厂。

俄罗斯自然资源丰富，人口众多，拥有巨大的建筑市场和充沛的建材工业原料，为建筑材料工业的发展提供了有利的条件。建材工业是俄罗斯国民经济中的重要部门之一。俄罗斯的建材工业根据不同需要，向全国不同地区、不同民族提供各种各样的建筑材料。在水泥、石棉、玻璃、石板瓦、石棉水泥板材料、装配式钢筋混凝土构件和管道等生产方面，其产量均居世界首位。

俄罗斯的气候呈现出明显的季节性变化，夏季温暖而冬季寒冷，并且温差较大。全国最低温度普遍低于 −30℃，最冷地区达到 −55℃。极低的温度对建筑的保温性能提出了很大的挑战。俄罗斯典型建筑形式如图 7-14 所示。俄罗斯建筑需要符合严格的热工性能标准，例如，建筑热工分区基于采暖度日数来划分，在中国的国家标准中，热工分区和采暖度日数之间并没有严格的对应关系；在计算采暖度日数时，俄罗斯采用的室内设计温度是 8℃，而中国采用 18℃。随着自然能源储备的枯竭，节约燃料和能源资源以及提高建筑物能效问题的紧迫性正在增加。20 世纪 90 年代起，俄罗斯研究以廉价原料、低能耗、低成本生产耐水、抗冻、耐化学和微生物侵蚀且具有一定强度和生态洁净的保温材料。例如，商品名为比西波尔的保温材料，其主要材料为水玻璃和各种外加剂，根据不同的材料性质，其可用于制作绝热制品、轻砂浆和轻混凝土的填充料、结构混凝土等。俄罗斯国立莫斯科鲍曼高等技术大学研制出新型结构材料——含玄武岩纤维的不可燃、无污染的保温材料，用矿棉生产的这类保温材料早已用于轻金属结构的建筑，并因安装省时省力而受到欢迎。由于目前的矿物保温材料含有沥青或合成黏合剂，易燃且不利于保护生态，并且玄武岩超细纤维机械强度和化学耐性都很高，因此新型材料不含黏合剂，采用空气垂直膨胀法将玄武岩熔液制成玄武岩纤维板、烘干后涂上保护层即可。经过燃烧和工程检测，新型保温材料可用于居民住宅在内的各种建筑领域。俄罗斯采用无沟铺设硬质泡沫聚氨酯隔热的热输送网的方式来解决热输送系统中的绝热问题，与传统的加筋混凝土和沥青珍珠岩保温层相比，这种结构的使用寿命能延长 1 倍，热损失降低到 1/3～1/2，热力管道的单位面积减少到 1/10～1/8。

确保建筑材料的经济和环境效益符合可持续发展的要求是一项紧迫的任务。例如，传统硅酸盐水泥的生产技术是资源密集型的，而且对环境有危害。近年来，俄罗斯致力于新型胶凝材料的研发，研究了粉煤灰在碱活化水泥系统中的详细特性，从而最大限度地在建筑行业利用粉煤灰，同时开发了一种评估低钙粉煤灰在碱活化体系中的反应性的技术。俄罗斯在碱激发胶凝材料的 3D 打印技术方面也进行了深入的研究。在广泛了解 3D 打印混凝土在建筑应用中的经济效益和环境足迹的基础上，将碱激发胶凝材料作为适合用于数字建筑建设的新兴环保混凝土材料。

(a) 俄罗斯传统民居

(b) 莫斯科的多层住宅

图 7-14　俄罗斯典型建筑形式

图片来源：视觉中国

俄罗斯的建筑材料从木料转变到石料再到现在的钢筋混凝土，反映了俄罗斯人在建筑材料适宜性上的发现与应用。但是，单纯就材料来讲，更适合现在建筑的钢筋混凝土已经替代了传统的木料、石料，成为俄罗斯建筑的主流。

2. 中欧地区建筑及地域适宜性建筑材料发展现状

中欧地区位于欧洲中部，位于波罗的海以南和阿尔卑斯山脉以北，包括

波兰、奥地利、捷克、匈牙利等地区。南部主要是阿尔卑斯山脉及其支脉，地形多为山地和盆地；北部则是一片平原地带，受到第四纪冰川活动的影响，形成了冰川地貌和众多湖泊。该地区气候属于海洋性温带阔叶林气候和大陆性温带阔叶林气候过渡区域。

捷克在建筑材料的研究方面历史悠久，捷克一所大学研发出了一项使用制砖飞灰作为多功能建筑材料的新技术，其可以向潜在的合作伙伴制砖飞灰生产商提供使用该飞灰的技术和经济方案。市面上大多是将制砖灰渣和高炉矿渣作为混凝土拌合料中水泥的部分替代品，即混合凝胶材料中的硅酸盐水泥熟料。目前，砖块（以及制砖飞灰）的需求量在欧盟市场不断上升，而制砖灰渣和高炉矿渣则随着欧洲火力发电和冶金的不断减少而减少。对于一些没有回收制砖飞灰再生产或者没有采用其他节能方式的制砖飞灰生产商，这所大学可提供方案和相关的专业技术，帮助这些生产商很容易地增加普通制砖飞灰的附加值。

波兰奇特的建筑——“歪歪屋”。“歪歪屋”的建筑材料都是以火山岩为材料的空心建材，这样能隔冷隔热。这里面的主要材料都是大块的不规则材料，是设计师画完图纸后一块块特制的。每块建筑材料虽然都不规则，但是其厚度都是相同的，并且都是 60 cm，最后工人像搭积木一样把它们搭起来。波兰人因地制宜、就地取材，将人与自然理念融入建筑美学中，也是对建筑材料利用的创新体现。

波兰拥有多样的地理领土与文化聚落，历史跨越数千年。它的城镇展现了完整的一系列建筑风格，从罗马式建筑到哥特式复兴和后现代主义住宅与商业建筑。图 7-15 为波兰典型建筑形式，其融合了 20 世纪初开始盛行的现代主义建筑风格，也是钢筋混凝土建筑的先驱之作。主建筑中心对称，呈四叶草形。在施工期间，百年厅已拥有世界上最大的钢筋混凝土屋顶。建筑底部建在一个方形希腊式四臂等长的十字架上，在十字架的三臂尽头，都有小型入口，西面朝向市中心。一座高大的两层楼入口大厅，建造在椭圆形地基上。百年厅包含两大独立的部分，由伸缩接头分隔。在下面的部分，建立在方形平面上，穹顶屋顶由混凝土和钢筋环构成。屋顶包含细钢筋混凝土加强筋，呈放射状排列，称为“中央锁紧环”。百年纪念会堂是现代工程建筑的先驱之作，展现了 20 世纪初期各种影响力的交汇，对后来钢筋混凝土建筑的

发展具有重要的参考价值。

图 7-15　波兰典型建筑形式

图片来源：视觉中国

3. 南欧地区建筑及地域适宜性建筑材料发展现状

南欧指阿尔卑斯山以南的巴尔干半岛、亚平宁半岛、伊比利亚半岛和附近岛屿，南面和东面临地中海和黑海，西濒大西洋，包括塞尔维亚、斯洛文尼亚、希腊、马耳他、波黑、意大利、葡萄牙等地区。南欧三大半岛多山，平原面积较小。南欧地区矿产资源较少，以铜、钾和煤为主。南欧隔着地中海与亚、非两洲相望，自古以来与西亚及北非往来密切，同是重要的古文明起源地。南欧更孕育了古希腊、古罗马文明，对西方世界有重要的历史和文化意义。

希腊起其先，罗马承其后。数千年来，西方古典建筑在古希腊、古罗马的根基之上一脉相承。不同时代的地域和文化，造就了截然不同的建筑形式。罗马建筑最大的贡献是发明了用火山灰、石灰、水和碎石混合而成的万用材料：黏浆，类似现在的混凝土，坚固异常，足以支撑大跨度建筑。材料的变革直接催生了全新的形式——半圆形拱券。从此拱门、圆顶得以独立支撑，而无须像古希腊那样依靠无数柱子，简直堪称建筑史上划时代的创举。作为罗马建筑最大的特点和成就，拱券结构极大地拓展了建筑的布局方式和空间形式。因此，罗马建筑开始在希腊样式的基础上，搭配各式拱和圆顶，使得古罗马建筑类型前所未有的丰富。既有万神庙等宗教建筑（图 7-16），也有皇宫、剧场、角斗场、浴场等公共建筑。

(a) 古希腊帕特农神庙

(b) 古罗马万神庙

图 7-16　南欧典型传统建筑形式

图片来源：视觉中国

罗马混凝土是建筑历史上具有重大意义的发明，为廉价建筑做出了巨大的贡献。它最初被称为 Opus Caementitium，这个名字源自拉丁文，其中 Opus 代表建筑工程和建造方法等概念；而 Caementitium 指的是经加工的砌墙砖和骨料等。这些材料与砂浆混合并硬化后，形成了一种强度很高的凝块，与现代混凝土十分相似，因此，建筑史学家和考古学家称其为罗马混凝土。制作罗马混凝土时，先使用石材或木板搭建出模具，再将混合材料填在其中，待混凝土硬化后将模具拆除即可。

意大利拥有极为丰富的石材资源，在以卡拉拉为中心的西海岸主要产出优质的白灰色大理石，在以维罗纳为中心的阿尔卑斯山东段主要产出深绿色、红色和米色的大理石。此外，奥尔塔湖附近的马乔列湖花岗岩矿床盛产白色花岗岩；波河平原附近的伦巴第大理石矿床盛产纹理较深的淡米黄色大理石；维尼托东部的亚历西那和里本大理石矿床盛产淡灰色和深蓝色石灰岩；分布范围最广的托斯卡纳大理石矿床，盛产白绿相间的大理石。这些丰富的石材资源为意大利提供了宝贵的建筑和装饰材料，使得意大利的石材工艺在世界享有盛誉。

近年来，意大利致力于超高性能混凝土（ultra-high performance concretes, UHPC）方面的研究。超高性能混凝土是一种先进的水泥基材料，具有超高的力学性能和超高的耐久性能，被认为是过去 30 年最优异的水泥基复合材料之一，然而其致密的基体在高温下容易发生剥落。意大利学者在设计中加入聚丙烯纤维和钢纤维，提高了超高性能混凝土在高温下的抗剥落性能。他们还针对极端恶劣的环境，有针对性地设计超高性能混凝土的成分，以便其适用于不同的环境，对延长超高性能混凝土的使用寿命有着重要的意义。

在技术条件主导下材料的加工方式随着制作工艺的进步被彻底改变。传统建筑主体材料石材、砖、木材等转变为玻璃、金属、混凝土等新材料，与传统材料相比，新材料在物理性能和制造成本上具有独特优势，使得与传统材料结合使用或取代传统材料成为可能。更为重要的是，新材料所表现出的强度、力量和多样化形态不仅能够满足建筑的结构和功能需求，还为建筑行业探索新的建筑形式带来广阔的发展机遇。这些新材料成为建筑行业走向现代化的坚实技术基础。

7.3.3　非洲建筑及地域适宜性建筑材料发展现状

非洲地区包括埃及、利比亚、阿尔及利亚、马达加斯加、南非、苏丹、马里、几内亚等国家。下面按照分区介绍建筑及地域适宜性建筑材料发展现状。

1. 北非地区建筑及地域适宜性建筑材料发展现状

北非位于北回归线两侧，主要是指位于非洲北部地中海沿岸的国家，包括埃及、利比亚、阿尔及利亚等，该地区的重要地理特征是阿拉伯文化和伊斯兰文化，和西亚地区合起来统称阿拉伯世界。北非地形地貌多为高原，面积广大，地形开阔，界线明显，有完整的大面积隆起。受副热带高压或信风带的影响，北非地区热带大陆气团盛行，导致这一地区降水稀少，气候干旱。北非大部分采用碉堡式建筑，广泛使用土体、石材等建筑材料，建筑顶部平坦四周有围墙，这种建筑结构容易散热和引水蓄水，可以最大可能地利用有限的降水，而且可以降低房屋内部的温度。北非典型古代建筑遗迹形式如图 7-17 所示。

(a) 古埃及吉萨金字塔群

(b) 苏丹梅罗金字塔群

图 7–17　北非典型古代建筑遗迹形式

图片来源：视觉中国

古埃及建筑体现了深刻的文化印记和宗教意涵，在艺术象征、空间布置和材料运用等方面展示了古埃及独特的人文传统和神秘精神理念。金字塔作为古埃及最具有代表性的建筑，被誉为“世界七大奇迹之一”。金字塔大斯芬克斯的建筑材料，除了主体部分的石灰石外，还包括少部分其他材料。其下半部分的修筑材料是石灰石，这部分石灰石质量较差，粗糙且易碎；上半部分的修筑材料是基岩，这些基岩分成数层，质量也很差，已经存在很多垂直的裂缝。由于修筑材料比较粗糙，历经几千年，该雕像受到严重的风化和侵蚀。在大斯芬克斯下侧石灰石的外部，包裹有一层质量更高的白石灰石，这些石灰石来自河流对岸的图拉。在建造时，石匠还曾对这些白石灰石进行过打磨和抛光。这些白石灰石的主要作用有二：其一，起到加固作用，因为大斯芬克斯下半部分的建筑材料，是质量很差的石灰石，这些石灰石粗糙易碎，而在外侧覆盖一层白石灰石，可以起到明显的加固作用；其二，起装饰作用，使得这一雕像更加美观。

利比亚的建筑物以石为材料，以砖墙结构为主。教堂是西欧最典型的建筑物，也是西欧建筑物的精华。利比亚建筑物以非常大的规模和超然的尺度来强调建筑物表演艺术的不朽与高尚。它们具有严密的欧几里得性，常常以暗含外张感的穹窿和尖塔来渲染房屋的垂直力度，形成傲然屹立、与自然对立的外观特点。古时利比亚建筑物文化的代表者——圆顶与神殿，便突出整体表现了这一特点。

2. 西非地区建筑及地域适宜性建筑材料发展现状

西非指非洲大陆南北分界线和向西凸起部分的大片地区，为地理、人种和文化过渡地带，主要包括马里和几内亚等国家。在该地区诞生出一种原生态的本土建筑艺术——西非土屋，其以泥土为主要建筑材料，展现了泥土独特的质感和色彩，又能在房屋废弃时回归泥土，在取材和施工等过程中充分体现了生态循环的理念。

西非土屋建筑形式如图 7-18 所示。将棕榈木料和藤条编织成围棋盘式样，作为建筑骨架，在其中填入黏土。一些建筑在土屋上覆盖茅草，既提供了清凉庇荫，又可以使室内保持干燥。这些建筑材的自然特性更适应当地情形，往往使用寿命较长。例如，津巴布韦使用大象草铺成的房顶可持续使用 30 年以上。废弃的木料和茅草可以降解，不会对环境造成污染。西非土屋根据独特的气候条件、地理位置和当地居民的生活方式选择适合的建筑材料。从天然用材到空间布局，从结构造型到细部装饰，都体现了西非本土居民独特的地域文化观和生态价值观。通过本土建筑材料的使用，西非土屋减少了能源消耗，实现了材料的循环再利用，最大限度地减少对生态环境的影响。

图 7-18　西非土屋建筑形式

图片来源：视觉中国

在黑白非洲的交汇之处马里，文化呈现出了多元面貌。19 世纪，法国殖民统治对马里的文化产生了巨大影响，为马里带来了欧洲的建筑风格和设计理念，同时存在的阿拉伯文化也对马里的建筑风格产生了深远影响。黏土建筑分布在马里国内各个地区，如图 7-19 所示。马里的建筑材料主要以黏土为基础，辅以木材和稻草等。黏土被用来制作墙壁、地板和屋顶等部分。建筑师和工匠们将黏土与水混合，并以适当的比例塑造成坯体，然后将其烘干或晾干以增强其稳定性。这种黏土坯的特点是简单、朴素，但具有很好的隔热性能，适应了马里的气候条件。早期的马里住宅建筑，通常以黏土为主要材料进行筑造。一些特殊建筑，如清真寺、王宫和将军住宅，采用了特殊的建筑风格和装饰。这些建筑通常使用黏土制作而成，但在设计、形状和装饰上更加精细和独特，展现出地区的文化和历史特色。在马里做黏土砖时不用火烧，只将其在太阳下晒两周后即可使用。黏土建筑在材料选择方面非常简单，主要就是黏土，不需要大量的材料和工具，制作起来相对容易。尽管简单，黏土建筑却能给人带来强烈的视觉冲击，兼具美感和实用性，甚至具备一种哲学性的内涵。在马里的中部和西部地区，主要使用石头等天然建筑材料。而在北部，居住在此的游牧民族使用稻草和动物皮等材料建造房屋。在马里，每个区域和民族都有独特的特点。在城市普通的非规划地区，住房通常采用黏土建造，墙体使用粗涂灰泥或黏土制成，屋顶则采用薄铁板。在完全规划好的区域中，常常采用坚固的材料进行修建。屋顶可以是薄铁板，也可以是使用木材搭建的木制顶棚，甚至是石板。门窗则由钢架与玻璃或铝合金与玻璃组成。

图 7-19 马里杰内古城

图片来源：视觉中国

几内亚位于非洲大陆的西部，气候炎热多雨而潮湿。在几内亚建筑中，也逐步出现了若干幢高层的现代建筑。这些高层建筑主要采用钢筋混凝土框架或有劲性的钢筋混凝土框架结构，填充墙一般用水泥空心砖或者以整片的空心花格来代替。

3. 东非地区建筑及地域适宜性建筑材料发展现状

东非是指非洲东部地区，此地区以热带草原气候为主，高山地区凉爽湿润，沿海低地南部湿热。通常包括埃塞俄比亚、阿克苏姆、吉布提、索马里、肯尼亚、乌干达、卢旺达、布隆迪、坦桑尼亚和印度洋西部岛国塞舌尔。北部以闪含语系的埃塞俄比亚人、索马里人居多，南部以班图语系的黑种人为主。地形以高原为主，沿海有狭窄低地。气候类型以热带草原气候为主，但垂直地带性明显。

石块建筑和其他相关建筑材料，如珊瑚石、砖块和石灰石在索马里建筑中得到广泛使用。珊瑚石从海底采集上来后材质比较松软，容易切割，但等到干燥后，会变得非常坚硬，是一种非常好的建筑材料。珊瑚石是由大海中的珊瑚虫经过分泌、黏合、压实、石化而来的石头。珊瑚石在白色幼虫阶段，会自动附着在祖先珊瑚的石灰质残骸上，并以一种被称为珊瑚的树枝状形式聚集在一起，经过一段时间它们的枝瓣就会掉落海中，由海水推上岸边。人们收集珊瑚枝瓣，经过长期积累攒足建筑房屋的量然后加入水泥砂浆进行搅拌，并将其倒入一个模具中等待自然晾干，最后形成一块厚实的珊瑚石砖。珊瑚石砖材料本身有许多小孔，属于通风透气石砖，具有冬暖夏凉的特征，其体形比普通砖厚实、体积大。许多新的建筑设计，如清真寺，都建在旧建筑的废墟上，这种做法在接下来的几个世纪会一遍又一遍地继续下去。

埃塞俄比亚的建筑结构因地区而异，多年来融合了各种风格和技巧。该地区最著名的建筑物是公元前 8 世纪被毁坏的埃塞俄比亚多层楼的塔楼，该时期石灰砌筑尤其占统治地位。图 7-20 为埃塞俄比亚拉利贝拉教堂。

科摩罗是一个阿拉伯岛国，由于建筑施工技术和建筑理念相对较为原始，科摩罗一直保留着许多具有民族风格和土著特色的建筑。在科摩罗，建筑的分区现象非常明显。农村居民大部分居住在简陋的茅草屋中，对现代化的摩天大厦持有抵制态度；而作为法国殖民地的科摩罗，在建筑上也吸收了一些西方风格，尤其是首都莫罗尼的建筑不断发展壮大。由于科摩罗的降雨量大、湿度大以及地理位置的影响，建筑不仅要防止居住者受到太阳直接辐射，还要预防昼夜温差和强降雨的危害。在传统建筑中，用于屋顶的材料通常是草或芦苇，墙体中间的空隙填满杂草或泥浆。近年来，科摩罗的建筑设计发展出许多新的形式和建造方法，对现代材料和技术的渴望非常明显。

图 7-20　埃塞俄比亚拉利贝拉教堂

图片来源：视觉中国

7.4　丝路沿线国家和地区建筑材料原料资源现状及生产技术特点

7.4.1　丝路沿线国家和地区建筑材料原料资源现状分析

建筑材料生产和制备过程中所需的资源可以分为能源矿产（如煤炭、石油、天然气、地热等）、金属矿产（如金、银、铜、铁等）、非金属矿产（如金刚石、石灰岩、白云岩、花岗岩、大理岩、黏土等）以及水气矿产（如矿泉水、地下水、气体二氧化碳等）。能源矿产又称燃料矿产，在水泥熟料、金属冶炼、砖瓦、陶瓷、玻璃等建筑材料高温生产和制备中作为重要的燃料来源；金属矿产是各类金属制品以及防腐、防火、阻燃、隔热等专用材料的主要原材料；非金属矿产是石材、水泥、混凝土、砖瓦、陶瓷、玻璃、瓷砖等大多数建筑材料都要广泛使用的大宗原材料；水、气矿产特别是水资源，又是各类建筑材料在生产过程中重要的辅助原料。同时，在煤炭、金属矿产、非金属矿产的使用和加工过程中，副产的诸如粉煤灰、钢渣、高炉矿渣、硅灰、铜尾矿、铁尾矿、赤泥等各类固体废弃物也已经成为水泥、混凝土、烧制砖、陶瓷、玻璃等建筑材料重要的辅助原材料。

丝路沿线国家和地区的矿产资源丰富，包括劳亚成矿域、特提斯成矿域、环太平洋成矿域和冈瓦纳成矿域四个大的成矿域（裴荣富等，2015），其中有 21 个矿区带，以及 326 个大型和超大型矿床，虽然地质工作程度相对较低，但成矿条件好，找矿潜力大，这使得丝路沿线国家在全球经济和社会发展中占有举足轻重的地位（陈喜峰等，2017）。然而，从地理地质条件来看，丝路沿线国家和地区成矿区带和成矿背景的差异性，使得各个国家的矿产资源储量及其分布情况明显不均衡[①]。从国家经济和矿业发展水平来看，丝路沿线国家和地区的经济发展基础不一、产业结构不同、对不同矿产品的需求强度也明显不同，并且受到技术、资金、人员和产业需求等各种因素的综合影响，诸多沿线国家的矿业发展水平也存在较大差异（唐金荣等，2015）。

1. 亚洲地区建筑材料原料资源现状分析

中国是世界上最大的矿产资源生产国之一，具有丰富的矿产资源，目前已发现矿产资源 173 种，包括能源矿产 13 种，金属矿产 59 种，非金属矿产 95 种，水气矿产 6 种（张照志等，2022）。我国主要矿产基础储量见表 7-1。然而，我国成矿区带的差异性导致矿产资源的地区分布极不均衡，如石油主要分布在东北、华北和西北地区；煤炭主要分布在华北、西北、东北和西

① “一带一路”主要矿产资源储量及产能概况 [EB/OL]. http://www.chinamining.org.cn/index.php?m=content&c=index&a=show&catid=6&id=21611 [2017-06-27].

南地区，其中 72% 的煤炭保有储量集中于山西、陕西、内蒙古、新疆、贵州，东南沿海各省份则很少；铁矿主要分布在东北、华北和西南地区，其中 70% 的铁矿保有储量集中于辽宁、河北、山西、四川，而西北、华南地区却很少；磷矿高度集中于云南、贵州、四川、湖北，占全国保有储量的 70%，而华北、东北、西北地区较少[①]。矿产资源对中国建筑材料生产产生了重要影响，铁矿石、铜矿、铝矿和钢铁矿等矿产资源是生产钢材和铝制建筑材料的重要原材料，而煤炭是生产水泥的重要原材料。中国丰富的矿产资源为中国建筑材料生产提供了有力的支持。

表 7–1　我国主要矿产基础储量

矿产资源储量	单位	2016 年	2015 年
石油	万 t	350 120.3	349 610.7
天然气	亿 m^3	54 365.5	51 939.5
煤炭	亿 t	2 492.3	2 440.1
铁矿	亿 t	201.2	207.6
锰矿	万 t	31 033.6	27 626.2
铬矿	万 t	407.2	419.8
钒矿	万 t	951.8	887.3
原生钛铁矿	万 t	23 065.1	21 434.0
铜矿	万 t	2 621.0	2 721.8
铅矿	万 t	1 808.6	1 738.8
锌矿	万 t	4 439.1	4 102.7
铝土矿	万 t	100 955.3	99 758.2
镍矿	万 t	277.4	287.3
钨矿	万 t	243.2	233.1
锡矿	万 t	116.4	109.2
钼矿	万 t	830.9	832.5
锑矿	万 t	52.1	47.9
金矿	万 t	2 021.5	1 986.7

① 我国矿产资源的区域分布特点 [EB/OL]. https://zhidao.baidu.com/question/205589857839970285.html[2020-01-19].

续表

矿产资源储量	单位	2016 年	2015 年
银矿	万 t	40 611.1	39 387.0
菱镁矿	万 t	100 772.5	103 923.6
普通萤石	万 t	4 229.2	4 081.7
硫铁矿	万 t	127 809.0	131 101.3
磷矿	亿 t	32.4	33.1
钾盐	万 t	56 212.0	57 582.3
玻璃硅质原料	万 t	196 374.7	198 956.7
滑石	万 t	8 204.6	8 121.7
高岭土	万 t	69 285.1	57 402.8

陕西是我国矿业大省之一，也是丝绸之路的发端，陕西地质成矿条件优越，陕西生产的建筑材料主要包括水泥、水泥制品、玻璃、陶瓷等。近年来，陕西坚持淘汰与改造提升并举，推动建筑建材等传统产业向高端化、智能化、绿色化发展。

表 7–2　陕西矿产资源分布情况

地区	主要矿产资源
陕北黄土高原	煤、石油、天然气、水泥灰岩、黏土类、盐类等
关中平原区	金、钼、地热、矿泉水、非金属建材等
陕南秦巴山区	黑色金属、有色金属、贵金属、砂石、黏土等

甘肃是丝绸之路的“黄金驿站”，具有丰富的矿产资源。甘肃石棉、重晶石、硅质原料及水泥灰岩等矿产的探明储量均居全国前列，其他如石膏、膨润土、菱矿石、滑石、萤石及硅灰石等也有较大储量，是国内非金属矿比较齐全的省份之一。甘肃能源较为充足，建材工业市场广阔，因此大大促进了其建材产业的发展。甘肃主要生产的建筑材料包括水泥、水泥制品、玻璃、石棉制品、砖瓦等（杨红，2020）。

中国新疆是丝绸之路的必经之路，成矿条件好，找矿潜力大，矿产资源总量大。新疆是中国石油储量最多的省份，品位较高的耐火级铬铁矿、蛭石、白云母、石棉、膨润土等矿产资源丰富。在西部大开发等政策下，新疆建筑材料产业飞速发展，目前已拥有水泥、玻璃、水泥制品、砖瓦、建筑陶瓷、石材加工、玻璃钢和新型墙体材料等主要制造业门类，建立了与矿产资源相匹配的建材专业地质、科研、设计、产品质量检验监督、环保检测评估、人才培训等专门机构。

中亚五国哈萨克斯坦、乌兹别克斯坦、吉尔吉斯斯坦、塔吉克斯坦和土库曼斯坦地处亚欧大陆中部，蕴藏丰富的石油、天然气、有色金属、水力等自然资源，是全球矿产资源潜力最大的区域之一，也是世界上最重要的以铜、金为代表的多金属成矿区之一，被称为“21 世纪的战略能源和资源基地”。中亚五国的优势矿产资源概况如表 7-3 所示。哈萨克斯坦不仅拥有丰富的矿产资源，如煤炭、铁矿石和有色金属，还拥有丰富的非金属矿产，具有水泥、石膏等建筑材料生产能力。但是，受限于恶劣的自然条件、较低的基建水平和运输水平，哈萨克斯坦仍需要进口大量的建筑材料。乌兹别克斯坦丰富的自然资源，如天然气、煤炭等，为其建筑材料的生产打下了良好的基础。乌兹别克斯坦的水泥产业受到乌兹别克斯坦政府的大力支持，有几家大型水泥厂。此外，乌兹别克斯坦还采取措施提高水泥行业的能源效率，减少碳排放。吉尔吉斯斯坦、塔吉克斯坦和土库曼斯坦相对而言经济落后，虽然它们拥有着丰富的矿产资源，但缺乏条件和技术进行开发（顾海旭等，2015）。

表 7-3　中亚五国的优势矿产资源概况

国家	优势矿产资源
哈萨克斯坦	石油：2012 年剩余可采储量 41.1 万 t 煤炭：2012 年煤炭产量 116.4 Mt 铀：2011 年铀矿产量 19 751 t 铁：2012 年铁矿石储量 25 亿 t 锰：2012 年锰矿储量 500 万 t 铬：2011 年铬铁矿储量 21 000 万 t 铜：2012 年铜储量 700 万 t 锌：2012 年锌储量 1 000 万 t 钼：2012 年钼储量 13 万 t
乌兹别克斯坦	天然气：2012 年剩余探明可采储量 18 406.05 亿 m^3 铀：2011 年铀矿产量 3 000 t 金：2012 年黄金储量 1 700 t

续表

国家	优势矿产资源
吉尔吉斯斯坦	锑：2012 年锑矿产量 480 t
塔吉克斯坦	锑：2012 年锑储量 5 万 t
土库曼斯坦	天然气：2011 年底剩余探明可采储量 75 040.05 亿 m^3

数据来源：《世界矿产资源年评 2013》

北亚地区蒙古国地处中亚东西向巨型铜金多金属成矿带中东段，矿产资源丰富。蒙古国矿产资源和能源部 2010 年的统计数据显示，蒙古国已发现 800 多个矿床、4500 多个矿点，有煤、铜、铝、铁、萤石、磷、盐、石墨、石膏、滑石等 80 多种矿产。蒙古国的铁矿产地有 30 多处，主要为含铁石英岩型和夕卡岩型。近年来，在经济发展、城镇化和基础设施投资增加的推动下，蒙古国的建筑材料工业逐渐发展。蒙古国生产一些主要的建筑材料，包括水泥、砖瓦和混凝土，但水泥产量仍然有限，使用的大部分水泥都是从中国和俄罗斯等邻国进口的。随着对基础设施的持续投资和自然资源的开发，蒙古国建筑材料生产发展潜力巨大（赵盼盼，2016）。

南亚地区印度多种矿产的储量和产量丰富，如印度的铬铁矿储量大，是全球铬铁矿资源最为丰富的国家之一。印度是世界上发展最快的建筑市场之一。在基础设施建设和城镇化的推动下，印度对建筑材料的需求一直在增加。印度是世界第二大水泥生产国，世界第三大钢铁生产国，出口的水泥和其他建筑材料主要销往东南亚和中东地区。

南亚地区巴基斯坦地质构造较复杂，矿产资源较丰富，已探明的矿产地有 1000 处以上。巴基斯坦除了铬铁矿产量较大外，还拥有丰富的非金属矿产资源，如石灰岩、石膏、硅石、石棉、石墨、石英、钠盐、钙盐、镁盐、铝土矿等，是南亚重要的水泥生产国。巴基斯坦有几家大型水泥厂，但受限于技术短缺、资金不足、环境保护等因素，巴基斯坦的非金属矿产资源开发和生产仍然存在一些困难和挑战。

东南亚地区包括印度尼西亚、马来西亚、菲律宾、越南和泰国，其矿产资源较丰富，主要包括石油、天然气、煤、铜、金、镍、铝、锡、钛、锑、银、钾盐、石膏、重晶石和磷，以及铁、锌、铅、铬、锰、钴、高岭土和膨润土等，其中优势矿产资源如表 7-4 所示。

表 7-4　东南亚地区优势矿产资源概况

国家	优势矿产资源
印度尼西亚	煤炭：2012 年煤炭产量 3.86 亿 t 镍：2012 年镍矿产量 25.5 万 t 金：2012 年黄金储量 3000 t 锡：2012 年锡储量 80 万 t
马来西亚	锡：2012 年锡储量 25 万 t
菲律宾	镍：2012 年镍储量 110 万 t
越南	磷：2011 年磷矿石产量 230 万 t 锡：2012 年锡矿产量 0.54 万 t
泰国	锡：2012 年精炼锡矿产量 2.28 万 t

印度尼西亚是东盟最大的国家，矿产资源丰富，主要金属矿产有铝土矿、铁矿砂等，其中铝土矿资源较大，主要分布在邦加岛和勿里洞岛、西加里曼丹省和廖内省；铁矿主要分布在爪哇岛南部沿海，西苏门答腊、南加里曼丹和南苏拉威西，但开发利用较少。印度尼西亚政府已采取措施支持水泥行业的发展，如投资基础设施和向企业提供税收优惠等。目前，印度尼西亚拥有几家大型水泥公司，但其水泥行业仍面临着能源成本高、进口水泥的竞争、基础设施不足等挑战。

菲律宾位于环太平洋火山带，是世界上矿产储备最丰富的国家之一，但多种矿产资源仍处于未开发状态，具有较好的发展潜力。菲律宾是东南亚最大的水泥生产国之一，拥有几家大型水泥公司，但受限于能源不足、基础设施不足等因素，菲律宾的建筑材料产业仍有较大的提高空间。

西亚地区矿产资源最突出的是石油和天然气。此外，铜、铁、铅、锌等金属矿产，以及硼矿、磷矿、钾盐等非金属矿产也十分丰富。沙特阿拉伯是一个富有石油资源的国家，这为建筑材料的生产打下了良好的基础。同时，沙特阿拉伯也拥有非常丰富的非金属矿物资源，包括石膏、石灰石、长石、石英、砂石和砂岩等。这些矿物资源主要分布在沙特阿拉伯的北部和西南部。沙特阿拉伯的水泥生产量约占全球总量的 8%，主要生产于该国的吉达、利雅得、麦地那等城市。近年来，沙特阿拉伯的建筑产业快速发展，需求量也在迅速增加。由于沙特阿拉伯的水泥生产不能完全满足国内市场需求，并且该国的水泥生产技术不完全满足高标准的水泥生产要求，因此沙特阿拉伯还需要从其他国家进口水泥。

2. 欧洲地区建筑材料原料资源现状分析

俄罗斯作为矿产资源大国，已探明的铁矿、金刚石等矿产资源量居世界第一位。丰富的矿产资源在满足俄罗斯国内需求的同时，还满足了规模化出口需求。西伯利亚及远东地区的矿产占俄罗斯境内探明矿产资源总量的 80% 以上①。优势矿产资源主要包括：石油、天然气、煤等能源矿产；铁、锰、铬、钛等黑色金属矿产；磷矿、金刚石、石棉、石墨等非金属矿产。俄罗斯是世界上水泥生产量排名靠前的国家之一，水泥生产能力高，产品质量良好，远销海外市场。俄罗斯的水泥生产主要集中在中部和西部地区。此外，俄罗斯是世界上主要的铝生产国之一，拥有丰富的铝矿资源和先进的生产技术。俄罗斯生产的铝主要用于制造铝压延板、铝型材和铝箔，并作为原材料出口到全球其他国家。

意大利矿产资源贫乏，仅有水力、地热、天然气等能源和大理石、黏土、汞、硫黄以及少量铅、铝、锌和铝矾土等矿产资源，十分重视可再生能源，特别是地热和水力。地热发电量居世界第二位，仅次于美国，水力发电居世界第九位。意大利一直重视发展太阳能，光伏装机容量占世界的 1/4，意大利国内可再生能源供给比例已经达到能源总需求的 25%。意大利是一个以工业化为基础的国家，由于其矿产资源有限，要保证其建筑材料的生产必须依赖于进口。例如，意大利对铁矿石、铝矿石等金属矿物，以及煤炭、天然气和石油的进口需求很大。意大利生产的建筑材料包括水泥、砖、石材、瓷砖等。由于意大利依赖于大量进口国外的原材料，因此国际市场上原材料对意大利建筑材料的生产将产生巨大影响。

3. 非洲地区建筑材料原料资源现状分析

非洲大陆幅员辽阔，地质演化历史悠久，为世界最古老的大陆之一，经历了复杂的地质构造－岩浆活动－成矿作用演化过程，矿产资源极为丰富，而且矿产种类齐全、储量巨大，被称为世界矿产资源的博物馆，分布有西非

① 俄罗斯矿产资源特点及分布情况 [EB/OL]. http://www.zcqtz.com/news/259471.html[2021-11-29].

几内亚-利比里亚铁矿带、西非几内亚-加纳-马里-塞拉利昂及喀麦隆铝土矿带等多个世界闻名的矿带或矿集区，是世界著名的矿产资源富集地区之一。非洲地区主要矿产资源如表 7-5 所示。

表 7-5 非洲地区主要矿产资源简表

矿产种类	主要矿产
能源	石油、天然气、煤、页岩气、铀
黑色金属	铁、锰、铬、钒、钛
有色金属	镍、铜、铅、锌、钨、锑、汞、钼、钴、铝土矿
贵金属	金、银、铂族金属
宝玉石	金刚石、翡翠、红宝石、蓝宝石、玛瑙、锆石、紫水晶、碧玺
三稀矿产	稀土、铍、锆、铌、钽、锶、镓、锂
化工原料矿产	钾盐、岩盐、磷、硫铁矿、重晶石、砷、硝石
其他矿产	石墨、萤石、云母、长石、石棉、滑石、明矾石、高岭土等

非洲主要国家矿产资源的禀赋特征各具特色，不但有丰富与贫乏之分，而且部分重要矿产集中分布于少数国家，不同矿种的集中程度也有所不同。非洲石油资源较丰富的国家有阿尔及利亚、安哥拉、乍得、刚果（布）、埃及、赤道几内亚、加蓬、尼日利亚、利比亚、南苏丹、苏丹和突尼斯等，其中利比亚是非洲石油资源最丰富的国家。天然气较丰富的国家有阿尔及利亚、埃及、利比亚和尼日利亚，其中尼日利亚是非洲天然气资源最丰富的国家。煤炭较丰富的国家有南非和津巴布韦。

尽管埃塞俄比亚拥有丰富的铁矿石资源，但由于技术和设备的限制，国内的钢铁产量仍然很低，远远不能满足国内的需求。因此，许多钢材仍需要从国外进口。同时，埃塞俄比亚还需要进口先进的钢铁生产技术和设备，以提高国内钢铁生产的效率和质量。埃塞俄比亚水泥生产量在过去的几十年中有了显著的增长。目前，埃塞俄比亚拥有多家现代化的水泥工厂。但是，由于该国基础设施缺乏，且受限于设备、技术、资金等问题，埃塞俄比亚生产和销售建筑材料仍然存在一些困难。

卢旺达拥有丰富的自然资源，但由于缺乏矿物开采、加工和生产所需的适当设备和设施，仍然需要进口大量铁矿石、石灰石、石膏等。

埃及是一个石材生产和使用大国，建造有举世闻名的金字塔，开挖了苏伊士运河等。埃及具有石材资源的国土面积约为 16 万 km^2，其石材资源主要有大理石和花岗石，并有少量的洞石。对于一些其他的建筑材料，如石膏、石灰石、钢材等，由于生产技术水平有限和设备落后，埃及仍然需要进口大量高质量的非金属矿物，以满足国内建筑材料生产的需求。

南非是非洲最大的建筑材料生产国之一。南非在建筑材料方面有较丰富的矿产资源，主要生产水泥、石灰石、石膏、黏土矿等。此外，由于经济状况和技术水平的限制，一些原料仍需要进口，如高品质的钢材和矿物质。

尼日利亚是非洲最大的国家之一，也是非洲最大的石油生产国。尽管尼日利亚在建筑材料方面存在一定的生产能力，但该国仍然需要大量进口一些建筑材料，如钢铁、铝、铜等金属材料。尼日利亚的水泥生产业相对发达，有多家水泥生产厂，但其水泥市场需求量远大于生产能力，因此该国仍然需要大量进口水泥以满足市场需求。此外，由于尼日利亚的经济环境不稳定，基础设施欠缺，物流体系不完善等原因，生产和销售建筑材料仍然存在困难。

阿尔及利亚拥有丰富的矿产资源，包括石灰石、硅藻土、石膏等，具备生产水泥的能力。在过去的几十年中，阿尔及利亚的水泥产业迅速发展，并在国内建设了大量的水泥生产厂。尽管如此，阿尔及利亚仍然需要进口一些技术和设备以提高生产效率。近年来，阿尔及利亚政府已采取了一系列措施来改善水泥生产业，如鼓励外国投资、提高生产技术、开展合作项目，以促进国内的水泥生产。

摩洛哥在非洲大陆也是水泥生产能力较强的国家之一。摩洛哥拥有丰富的原材料资源，如石灰石、硅藻土等，以及现代化的工业基础设施和设备。该国拥有多家大型水泥生产企业。然而，受限于技术和矿产资源，摩洛哥也需要从其他国家进口一些高质量的建筑材料，如高强度水泥、高级陶瓷砖、高级玻璃等。

4. 丝路沿线国家和地区矿业发展概况

丝路沿线国家中，卡塔尔、科威特、东帝汶、孟加拉国、文莱、巴林、黎巴嫩、克罗地亚、摩尔多瓦、立陶宛、不丹、拉脱维亚、马尔代夫 13 个国家的重要固体矿产资源相对匮乏，其余国家均不同程度地拥有重要固体矿产资源。俄罗斯是沿线重要固体矿产资源总体上最丰富的国家，其中有20多种重要矿产资源在世界上占有重要地位；哈萨克斯坦有9种重要矿产资源在世界上占有重要地位，波兰的银矿、乌克兰的锰矿、越南的稀土等矿产资源储量较大；印度尼西亚、越南、泰国、缅甸、马来西亚有较丰富的锡矿资源。

从经济发展水平看，丝路沿线国家经济发展水平不一。根据人均矿产资源消费量和资源消费强度与人均GDP之间分别存在“S”形和倒“U”形关系的规律分析，该区域发展中国家对矿产资源的需求仍在增加，对矿产资源的消费需求比较旺盛。但由于不同国家发展基础不同，其对不同矿产品的需求强度也有较大差异。

丝路沿线国家，尤其是许多亚洲国家矿产资源丰富，矿业在国家经济发展中占有重要地位，甚至是支柱产业之一。然而，受技术、资金、人员、产业水平等条件影响，大多数国家的矿业发展水平较低，出口的矿产品仍以低附加值的原材料为主，处于整个矿业产业链的低端。

建筑材料种类繁多，有石材、水泥、混凝土、金属等结构材料，也有涂料、镀层、油漆等装饰材料，还有防水、防潮、阻燃等专用材料。这些材料的生产和制备都离不开各类矿产资源。因此，丝路沿线国家在矿产资源储量、资源勘查程度、开采技术手段、生产基础设施等方面的差异在很大程度上就决定了各国建筑材料工业的发展水平以及建筑材料的进出口比例。

7.4.2 丝路沿线国家和地区建筑材料生产技术特点分析

在丝路沿线国家和地区，水泥、钢铁、砖瓦、玻璃和建筑陶瓷等主要建筑材料被广泛应用，其中使用量最大的是水泥和钢铁。

1. 水泥

自1824年英国人阿斯谱丁（Aspdin）获得第一项波特兰水泥专利后，水泥生产技术随着时代的变迁不断进步更新。从煅烧设备看，水泥生产经历了瓶窑、仓窑、立窑、机械立窑、干法回转窑和湿法回转窑等阶段后，现在已处于新型干法窑的时代，预分解新型干法是当今世界上能实现规模生产的最先进的水泥生产技术。

（1）丝路沿线主要亚洲国家水泥生产概况

中国是当前世界范围内水泥生产技术最先进、产能最高、产量最大的国家。自 1970 年中国建筑材料科学研究总院的工程师赵正一提出在“窑尾加把火”的想法后，我国的水泥生产经历了自主创新、引进消化吸收再创新的艰难历程，在国家建筑材料工业局（2001 年撤销）、有关水泥设计及设备制造企业、相关科研单位的共同努力下，先后开发出了日产 1000 t、2000 t、2500 t、4000 t、及 5000 t 以上熟料的预热预分解窑新型干法生产工艺和技术装备，为中国水泥工业的发展创造了坚实的基础条件。

目前我国在生料低能耗高效粉磨技术、大型均化工艺及技术、悬浮预热预分解煅烧窑节能工艺、生产过程自动化控制技术和污染物减排环境保护技术等方面，已处于世界先进水平。中国的水泥生产技术和装备，已通过海外工程建设项目走向世界。例如，高效粉磨技术、富氧燃烧技术、高固气比悬浮预热预分解技术、烟气脱硝的选择性非催化还原技术和选择性催化还原技术等国际领先的新型技术在我国已有较大范围的应用。但是，我国水泥工业快速发展的同时，也面临着水泥生产所需矿物资源日渐枯竭、煅烧所需能源紧张、碳排放量大等危机，水泥工业企业的能耗及排放总量连续多年位居工业部门前列，需要进一步大力节能减排。我国的水泥生产技术需要向“第二代新型干法技术”发展。第二代新型干法技术以悬浮预热和预分解技术为核心，通过新型技术装备强化热交换和熟料煅烧过程，进而大幅度提高窑炉热效率和容积率；同时，将生产控制过程网络化、信息化、功能化、智能化，采用先进技术高效利用废弃物和防治污染物，进行水泥生产线的现代化技术综合改造。

图 7-21 为 2002～2022 年中国水泥产量及世界占比变化，2020 年中国水泥产量 24 亿 t，世界水泥产量 41 亿 t，占比为 58.5%，居世界第一位。

在中亚地区，水泥的产能利用率处于 90% 以上的国家仅有沙特阿拉伯，其水泥产能为 6170 万 t，产量却达 6000 万 t，表明其水泥需求旺盛（佚名，2016）。而其邻国阿联酋和约旦水泥的利用率仅有 41%～48%，说明其产能过剩，要靠增加水泥出口来改善经营。沙特阿拉伯正是其水泥出口的目的地。

总体上，中东地区水泥供求已接近平衡稳定。

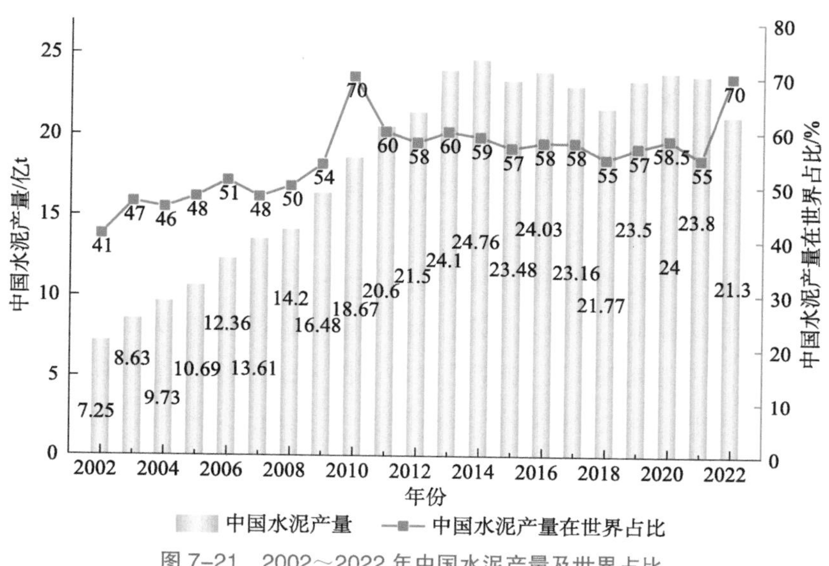

图 7-21　2002～2022 年中国水泥产量及世界占比

拥有水泥生产线的其他中亚国家主要包括乌兹别克斯坦、吉尔吉斯斯坦、塔吉克斯坦、哈萨克斯坦，共拥有 14 个水泥生产厂，年生产能力为 1750 万 t。其中，乌兹别克斯坦水泥产量在中亚地区排名首位，2006 年产量为 558.2 万 t[①]。目前，该国水泥生产工艺主要为新型干法工艺，在生产技术上与我国相比仍有一定的差距。但乌兹别克斯坦水泥质量上乘，在满足国内市场需求的情况下，实现了外销，主要出口国家包括：塔吉克斯坦（占出口总量的 31.1%）、哈萨克斯坦（占出口总量的 20.8%）、土库曼斯坦（占出口总量的 20.3%）、阿富汗（占出口总量的 17.3%）、吉尔吉斯斯坦（占出口总量的 10.2%）和伊朗等国家[①]。吉尔吉斯斯坦、塔吉克斯坦、土库曼斯坦等国家仅有 1 条水泥生产线，且尚无相关技术指标。哈萨克斯坦水泥生产近几年飞速发展，目前已具备 600 万 t 的年产能，但是水泥生产工艺整体相对落后，仍有部分水泥厂采用“湿法”生产工艺，导致产能较低。

南亚国家中，印度是仅次于中国的世界第二大水泥生产和消费国，图

① 中亚国家水泥生产概况 [EB/OL]. http://kz.mofcom.gov.cn/aarticle/sqfb/200709/20070905089125.html[2023-09-04].

7-22 为 1990～2030 年印度水泥产量发展，预计到 2030 年印度水泥产量将达到 5.8 亿 t。2014 年印度拥有 174 家综合型水泥厂，其中 155 家处于运营中，总生产能力超过 3.01 亿 t/a。此外，还有 91 家粉磨站，生产能力超过 1.09 亿 t/a。印度有大量本国及跨国水泥企业，印度国内的水泥企业仍占水泥产能的统治地位。目前，印度水泥行业处于发展的上升期，但仍存在能源短缺、石膏资源短缺的问题，在可替代燃料和原料的利用方面尚未达到世界先进水平。

西亚国家主要水泥生产国为土耳其。土耳其位于欧亚大陆交界处，水泥产能巨大，出口名列世界前茅。2015 年，土耳其水泥产能为 1.08 亿 t，有 19 家水泥公司，49 家水泥厂，20 家粉磨站（佚名，2016）。土耳其的生产技术以新型干法为主，但也存在部分落后产能。后期通过改扩建，淘汰落后产能后，可增加 1700 万 t 水泥产能。

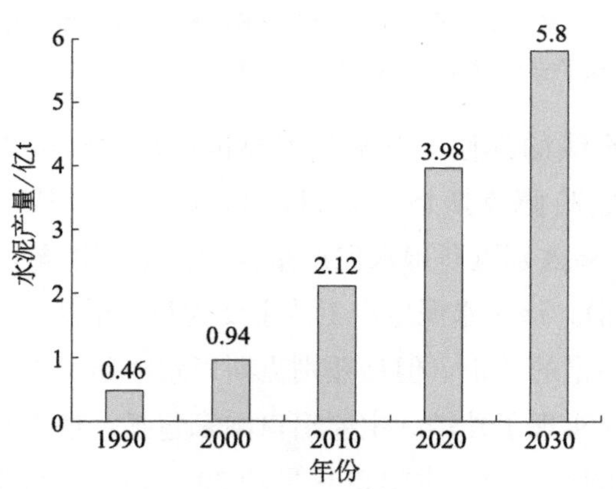

图 7-22　1990～2030 年印度水泥产量发展

（2）丝路沿线主要欧洲国家水泥生产概况

在欧洲，俄罗斯是传统的水泥生产大国，但是，其水泥工业发展较慢，水泥生产技术现代化进程滞后，至今仍有湿法窑等落后生产线存在，这部分落后产能占其水泥总产能的 15% 左右。除了部分较落后生产线，俄罗斯的其余生产线均为近 10 年新建或改扩建。2015 年，俄罗斯水泥产能为 1.01 亿 t，水泥产量为 6130 万 t，产能利用率为 61%。如果在其水泥产能中扣除图 7-23 为 1990～2030 年俄罗斯水泥产量发展。从图中可以明显地看出，苏联解体后

其水泥产量显著降低，其后的20年呈缓慢恢复状态，预计到2030年俄罗斯水泥产量将达到0.85亿t。

除俄罗斯外的欧洲其他地区，水泥产能较大且生产技术较先进的国家为德国和西班牙，这两个国家的产能占欧洲总产能的一半以上。

2015年，德国水泥行业有34座综合水泥厂，综合水泥产能总计3200万t/a[①]。每一家水泥厂的产能通常都较小，产能的中位数和平均数几乎都恰好为100万t/a。生产线的产能为20万～240万t/a。除拉法基豪瑞的150万t Lägerdorf生产线外，其他皆为干法生产线。除综合水泥厂外，德国另有18家水泥粉磨厂。尽管德国的水泥厂一般较老旧，许多甚至已有50年以上的经营历史，但得益于德国本土的专业技术和设备供应商，德国成为水泥加工效率方面的全球领先者，就可替代燃料的使用而言，德国水泥的排名也非常靠前。2018年，德国水泥行业的总体热替代率为68%[②]。

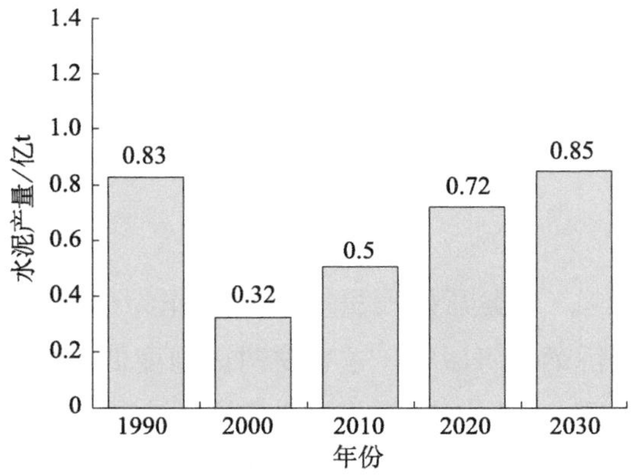

图7-23 1990～2030年俄罗斯水泥产量发展

据统计，2016年西班牙还在运行中的综合水泥工厂有32座，合计水泥产能为4200万t。然而，西班牙2016年仅仅生产了1380万t水泥，有效产能利用率只有33%。这还没有加上西班牙19个水泥粉磨站的产能，如果加

① [原创]德国水泥工业现状[EB/OL]. https://www.ccement.com/news/content/8469002246978.html[2023-09-04].

② [原创]德国水泥工业现状[EB/OL]. https://www.ccement.com/news/content/8469002246978.html[2023-09-04].

上，产能利用率更低。这些粉磨站主要分布在巴塞罗那附近和加纳利群岛上。2016 年，西班牙部分水泥厂已经被封存或者关闭，有些即使在运行也是维持在很低的利用水平上。如同其他欧洲国家一样，西班牙的水泥厂主要由一些大型跨国公司控制和运营，如西麦斯、拉法基豪瑞、海德堡水泥、沃特兰亭、CRH，大约总计占有 2440 万 t 的产能，占总产能的 58%①。

（3）丝路沿线主要非洲国家水泥生产概况

埃及是非洲的水泥大国，2015 年埃及水泥产量为 5300 万 t，但仍难以满足持续上升的水泥需求，特别是苏伊士运河走廊经济带和苏伊士运河经济区等重大项目对建设对水泥需求巨大。几乎所有的跨国水泥巨头都涉足了埃及水泥市场，这些巨头们在埃及运营的水泥产能占埃及全国水泥产能的 60% 以上。

北非的阿尔及利亚是近些年水泥产量较大的国家，已逐渐从水泥进口国转变为出口国。由于出口水泥价格高，阿尔及利亚有意充分发挥其水泥工业基础设施齐备，以及技术、管理、人才等方面的优势，扩大产能，增加水泥出口，进而开拓非洲南部和中部市场。

2. 钢铁

17 世纪 70 年代，人类开始大量应用生铁作为建筑材料，到 19 世纪初发展到用熟铁建造桥梁、房屋等。这些材料因强度低、综合性能差，在使用上受到限制，但已是人们采用钢铁结构的开始。19 世纪中期以后，钢材的规格品种日益增多，强度不断提高，相应的连接等工艺技术也得到发展，为建筑结构向大跨重载方向发展奠定了基础，带来了土木工程的一次飞跃。19 世纪 50 年代出现了新型复合建筑材料——钢筋混凝土。20 世纪 30 年代，高强钢材的出现又推动了预应力混凝土的发展，开创了钢筋混凝土和预应力混凝土占统治地位的新历史时期，使土木工程发生了新的飞跃。与此同时，各国先后推广具有低碳、低合金（加入 5% 以下合金元素）、高强度、良好的韧性和可焊性以及耐腐蚀性等综合性能的低合金钢。随着桥梁大型化，建

① ［译文］欧洲水泥出口大国－西班牙 [EB/OL]. https://www.ccement.com/news/content/ 9145267341367.html[2023-09-04].

筑物和构筑物向大跨、高层、高耸发展以及能源和海洋平台的开发，低合金钢的产量在近30年来已大幅度增长，其在主要产钢国的产量已占钢材总产量的7%～10%，个别国家达20%以上，其中35%～50%用于房屋建筑等土木工程，主要为钢筋、钢结构用型材、板材，同时土木工程的钢结构用低合金钢的比例已从10%提高到30%以上。近年来，各国大力发展不同于普通钢材品种的各种高效钢材，其中包括低合金钢材、热强化钢材、冷加工钢材、经济断面钢材以及镀层、涂层、复合、表面处理钢材等，已经在建筑业中使用并取得了明显的经济效益。由于1970年以来曾两度发生石油能源危机，世界经济受到影响，对钢铁界的冲击尤为强烈，因此曾称钢铁工业为“夕阳工业”。目前，重新评价钢铁生产工艺的发展方向变得活跃起来，其考虑及评价的核心是节约能源、节省资源、降低成本和质量高级化及品种多样化。世界钢铁工业生产技术的发展均是在前述条件约束或影响下发展前进的。最明显的是，世界各国钢铁工业相继从以增产钢为主转向节能、降耗、优质、多品种方向发展，从过去追求“产量型”向“技术质量型”转化。

（1）丝路沿线主要亚洲国家钢铁生产概况

钢铁工业的生产呈现从发达国家向发展中国家转移的趋势。随着世界经济和工业化的发展，主要产钢国也由刚开始的英国、美国、俄罗斯、日本等发达国家向中国、巴西、印度、墨西哥等发展中国家转移，目前中国是世界上最大的产钢国。从钢铁生产大洲来看，呈现由西欧、北美向东亚转移的趋势，非洲、中东、南美洲等大洲所占比重一直较小。中国的炼钢工艺由粗放型向环境友好型转变，更加注重发展绿色钢铁工业。目前，世界上使用最普遍的是氧气转炉，电炉使用率较低，平炉基本被淘汰。

中国自1996年以来一直是产钢大国，钢铁贸易量也居世界前列，世界钢铁产销格局的变化对我国影响巨大。近十几年来，世界钢铁的生产量远远超过消费量，钢铁产能严重过剩。中国和世界各国钢铁行业在集中度方面所存在的差异，突出一个特点就是中国中、小型企业多，从而导致中国钢铁行业的集中度不高（图7-24），进而导致中国钢铁行业整体抗风险能力偏弱，竞争力不高。

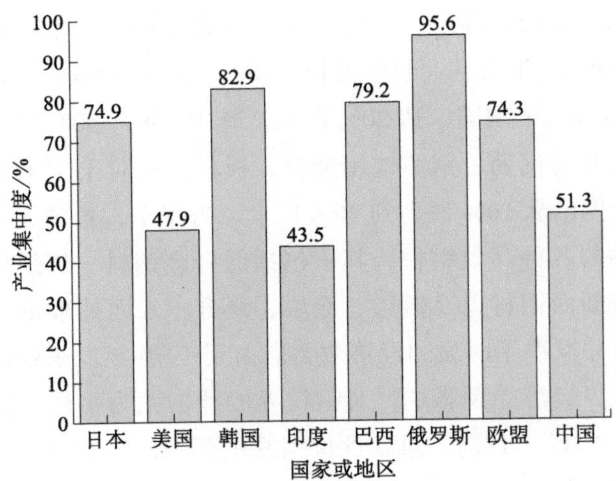

图 7-24　2016 年世界主要国家或地区 500 万 t 以上钢铁企业产业集中度

现阶段中国是世界上的产钢大国，产量占世界总产量的一半以上，除了中国外，印度、俄罗斯也是主要产钢国。面对全球钢铁急速发展，印度钢铁企业开始采取行动提高产能。印度钢铁出口量达到 10.3 Mt，居世界第 12 位。基于印度丰富的矿石资源加之劳动力价格过低，导致印度钢铁产能的效益较高。印度钢铁企业的生产原则是不断向高端产品需求市场靠近，同时继续拥有成本更低的生产原料。但是印度主要产钢工艺为氧气转炉，电炉工艺所占比重很小，钢铁生产工艺水平较低，产品附加值较小（Hasanbeigi et al., 2016）。

从表 7-6 可以看出，中国大陆产钢量为 108.1 Mt，居第一位，是第二位日本的 2.7 倍。除中国以外，在出口量居于前 20 位的国家或地区中，不仅包括老牌钢铁国家，如日本、俄罗斯、韩国、美国等，也包括许多发展中国家，如巴西、印度等。

表 7-6　2016 年世界钢铁出口前 20 位国家或地区　　（单位：Mt）

国家或地区	出口总量
中国大陆	108.1
日本	40.5
俄罗斯	31.2
韩国	30.6

续表

国家或地区	出口总量
欧盟	29.9
德国	25.1
乌克兰	18.2
意大利	17.9
比利时	16.7
土耳其	15.3
法国	13.7
巴西	13.4
中国台湾地区	12.2
印度	10.3
荷兰	10.2
西班牙	9.3
美国	9.2
奥地利	7.3
加拿大	5.8
伊朗	5.7

（2）丝路沿线主要欧洲国家钢铁生产概况

欧洲国家的炼钢工艺由粗放型向环境友好型转变，更加注重发展绿色钢铁工业。从炼钢的工艺来看，钢铁生产工艺主要有氧气转炉、电炉、平炉三种工艺，其中电炉是使用电力利用废铁进行炼钢，其所含杂质较少，炼出的钢品质最好、生产过程环保，但生产效率较低，多用来冶炼合金钢和有色金属。氧气转炉生产效率较高，多用于连铸、轧钢。平炉炼钢除尘系统复杂、投资昂贵，逐渐被淘汰。从2016年钢铁统计资料可以看出，在俄罗斯、乌克兰等个别少数国家还存在使用平炉炼钢，但平炉炼钢仅占总炼钢量的0.4%。2016年，产钢量前七位的国家为中国、日本、印度、美国、俄罗斯、德国、土耳其，根据《世界钢铁工业统计年鉴》，上述国家氧气转炉工艺的产钢量占该国产钢量的比例分别为94.8%、77.8%、42.7%、33%、66.9%、70.1%、34.1%；运用电炉工艺的产钢量占该国产钢量的比例分别为5.2%、22.2%、57.3%、67%、33.1%、29.9%、65.9%。值得一提的是，保加利亚、克罗地亚、卢森堡、葡萄牙、斯洛文尼亚、委内瑞拉、沙特阿拉伯这七个国家运用电炉的产钢量占各个国家产钢量的100%，新西兰氧气转炉的产钢量也为该国产钢量的100%。

（3）丝路沿线主要非洲国家钢铁生产概况

熔融还原炼铁－炼钢与接近最终产品形状的薄板坯连铸是当前国际钢铁工业前沿的两项重大新工艺。这两大新工艺的结合，中间再配上合适的二次精炼，将是下一代钢铁生产的主流程。现有的熔融还原工艺中，技术最成熟的，一致公认是无焦炼铁的熔融还原炼铁工艺。该工艺是将矿石经预还原后，再在1600～1700℃高温的煤粒流动层被还原成生铁和炉渣，在炉子下部分分离钢渣和铁。

除此之外，世界各国在不改变钢铁成分的情况下，仅靠控轧和冷却速度的控制就能获得高质量和低成本的产品。炼钢二次精炼的发展，特别是喷粉技术，稀土的运用和真空处理技术，显著地改善了钢铁的成分控制和钢铁的洁净度。硫含量的降低及硫化物夹杂物变性处理技术的开发，被成功地运用于管线钢、石油钢管钢和中厚板，使得厚度方向的韧性得以提高，抗层状撕裂性能大大提升。超低碳冶炼技术的开发使超深冲无间隙原子钢得以发展。另外，高功能钢的开发又为这种材料开辟了崭新的前景。

3. 砖瓦

由于各国的建筑传统和习惯差异很大，故世界各国砖瓦工业状况也明显不同。在北美洲、北欧（瑞典、挪威、丹麦）等国，砖作为装饰材料，粘贴在建筑物的外表面，在这些国家以生产面砖为主；在北欧其他国家，砖既是装饰材料又是主要的结构材料。从传统上看，亚洲建筑物的内墙和外墙均用砖。随着严厉的节约能源政策的进一步实施，现在的建筑墙主体主要由轻质空心黏土砖、加气混凝土砌块、粉煤灰保温砌块等砌筑而成，墙外则粘贴面砖。同样，在中东地区，将空心黏土砌块作为钢筋混凝土建筑物的内隔墙。

（1）丝路沿线主要亚洲国家砖瓦材料生产概况

经过20多年的引进、消化、吸收、应用、改进、提高，亚洲国家砖瓦行业基本形成了以消化美国设备为代表的硬塑挤出机系列，消化法国设备为代

表的中塑性挤出机系列，消化西班牙设备为代表的塑性挤出机系列以及国内自主研发、自主创新制砖设备系列（崔宝剑，2011）。部分设备性能已达到或接近国际砖瓦机械先进水平，机械手已开始应用到砖瓦产品的生产线上，基本形成了多头并举、百花齐放的格局（曹卫江，2004）。

中国烧结砖瓦行业正在步入历史上重要的转型期，进入了一个高速发展阶段，这一发展阶段的典型特征如下：页岩、煤矸石和粉煤灰等工业固体废料（其中包括部分钢铁工业固体废料、尾矿、江河湖淤泥）得到充分利用；传统的自然干燥、轮窑烧成的生产方式快要完成其历史使命即将被隧道窑所取代；以自动化码坯设备（自动化机械码坯机和机器人）为龙头的自动码坯工艺被广为接受；60 型以上的双级真空挤出机成为成型设备的主流；烧结砖瓦厂的烟气净化处理得到普遍重视；多孔砖、空心砖、保温隔热空心砌块、装饰砖、装饰挂板作为主导产品引领行业向着健康的方向发展，具有多功能的烧结空心制品成为产品结构调整的主流方向；新型“二次码烧的切码运、上下架设备以及干燥系统”开发取得了新的实质性突破，为生产高档次的装饰砖、保温隔热砌块提供了技术上的支持和保证。

印度的砖瓦产量仅次于中国，与印度各地区砖瓦企业的技术设备存在很大的不同，30% 的企业生产着 70% 的砖瓦产品，其软泥砖的产量也是世界上最大的。这一点可以从其拥有数量众多的、小规模的纯手工制砖作坊得到证实。印度重黏土工业（砖瓦工业）目前处于学习最新生产技术阶段。技术改进动力一方面来自印度本地砖瓦企业，另一部分来自印度国内的欧洲企业。印度现存生产工艺与其他国家或地区生产工艺的对照如图 7-25 所示（孙国凤，2010）。

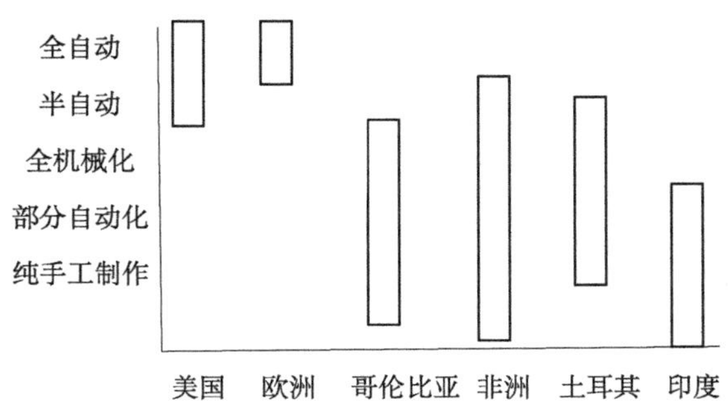

图 7-25　印度现存生产工艺与其他国家或地区生产工艺的对照

巴基斯坦现有的砖厂数量少，且都是小地沟窑，没有机械设备，生产全部用人工脱坯，人工晾晒砖坯，工艺落后，产量很低，满足不了市场需求量。

哈萨克斯坦本国的建材生产速度同样赶不上国内建设需求的增长，而且只能保证初级建材（如钢筋、水泥和砖）的供应，而更高级一点的建材则要靠进口，所以建材进口连年增长。伊朗仅少量企业使用机械设备的生产方式，大多数依然是手工作坊的生产方式，但其砖的年总产量相对较高。

（2）丝路沿线主要欧洲国家砖瓦材料生产概况

俄罗斯有灰砂砖生产厂或车间140余家，年产灰砂砖（250 mm × 120 mm × 65 mm）146亿块左右，占全国墙体材料总量的16%。俄罗斯的灰砂砖厂生产规模很大，年产6000万块以上的灰砂砖厂占60%以上，其中年产量在2亿块砖以上的灰砂砖厂有8家，但其自动化水平落后于德国（黄华大，2003）。

意大利生产砖瓦在业62家公司，从业人员3000人，2021年营业额为5亿欧元，总产量达450万t。2007年以来，砌墙砖和屋顶瓦的生产份额略有提升，而其他所有产品，特别是清水砖制品，已减产高达40%（表7-7）。这些数据构成了一个正在逐渐发生变化的建筑工程模式（冯凯，2015）。

表7-7　2013年、2012年、2007年意大利砖瓦产量对比

项目	2013年/10^3 t	2012年/10^3 t	2007年/10^3 t	2012～2013年产量变化/%	2007～2013年产量变化/%
砌墙砖	4 158（66.2%）	4 855（65.6%）	13 298（64.4%）	−14.36	−68.73
水平孔多孔砖	99（1.6%）	148（2.0%）	507（2.5%）	−33.11	−80.47
地板填充砌块	794（12.6%）	993（13.4%）	3 376（16.3%）	−20.04	−76.48
贴面砖/地板砖	237（3.8%）	315（4.3%）	1 299（6.3%）	−24.76	−81.76
U型砖	69（1.1%）	79（1.0%）	209（1.0%）	−12.66	−66.99
屋顶瓦	925（14.7%）	1 017（13.7%）	1 960（9.5%）	−9.05	−52.81

注：括号内数据为各项目占砖瓦总产量的比重

葡萄牙主要生产建筑用的黏土烧结材料，如屋面瓦、砖和地砖等。目前，葡萄牙砖瓦工业产量为 528 万 t。其中，砖和地砖产量为 450 万 t，屋面瓦产量为 78 万 t。葡萄牙砖瓦工业的产量比较集中，在瓦生产方面 5 家大企业产量占总量的 78%；在砖和地砖方面，35 家企业生产了 75% 的产品（孙国凤，2004）。

（3）丝路沿线非洲国家砖瓦材料生产技术

目前，非洲的砖瓦产业，除了埃及发展较具规模外，阿尔及利亚、摩洛哥等地的瓷砖产能具有规模，其他地区的生产工艺和产量均相对落后。全南非约有 230 家制砖企业，产品主要有两类，一类是烧结装饰砖和普通砌墙砖，另一类用于铺设人行道、车行道、广场、仓库等路面及地面工程烧结路面砖。这些非洲国家的砖瓦厂，主要生产高吸水率的 300 mm × 300 mm 与 400 mm × 400 mm 的小规格红坯釉面墙地砖，600 mm × 600 mm 的瓷砖在非洲当地市场就可以被称为“大板”了。南非以生产标砖为主，2016 年能够生产外墙装饰砖的现代化制砖企业有 50 家（陈西海，1988）。

4. 建筑陶瓷

建筑陶瓷行业是国民经济的重要组成部分，是满足人民日益增长的美好生活需求不可或缺的基础制品行业。

（1）丝路沿线主要亚洲国家建筑陶瓷生产概况

改革开放以来，我国建筑陶瓷产业持续快速发展。自 1993 年起，中国建筑陶瓷产品产量超越意大利、西班牙等传统先进陶瓷生产大国，连续 20 多年居世界之首，成为世界建筑卫生陶瓷产业最大生产国、消费国和出口国，品种齐全，技术装备进步快。2019 年，我国建筑陶瓷总产量为 82.25 亿 m^2，规模以上建筑陶瓷企业 1160 家，虽然产量较上年有所下降，但实现营收 3079.91 亿元，同比增长 2.89%。目前，我国建筑陶瓷品种已达 2000 多种（谈一兵和伍川生，2020），按照装饰方式和风格主要分为耐磨釉面砖、抛光砖、微晶砖、陶瓷锦砖等，按照工艺原理主要分为抛光砖、釉面砖、微晶砖三大类（谈一兵和伍川生，2020）。

2021 年，中国建筑陶瓷产量为 81.7 亿 m^2，同比下降 4.7%。全国主要产区广东、江西、福建、四川、广西产量均有不同程度的增长，其中江西同比增长超过 17%，广西同比增长接近 10%，其他各主要产区都有不同程度的下滑。2021 年，全国新建（含拆旧建新）、技改（改造成不同品类）陶瓷砖生产线超过 200 条。2017～2022 年中国建筑陶瓷产量趋势如图 7-26 所示[①]。

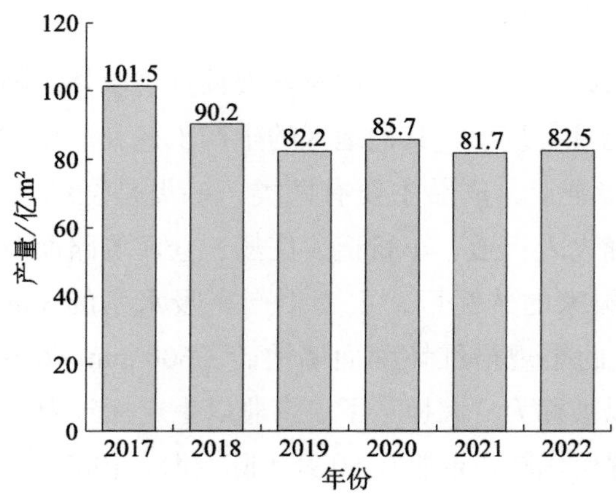

图 7-26　2017～2022 年中国建筑陶瓷产量趋势

最近几年，由于国外先进技术和设备的进入，印度的陶瓷工艺获得了很大的发展。快速烧成和一次烧成技术明显缩短了产品烧成的时间，这使得矿物燃料的消耗大幅度降低，也使环境污染下降，取得了很好的经济和社会效益。由于建筑工业发展迅速，印度市场对瓷砖的需求量较高，促进了瓷砖工业的发展，在未来卫生陶瓷的需求量也会进一步上升。

（2）欧洲国家建筑陶瓷生产新技术

近年来，亚太地区建筑陶瓷工业飞速发展，对欧洲建筑陶瓷厂商造成巨大压力。为应对日趋激烈的市场竞争局面，欧洲各国建筑陶瓷厂商加紧推行企业合并，进行强强联合，实现企业大型化、国际化联合经营。许多著名的欧洲陶瓷公司都以各自的优势组建“联合舰队”，角逐国际建筑陶瓷市场。

欧洲的建筑陶瓷生产非常注重开发新技术、新工艺，同时强化应用。例

① 2022 年中国建筑陶瓷行业发展现状预测分析 [EB/OL]. https://www.163.com/dy/article/H65KARTS051481OF.html[2023-09-04].

如，在原料加工设备研发方面，杜拉维特公司成功研制超大体积振动磨设备。该振动磨带有水平状粉磨室，能够降低大批量磨料加工成本，既可使坯料、釉料、色料粒度分布变窄，又可降低设备的机械能耗，使原料粉磨时间从几小时缩至几分钟（赵哲，2004）。

另外，欧洲企业大量采用新型高压注浆设备，该系统可以用来注制多模块成型的复杂形状陶瓷制品。例如，采用两块模型注制洗面器的技术，相比较于传统的单排注浆成型技术，生产效率可提高约30%。高压注浆所用的模型采用新型树脂材料，取代了传统的石膏模型，实现了快速蒸发排水，能够快速起模，延长模具的使用寿命。在烧制技术方面，欧洲企业也在不断革新，在隧道窑和辊道窑等不同窑炉设备的控制过程中，绝大多数企业也已实现了装窑、开窑及烧成过程控制的自动化，进而向信息化和智能化发展。

（3）丝路沿线非洲国家建筑陶瓷生产技术

埃及陶瓷产业起步比中国早约十年，但发展至今，其整体发展水平却比中国落后至少十年。埃及在满足本国对瓷砖需求的同时，也逐渐向周边国家输出瓷砖产品，包括利比亚、苏丹、也门与沙特阿拉伯等国家。这些国家不具备瓷砖生产条件及能力，多数依赖从埃及进口。众所周知，中国与埃及历年来的商贸往来较为密切，但在建陶领域，也仅限于陶瓷砖、球石、辊棒等耗材的出口。

埃及早期发展起来的陶瓷厂均购进意大利等欧洲国家的设备，目前意大利设备在当地仍占据绝对的市场份额，其陶瓷厂与阿尔及利亚、摩洛哥、南非等国的陶瓷厂一样，极少选购中国制造的陶机设备。在埃及陶瓷厂的生产线中，中国制造的陶机设备并不多见。截至2022年，仅广东科达洁能股份有限公司抛光、磨边等深加工设备能在当地抢占一定的市场份额，压机、窑炉等大宗陶机设备仍以意大利制造为主。

阿尔及利亚有一定的瓷砖生产能力，但阿尔及利亚对建陶产品的需求仍然有较大缺口，其瓷砖的进口主要来自欧洲，以意大利和西班牙两国为主。阿尔及利亚属于不发达国家，人均收入尚低，相对于欧美国家高端瓷砖品牌，中国瓷砖良好的品质和低廉的价格更具竞争力。阿尔及利亚是中国在非洲地区重要的经贸合作伙伴，两国经贸合作呈现出良好的发展态势。

7.5 小　结

丝路沿线国家和地区气候环境复杂，文化特色鲜明，建筑材料原材料资源储量差异大，受不同气候、文化、宗教、经济发展及安全因素的影响，各国的城镇化现状与中国的城镇化道路大为不同，各国对建材工业的需求也因此而不同。目前，丝路沿线国家和地区的城镇化水平正在加速发展，未来在建筑材料和建材工业领域的发展可发挥自己的优势，如原材料丰富且易获取、劳动力经验丰富等。对于不同区域面临的不同问题，可在“一带一路”倡议下，通过丝路国际产能合作，提升高附加值深加工产品的生产能力，达成优势互补、合作共赢的长期合作关系。

本章参考文献

阿曼（AMANOV AMAN）. 2018. 中国与土库曼斯坦装配式建筑比较研究初探——以东南大学建筑学院轻型钢结构房屋系统的应用思考为例 [D]. 南京：东南大学.

曹卫江. 2004. 发达国家砖瓦工业现状 [J]. 砖瓦，（8）：50-52.

柴利. 2008. 中国新疆与中亚诸国工业领域合作潜力及前景 [J]. 俄罗斯中亚东欧市场，（6）：21-29.

陈西海. 1988. 采用快速烧成工艺生产施釉的粘土砖瓦 [J]. 建材工业信息，（4）：11.

陈喜峰，施俊法，陈秀法，等. 2017. “一带一路”沿线重要固体矿产资源分布特征与潜力分析 [J]. 中国矿业，26（11）：32-41.

陈宜静. 2017. 伊朗：各行业的市场剖析 [J]. 商业观察，（10）：74-77.

崔宝剑. 2011. 新建砖瓦生产线技术装备分析 [J]. 砖瓦，（11）：82-86.

杜林泽. 2012. 伊朗现代化进程中的农业发展与乡村社会变迁 [D]. 天津：南开大学.

冯凯. 2015. 危机中的意大利烧结黏土行业 [J]. 砖瓦，（1）：64.

顾海旭，荣冬梅，刘伯恩. 2015. “一带一路”背景下我国矿产资源战略研究 [J]. 当代经济，22：6-8.

黄华大. 2003. 国外灰砂砖工业发展概况及国内灰砂砖生产应注意的问题 [J]. 砖瓦，(3):16-18.

刘金彩，曾利群. 2004. 建筑玻璃生产新技术及发展趋势 [J]. 建材发展导向，2（3）：38-41.

裴荣富，梅燕雄，李莉，等. 2015. "一带一路" 矿业开发和可持续发展 [J]. 国土资源情报，12：3-7.

钱涛. 2004. 中国技术市场协会努力促进中国建筑技术和产品进入伊朗市场 [J]. 科技成果纵横，（4）：64.

莎莎·阿纱飞，张炯. 2012. 伊朗炎热干旱地区的建筑特征 [J]. 华中建筑，30（9）：44-46.

邵二国. 2012. 我国防火材料的应用和发展 [J]. 山东农业大学学报（自然科学版），43（4）：633-634，640.

孙国凤. 2004. 葡萄牙砖瓦工业的现状及前景 [J]. 砖瓦，(6)：51.

孙国凤. 2010. 印度砖瓦工业的现状及发展建议 [J]. 砖瓦，(5)：65-67.

谈一兵，伍川生. 2020. 我国建筑陶瓷行业新产品发展现状 [J]. 中国建材科技，29(3)：2.

唐金荣，张涛，周平，等. 2015. "一带一路" 矿产资源分布与投资环境 [J]. 地质通报，34（10）：1918-1928.

田莉. 2019. 前伊斯兰时期大国文明影响下的中亚城市研究 [D]. 太原：山西师范大学.

汪元辉. 1999. 安全系统工程 [M]. 天津：天津大学出版社.

王希隆. 2019. 中国传统建筑艺术风格在中亚的传播——以吉尔吉斯斯坦卡拉科尔为例 [J]. 青海民族研究，30（3）：1-8.

杨红. 2020. "一带一路" 背景下陕西矿产资源国际合作共同体研究 [J]. 中国锰业，38（1）：95-98.

佚名. 2016. 世界主要水泥产能状况概述 [J]. 居业，(12)：5.

于法鑫. 2007. 防腐蚀涂料在化工环境生产中的应用和施工技术要求 [J]. 涂装指南，（3）：27-32.

张瑞祥. 1994. 钢铁生产技术发展趋势及特点 [J]. 上海金属，016（001）：13-19.

张照志，李厚民，潘昭帅，等. 2022. 新发展阶段中国矿产资源国情调查与评价现状及其技术体系 [J]. 中国矿业，31（2）：21-27.

张志成. 2022. 陕西省与中亚五国科技合作研究 [J]. 合作经济与科技，4：7-9.

赵桂英，王勇，侯亚合，等. 2021. 建筑外墙用防火保温材料的绿色化研究 [J]. 建材与装饰，17（6）：25-26.

赵盼盼. 2016. 一带一路下中蒙矿产资源合作与环境风险研究 [J]. 内蒙古财经大学学报，14（20）：8-10.

赵哲. 2004. 国内卫生洁具市场分析与美标卫浴产品营销策略研究 [D]. 北京航空航天大学.

支文军，何润，费甲辰. 2018. 伊朗当代建筑的地域性与国际性. 2017 年 Memar 建筑奖评析 [J]. 时代建筑，（2）：153-159.

Hasanbeigi A, Arens M, Cardenas J, et al. 2016. Comparison of carbon dioxide emissions intensity of steel production in China, Germany, Mexico, and the United States[J]. Resources, Conservation and Recycling, 113: 127-139.

Hasanbeigi A, Price L, Chunxia Z, et al. 2011. A Comparison of iron and steel production energy use and energy intensity in China and the U.S.[J]. Journal of Cleaner Production, 65: 108-119.

Marcante S A. 2011. The glass of Nogara (Verona): a "window" on production technology of mid-Medieval times in Northern Italy[J]. Journal of Archaeological Science, 38(10):2509-2522.

Moiseeva L S，Rashevskaya N S. 1999. Ecological aspects anticorrosive of a guard of a metal equipment and buildings[J]. Russian-korean International Symposium on Science & Technology[J]. IEEE, 2:457-459.

Rojas-Cardenas J C, Hasanbeigi A, Sheinbaum-Pardo C, et al. 2017. Energy efficiency in the Mexican iron and steel industry from an international perspective[J]. Journal of Cleaner Production, 158: 335-348.

Sun Z E，Zhou Y. 2016. Discussion on fire-proof sealing technology and product[J]. Procedia Engineering, 135: 644-648.

8

丝路沿线国家和地区建筑工程管理与城镇运维

8.1 概　述

建设工程项目的管理工作十分重要，又具有相当的复杂性和系统性，这是由于工程管理贯穿项目全过程并且涉及项目各领域，项目相关方众多。丝路沿线国家和地区工程管理复杂性显著，因为相关工作在很大程度上受到文化差异的影响，管理目标往往更为繁杂且涉及的维度较多，此外许多工程项目还需要在语言差异的背景下进行，这些情况都极大地增加了工程管理的难度。工程管理涉及工程各方面的管理工作，包括技术、质量、安全和环境、造价（费用、成本、投资）、进度、资源和采购、现场、组织、法律合同和信息等。当前，丝路沿线国家和地区在工程管理上不断创新，主要包括设计－采购－施工总承包（engineering-procurement-construction，EPC）模式、“工期、质量、环境、成本、安全、创新”六位一体管理模式、全生命周期管理、政府和社会资本合作（public-private-partnership，PPP）模式、伊朗油气合同（Iran petroleum contract，IPC）模式、智慧工地管理、数字工地管理等。

丝路沿线国家和地区的城市管理模式，具体到每一个国家和地区可谓千差万别。目前，许多沿线国家和地区城镇化进入快速发展阶段，表现为城市人口迅速增加，城市数量不断增多，城市经济在各个国家的经济发展中所占比重迅速上升，许多国家的城市改造和建设热潮宏大而持久。快速城镇化是许多沿线国家经济发展强大的动力，但同时也出现了诸多难题。主要的问题在于，城市的无序扩张和城镇化的迅猛发展，使城市的环境基础设施发展严重不足、城市环境管理人力及技术匮乏、城市环境资源价值的评估没有得到重视或重视程度不够、城市市政部门间的协调不足（王晓璐，2019）。

丝路沿线国家和地区在城市管理具体问题上的表现因发展水平的差异而稍有区别。总体上，城市管理现代化发展普遍表现为：城市吸引力强大，但农村向城市转化的障碍重重，乡村人口向城市转移有一定的行政障碍；现有城市缺乏对农村人口的吸收能力，新城市建设与管理有待加快。当前，丝路沿线国家和地区在城市管理上不断创新，利用人工智能、互联网、物联网、

云计算、大数据等智慧技术实现城镇范围内相关部门、行业、全体、系统之间的信息融合、信息共享、智能管理和服务，使城市运转更高效、更敏捷、更低碳。

8.2 丝路沿线国家和地区建筑工程管理与城镇运维面临的挑战

8.2.1 文化风俗带来的挑战

文化差异是国际工程项目管理中面临的最大困难和挑战，尤其是在丝路沿线国家和地区，受到地理空间限制和各种历史原因的影响，文化差异带来的影响明显。具体体现在以下方面。

首先，管理体制方面的差异。丝路沿线国家和地区一头是活跃的东亚经济圈，一头是发达的欧洲经济圈，连着中亚、西亚地区。沿线国家跨越东西方多个文明交会区，基督教、伊斯兰教、佛教等宗教文化差异显著，致使沿线国家的工程管理和城镇管理的管理体制、管理机制千差万别。

其次，价值标准的差异。丝路沿线国家和地区的立法体制、法律体系和工程建设标准受宗教影响明显，法律体系、标准体系各不相同。同时，即使宗教背景一致的国家，法律体系也可能相差颇大。

最后，语言上的差异。语言的差异在丝路沿线国家和地区工程承包过程中最为常见，也是最直接的影响因素。许多国家已建设或正在建设许多国际工程，因此很多项目的建设单位的母语与当地不同，进而加大了交流的难度，尤其是工程中通常大量使用专业术语，普通的翻译人员很难准确完成专业术语的翻译，给整个交流沟通工作带来了巨大的压力。

8.2.2 经济条件带来的挑战

到 2035 年前，全球新兴市场将出现超过 40 万亿美元的基础设施投资需求，相当于每年需要超过2.3万亿美元的支出[①]，但仅靠政府的财政拨款无法满足基础设施建设巨大的资金需求。同时，资金需求巨大、供给不足和部分项目利润回报能力不足之间的矛盾也给各国政府造成了沉重负担。这些不确定因素将严重制约丝路沿线国家和地区的工业化和城镇化，进而阻碍国家间的投资和贸易合作。

丝路沿线国家和地区项目以基础性建筑工程投资为主，资金投入大、投资周期长，很容易受到经济波动的影响。在全球经济低迷的大背景下，部分沿线国家出现较大的经济波动，经济下滑趋势明显，甚至有国家货币大幅贬值。这些国家宏观经济的颓势对建筑工程投资的可持续性构成挑战，同时也加重了沿线国家和地区的融资压力。因此，沿线国家工程建设与城镇管理亟须拓宽融资渠道，进一步丰富融资方式，大力推进各国政府间的融资合作与协同。

8.2.3 技术稀缺带来的挑战

1. 信息技术稀缺

新一代信息技术是丝路沿线国家和地区城镇管理建设的重要支撑，包括云计算、大数据、物联网等。然而受人才、政策等方面的制约，丝路沿线国家和地区工程建设与城镇管理的技术障碍仍然存在。一是受技术限制，很多工程项目在规划时缺乏科学性和合理性。同时，城镇基础设施落后，公共设施数量少，能够提供服务型功能的设施不完善等。二是技术规范有待建立。安全性不足、隐私保障不健全一直是制约信息技术应用的主要障碍，人们不希望自己的个人信息被披露和恶意使用，这就需要完善相关法律法规。三是技术问题有待突破。丝路沿线国家和地区的工程管理在数据采集、储存、保护、检索、共享、分析等环节都存在障碍，需要从技术上给予支持，如建立伪提名系统和数据兼容系统等。

① 全球新兴市场将出现40万亿美元基础设施投资需求 中国将在新兴市场基建投资发挥作用[EB/OL]. https://www.fx361.com/page/2019/0302/6413439.shtml[2023-09-04].

2. 交通技术匮乏

在丝路沿线国家和地区的建设过程中，中国与沿线国家和地区在以交通基础设施为代表的设施联通领域取得了一系列机制性、突破性的进展。但从世界经济发展全局来看，仍需大力发展高速公路、铁路（高铁）、港口、航空运输等交通基础设施。资金和工程技术匮乏、交通基础设施落后、自然地理条件恶劣成为制约这些国家和地区交通基础设施发展的主要因素，进而严重制约了丝路沿线国家和地区的经济和社会发展。

3. 环境技术稀缺

丝路沿线国家和地区多为处于生态脆弱区的发展中国家，环境准入门槛较低，发展需求大于环境需求。同时，绿色“一带一路”建设对国际和平发展环境、国际交流水平和对接程度的要求较高，作为绿色“一带一路”主体的政府、企业、公众等，在统筹发展的经济性、环境性和效率性等方面还存在一定的差距。另外，中小企业投资持续增多，其技术和可持续发展意识薄弱，环境保护能力存在不足。环境问题是沿线国家面临的共性技术难题，当前沿线国家需继续合作开展生态环境专题研究来反哺绿色工程项目管理与城镇运维，并进行区域性生态环境问题的长期监测来确保全寿命周期的绿色“一带一路”建设。

8.3 丝路沿线国家和地区建筑工程管理典型模式及特征

8.3.1 亚洲建筑工程管理典型模式及特征

1. 面向多方合作的工程管理模式

中西亚是丝路沿线国家和地区的亚洲部分，位于亚欧大陆交界处，是贯穿亚欧的交通枢纽，一直是东西南北的必经之地。中西亚区域在工程管理方面比较突出的特点是参与工程的各方主体常具有不同的区域文化背景，因此如何协调各方主体，促成工程的圆满完成是该区域需要面对的一个较为突出的问题。面对这一问题，该区域常采用 PPP 模式、IPC 模式和 EPC 模式来进行工程管理。

2. 典型模式 1：哈萨克斯坦可持续交通项目的 PPP 模式

哈萨克斯坦总理马明表示，PPP 模式是哈萨克斯坦的主要引资工具之一，也是有效推动经济发展的要素之一。马明认为，PPP 模式能够吸引国内外投资注入新动力，确保投资有效增长。发展 PPP 模式是哈萨克斯坦政府的优先工作方向之一。

（1）哈萨克斯坦 PPP 模式发展现状

PPP 为公共部门与私营企业建立起合作伙伴关系，发挥各自优势，合理分担风险，实现利益共享，以此提高公共产品供给的质量及效率。PPP 项目具有风险共担、利益共享的重要特征。哈萨克斯坦推行的大型基础设施项目由于投资体量巨大，仅靠政府的财政资金难以支撑，社会资本的支持既可在一定程度上缓解政府的财政问题，也可使政府及公众获得更好的服务。社会资本方通过获取项目的特许经营权，既可以获得期望的投资回报，还可以得到一定的政府优惠和支持。因此，PPP 模式的实施可以使哈萨克斯坦政府和社会资本方达到双赢。虽然哈萨克斯坦的 PPP 发展起步较晚，但由于哈萨克斯坦政府财政能力较强，对于政府付费型 PPP 项目来说能够提供一定的保障（谢兆琪，2017）。

当前，哈萨克斯坦国民经济部将 PPP 模式作为拉动经济增长最有效的、先进的创新型工具，并将 PPP 作为其吸引外资的重要方式加以推广。2015 年 10 月，哈萨克斯坦政府颁布《政府和社会资本合作法》，形成较完善的 PPP 法律体系。2018 年，由土耳其与韩国联合体成功签约并实施的阿拉木图绕城公路项目，建设运营期为 20 年，采用建设 + 移交 + 运营（build-transfer-operate，BTO）的模式，交通流量的风险全部由哈萨克斯坦政府承担，该项目为绕城铁路项目提供了很好的借鉴作用。2019 年 10 月，哈萨克斯坦举办了首届 PPP 投资论坛，吉尔吉斯斯坦、乌兹别克斯坦、格鲁吉亚和哈萨克斯坦

四国 PPP 运营管理部门签署合作备忘录，决定相互交流经验并就完善法律法规和扩充 PPP 工具清单开展协作。据哈方统计，截至 2020 年 1 月 1 日，哈萨克斯坦共实施各类 PPP 项目 1345 个，总金额达 3.2 万亿坚戈，主要集中在交通、基础设施、能源、住宅公用服务、教育、医疗等领域（Meiirzhan，2020），其目的在于实现可持续交通理念，即通过更加方便、高效和有弹性的方式，为人员和货物的流动提供服务和基础设施，从而促进经济和社会发展，同时，将碳排放和其他排放的影响，以及对生态环境尤其是生物多样性的影响降至最低。图 8-1 为可持续交通的概念示意图，集中体现了通过基础设施建设将不同的交通线路与设施相互连通，从而使交通变得方便、高效且有弹性，同时要保证交通方式的低碳化。

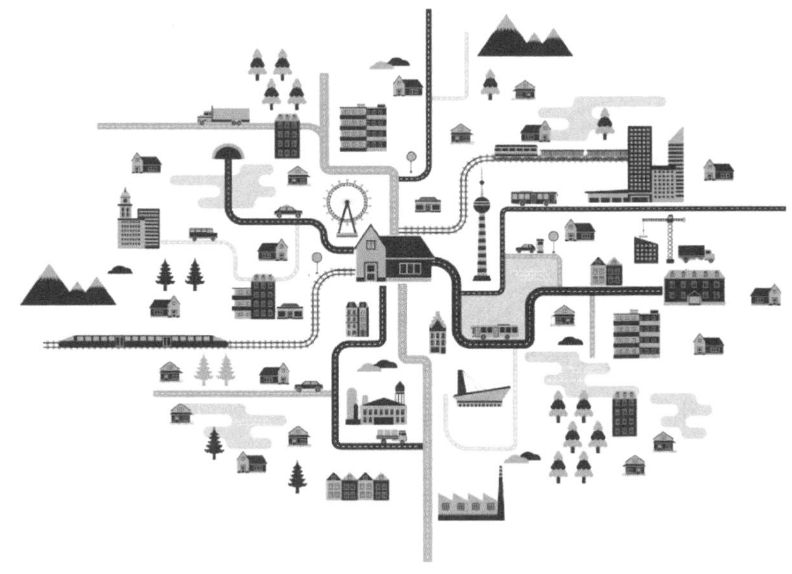

图 8-1 可持续交通概念示意图

图片来源：视觉中国

（2）阿拉木图市可持续交通（CAST）项目概况

当前，哈萨克斯坦最主要的交通运输方式是公路，公路在交通运输行业中起着重要作用。哈萨克斯坦阿拉木图市推行的可持续交通项目，始于 2011 年。到 2023 年，轻轨、地铁和快速公交（bus rapid transit，BRT）的比例要

达到 20%。CAST 资金的筹集除了来自共和党预算和地方预算，哈萨克斯坦政府也尝试引入 PPP 模式利用国际资金帮助项目运行（玛迪娜，2018）。

（3）阿拉木图市轻轨系统 PPP 模式

阿拉木图市可持续交通项目 PPP 招标段是“阿拉木图可持续交通城市”下的分项目，用以修建阿拉木图市轻轨系统（light rail transport，LRT）。阿拉木图市可持续交通项目使用设计－建设－融资－运营－维护（design-build-finance-operate-maintenance，DBFOM）模式，在 PPP 框架下落实建设城市轻轨系统。DBFOM 模式有利于阿拉木图市政府将项目的风险分配给具有专业知识的私营部门的承包商。通过捆绑项目的各个部分，阿拉木图市政府放弃了责任，但没有放弃所有权。阿拉木图市政府决定使用 DBFOM 方法也是因为这种模式可以在节约公共资源和减少债务可能性的同时，打开获得私人资本的渠道。这种项目交付方式将所有的项目职责委托给私营部门，以换取在约定时间内的费用支付。一旦支付了最后一笔款项，运营控制权就会重新回到阿拉木图市政府手中。

（4）阿拉木图市轻轨系统 PPP 架构

阿拉木图轻轨项目分为 3 个阶段进行：第一阶段，建设工程、骨干线和供热系统，该建设工程由阿拉木图市政府当地执行机关落实；第二阶段和第三阶段，轻轨项目进入机务段和路轨建设工程。该项目当前由阿拉木图市政府和欧洲复兴开发银行合作推进，同时邀请了三组顾问进行筹备工作。在市场准入方面，哈萨克斯坦规定了竞标企业的资质要求，即应在哈萨克斯坦本土注册并至少运营三个月。根据 PPP 的项目实施招标文件：Idom（西班牙）、Norton Rose 法律公司（英国 / 哈萨克斯坦）的技术专家、安永会计师事务所（哈萨克斯坦）的财务顾问，以启动新的可持续交通项目计划。为挑选合作伙伴，阿拉木图市政府采取两阶段国际招标。阿拉木图市政府计划提供拨款，其金额最多为私人合作伙伴提供资金的 50%。该 PPP 项目的全生命周期内涉及多方参与者，具体如下（Merey，2020）。

政府部门：阿拉木图市政府在轨道交通 PPP 项目中只是发起人和最终所有者，并不具有严格意义上的项目运营权，作为项目参与者，其在前期进行项目可行性分析，在招标综合权衡比较后确定项目开发主体，通过给予特许

经营权及贷款担保，来支持项目整体建设开发活动。此外，哈萨克斯坦还有多个政府部门共同承担项目的行政管理职能。

社会资本方：社会资本是PPP合作项目的参与主体之一。在阿拉木图轻轨项目中，欧洲复兴开发银行作为初始的社会资本方参与项目的招投标，该银行已与代表政府的股权投资机构合作成立PPP项目公司，承担着CAST项目中多个子项目的建设、运营任务及责任。后续伴随项目招标进展陆续还有其他社会资本单独或多家企业组成联合体参与项目投资。该PPP项目后续将由联营体负责项目的设计、建设和运营阶段的维护工作，联营体以成本、效益最优的原则选择设计、施工和维护保养承包商，以达到联营体效益最优，联营体伙伴共同承担风险，如表8-1所示。

表8-1 阿拉木图市可持续交通项目LRT部分PPP组织构架

管理机构	职责特征
政府部门	能源部、交通部、资源和环境保护部、阿拉木图市政府、阿拉木图市公共交通和道路部、阿拉木图市经济与预算规划部
社会资本方	欧洲复兴开发银行
第三方机构	Idom（西班牙）、Norton Rose法律公司（英国/哈萨克斯坦）的技术专家、安永会计师事务所（哈萨克斯坦）的财务顾问

专业运营商：阿拉木图市可持续交通PPP项目根据项目特点将特定的运营维护任务交给专业运营商。哈萨克斯坦交通运输相关部门的发展受“交通系统基础设施综合发展国家计划和2020年行动计划”的监管。在此基础上，阿拉木图市制定了《阿拉木图交通系统发展与2020年行动计划》综合方案。该计划基于CAST项目制定可持续交通战略和行动计划，包括阿拉木图市可持续交通项目的所有组成部分。因此，LRT项目也会基于这一框架进行。根据之前运行CAST中其他项目的构架，专业运营商将会受到专门项目指导委员会对项目规划和实施的监督。CAST项目的指导委员会一般由来自市各部门、欧洲复兴开发银行、交通部以及资源和环境保护部的成员组成。在项目管理所涉及的“项目文件”中规定的计划利益相关者咨询之外，CAST项目还会与该市的多个非政府组织和机构建立合作。非政府组织和机构将通过培训课程、会议、研讨会、项目网站等方式参与项目推进。

第三方机构：为满足阿拉木图市可持续交通 PPP 项目法律顾问、项目财务融资顾问及项目综合沟通的需求，项目在初始阶段就已引入第三方机构（阿努阿尔，2015）。阿拉木图市可持续交通项目指导委员会组织结构如表 8-2 所示。

表 8-2　阿拉木图市可持续交通项目指导委员会组织结构

管理机构	职责特征
执行伙伴	阿拉木图市
关键决策机构	项目指导委员会
运营机构	项目实施的运营层面由交通部、资源和环境保护部、经济与预算规划部三个部门协调

（5）哈萨克斯坦建设项目 PPP 模式效益分析

当前，哈萨克斯坦国内通过 PPP 模式帮助吸引外资，带动本国经济的恢复和发展。2016 年起，在 PPP 等融资手段的帮助下，哈萨克斯坦实施了欧洲—中国西部、阿斯塔纳—阿拉木图、阿斯塔纳—乌斯季卡缅戈尔斯克等 8 条公路建设，极大地推动了其国内交通网络的发展，进而带动农村和小城镇的经济。同时，哈萨克斯坦还利用 PPP 模式推行国内的工业化方案、“光明大道”和“百步走”民族计划，以及其他工业发展和商业扶持项目。荷兰、美国、中国、俄罗斯等国家，因哈萨克斯坦一系列工业项目的落实，增加了对信息技术、电力供应、矿山采掘、建筑、贸易、加工制造等领域的投资受益于一系列工业项目的落实，信息技术、电力供应、矿山采掘、建筑、贸易、加工制造等领域吸引外资增速显著，主要投资来源国为荷兰、美国、中国、俄罗斯等国家。PPP 模式有助于引入外商投资哈萨克斯坦国内运输网络的发展，也有助于将哈萨克斯坦建设成连通欧亚的重要交通枢纽，连通欧亚的陆上贸易，从而利用哈萨克斯坦的地理优势，促进其经济发展（方雪双，2017）。

3. 典型模式 2：伊朗原油项目的 IPC 模式

（1）IPC 模式基本特征

目前，伊朗超过 2/3 的原油产自寿命超过 50 年的老油田，增加产量需

要大量的投资。为了吸引国际投资，伊朗调整了石油工业对外合作的合同模式。新型合同模式规避了回购合同的缺陷，吸收了产品分成合同的优点，形成一种“混合型”的合同模式。鉴于该模式的多重特性，伊朗将其定名为IPC（闫娜和李涛，2017），如图 8-2 所示。

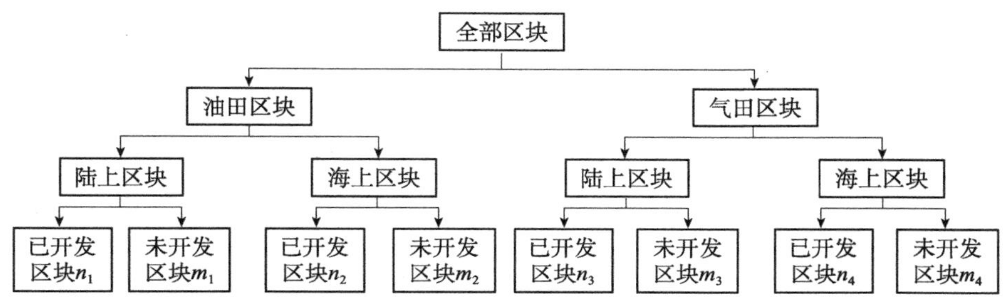

图 8-2 IPC 模式下合同招标区块

IPC 模式下的国际油气合作流程如图 8-3 所示。该模式考虑了不同阶段油气开发项目的需求，模式框架采取了向下兼容的方式，将勘探、开发、提高采收率等项目的不同需求，兼容在一个框架下。在该模式下，勘探、开发、生产、二次开发和提高采收率项目可依次实施，一次招标即可，保证了国际油气公司相对稳定的经营。在这个模式下，国际油气公司参与油田生产的时间从 5 年延长到 15 ～ 20 年。

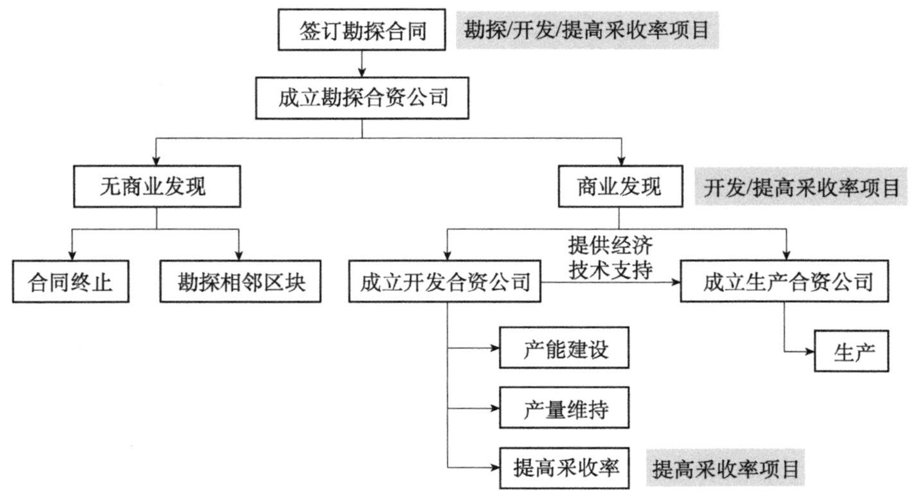

图 8-3 伊朗 IPC 模式下的国际油气合作流程

IPC 模式下的合同仍然保留了回购合同的痕迹，如投资划分为直接投资（direct capital cost，DCC）、间接投资（indirect capital cost，IDC）、投资上限限定等。合同期内投资主要是 DCC、IDC 和操作费。合同期分为两个阶段，第一阶段为建设期，该阶段所有的投资均由合同者承担，初始目标产量达成后，便进入第二阶段即生产期，该阶段可以在回收上限内回收第一阶段的所有投资和利息，并可计提和回收报酬费，如图 8-4 所示。

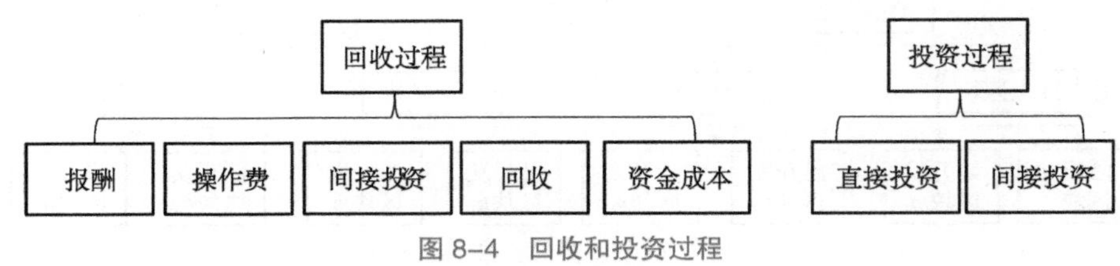

图 8-4　回收和投资过程

伊朗 IPC 合同主要条款见表 8-3。可以看到，IPC 合同与回购合同存在相似点，如成本包含直接成本与间接成本。不同之处在于 IPC 合同中，合同者的收入主要包括油气田成本回收和报酬费收入，且报酬费体现了其主要的利润。IPC 合同中当地石油公司参股 20%，却不是干股，在这一条款上 IPC 合同有所改进，当地公司虽然参股，但却共同承担风险，在整个开发期要投资，降低了国外合同者的投资压力。

表 8-3　IPC 合同主要条款

序号	主要合同条款	IPC 合同（待开发油气田）
1	签字费	无
2	合同时间	20 年（开发期）
3	政府参股	20%
4	成本和报酬费回收上限	总产量为 50%，气回收上限为 75%
5	报酬费计提基础	油田净产油量
6	报酬费用台阶	与油价挂钩
7	高峰产能时间	待定
8	惩罚因子	—
9	投资上限限制	—
10	回收和计提起点	达到目标产量
11	所得税	3.75%，可回收

IPC 合同收入分配流程如图 8-5 所示。投资方回收可分为两个层次，第一层次为成本费用回收，第二层次为利润分成或者报酬费回收。在达到合同规定的初始目标和产量后便可进行成本回收，并开始报酬费的计提和回收，在整个合同期内合同者回收上限为总产量的 50%，所有的成本、费用和报酬费均在此上限内回收。

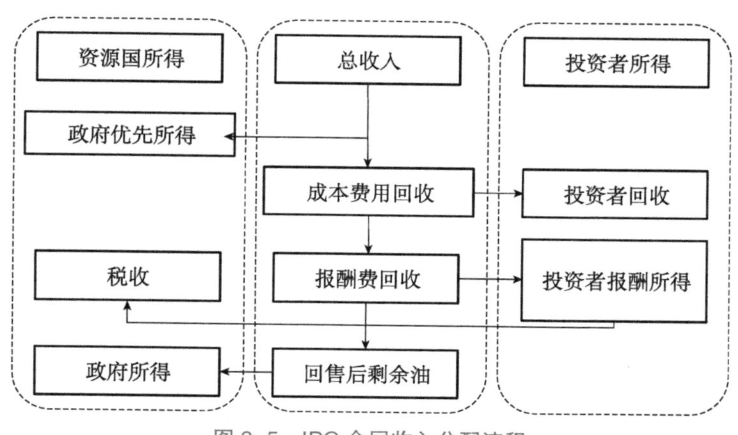

图 8-5 IPC 合同收入分配流程

IPC 合同中报酬费与油价挂钩，具体报酬费调整系数见表 8-4。报酬费与布伦特油价挂钩，油价低于 25 美元 / 桶时，调整系数为 0.68；当油价高于 100 美元 / 桶时，调整系数为 1.32。采用该方式来计提合同者的报酬费，则合同者在合同期内有机会分享油价上涨的部分利益。

表 8-4 报酬费调整系数

布伦特油价 /（美元 / 桶）	报酬费调整系数
0～25	0.68 + 0.07（布伦特 / 25）
25～50	0.75 + 0.25 [（布伦特 -25）/ 25]
50～75	1 + 0.2 [（布伦特 -50）/ 25]
75～100	1.2 + 0.12 [（布伦特 -75）/ 25]
≥100	1.32

IPC 模式是回购合同和伊拉克服务合同的组合，在有关投资控制方面沿袭了回购合同的设计，有关报酬费和回收机制方面采用的是伊拉克服务合同

的方式。IPC 模式改善了回购合同的合同期、报酬费、合同者作业和管理等，具体如下。

首先，IPC 打破了回购合同“五个一定”规则。“五个一定”是伊朗回购合同的重要特征，即在一定的时间内，完成一定的工作量和投资，达到一定的产量时，可获得一定的报酬。由于总投资额与工作时间、工作量和产量之间存在一定的正相关关系，所以这种合同模式规避了由工程变更引发的成本风险，可以将国际油气公司管理的焦点转移到产量提升和稳产上，进而提升产量。另外，也不再明确规定承包商获得的总报酬的收益率。

其次，报酬对应的是产量而非资本。在回购合同中，合同者获得的实际总报酬依照投入的资本占比计算，以月为单位等额支付，这种模式同贷款利息支付相似。IPC 模式下，支付对应的也不是承包商投资额，而是他的这种投资行为产生的产量，即根据产量支付报酬费（每桶油或每立方英尺天然气对应一定的报酬），而且相应比率水平有波动，主要影响因素为实际项目风险程度、合同承诺水平和产量水平相关性、一定时期内收支比例等。

再次，伊朗国家石油公司 (National Iranian Oil Company，NIOC) 角色变化，其在 IPO 模式下是技术伙伴而非主持生产经营。在回购合同中，NIOC 是项目经营的领导者，负责项目运行全程，包括全程控制、检查、监督及审计，对采购、作业标准、技术、试产、保险和移交等都广泛介入和监管。但在 IPC 模式下，要成立与勘探开发阶段对应的合资公司，NIOC 或者其他伊朗石油公司（Iranian oil company，IOC）都只是国际油气公司的技术合作伙伴，不再享有最高决策权，参与项目主要是为了提升伊朗方的技术和学习管理诀窍。

最后，收入分配模式变化。IPC 模式下收入分配模式如图 8-6 所示。由于在 IPC 模式下负责项目运行的是新的合资公司，参与的国际油气公司和当地公司根据事前约好的比例进行项目的投资开发，或者约定一定比例干股，在合资公司经营回本后，产生税前利润，按照伊朗政策缴纳企业所得税，合资双方可以依据约定分配利润。

（2）IPC 合同的关键经济条款

在计划周期方面，通过制定年度工作计划及预算的方式，调整或修改合同中的计划和预算，以最大化油田开发。年度预算的偏离度不能超过 5%。

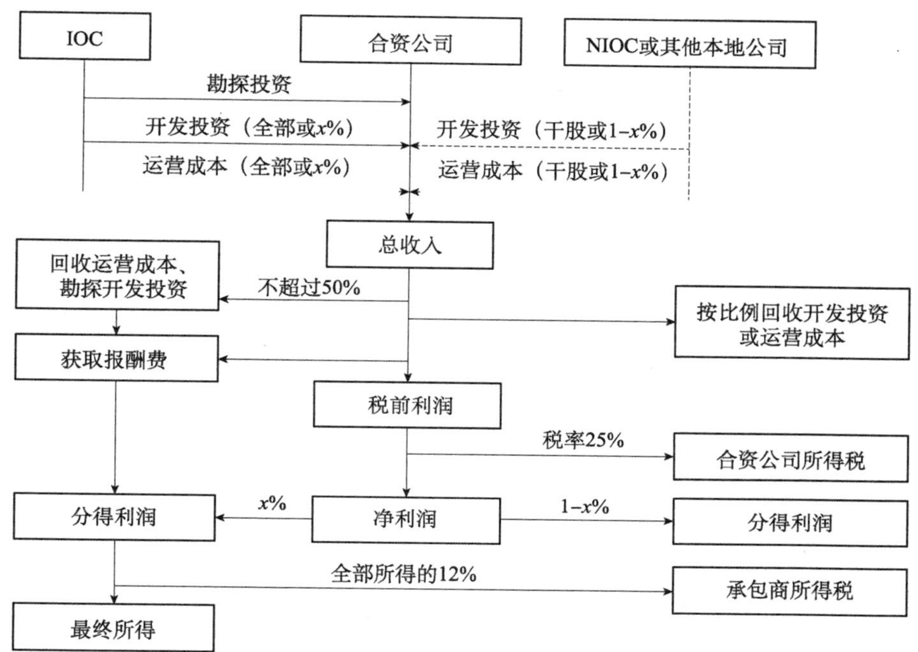

图 8–6　IPC 合同收入分配模式

在投资成本分类方面，所有勘探风险由承包商承担。如果勘探失败，则得不到任何补偿或报酬；如果勘探成功，则形成商业化生产产能，进入开发阶段后，勘探阶段发生的所有费用都被汇总成为勘探成本，承包商按照合同条款逐步回收。开发成本包括直接投资、间接投资和资本成本。

在成本回收方面，直接投资、间接投资和资本成本在生产开始后的 5 ～ 7 年内回收。初产之前所发生的费用，从初产开始之后根据合资公司年度计划回收。用于回收成本的原油比例不能超过全部产量的 50%。成本回收方案要得到合资开发公司和 NIOC 的审批许可。

在条款特色方面，项目运行过程中，实际花费比预算每节约 1 美元，承包商可得到 1 美分；本地化条款则保证本地专家和公司的参与程度最大化，勘探阶段本土化率为 70% ～ 80%，生产阶段则必须达到 95% 以上。

此外，IPC 合同谈判关键因素主要有以下几点：一是合作伙伴的选择及不可抗力的规定；二是合资双方权利义务及职责分工；三是勘探投资的回收额及速度；四是报酬费与油价变化的相关性；五是技术转移；六是本地化率的执行；七是成本回收和取得收益的支付方式。

4. 典型模式 3：巴基斯坦苏基克纳里水电站项目的 EPC 模式

巴基斯坦苏基克纳里水电站项目（以下简称 SK 水电站项目）位于巴基斯坦北部开伯尔－普赫图赫瓦省（KPK）的曼瑟拉地区，距离伊斯兰堡约 256 km，是 EPC 模式应用的典型案例，属于中巴经济走廊第一批清单项目，处于“一带一路”和中巴经济走廊的关键链条上，被誉为“一带一路”上的“明珠”，备受中巴两国政府和社会各界的高度关注。2016 年 12 月 31 日，该项目正式开工，2022 年 9 月 10 日实现引水隧洞顺利贯通。该项目为长隧洞引水式发电站，引水隧洞长约 22.62 km，最大静水头为 922.72 m，共安装 4 台单机容量为 221 MW 的冲击式水轮发电机组，总装机容量约 884 MW。工程主要建筑物包括：沥青混凝土心墙堆石坝、溢洪道、取水口、引水隧洞、调压井、压力竖井、地下厂房、主变室、尾水洞、厂房交通洞、开关站、电缆洞、N15 改线道路、场内公路和业主永久营地。

SK 水电站项目股东单位为中国葛洲坝集团股份有限公司（占 98%）、HK（Haseeb Khan）私营有限公司（占 2%）。业主单位为巴基斯坦苏基克纳里水电有限公司。业主工程师为莫特麦克唐纳（英国）有限公司与黄河勘测规划设计研究院有限公司组建的联营体。EPC 总承包执行单位为中国葛洲坝集团国际工程有限公司。

受地理环境、沟通障碍、文化信仰、政治经济等诸多因素的影响，SK 水电站项目表现出独特的复杂性和不确定性。与大多数国际合作项目类似，在巴基斯坦 SK 水电站建造过程中，也面临地质条件、成本控制、团队管理等多方面的挑战。因此，SK 水电站项目在设计优化过程中大胆创新，运用 EPC 项目管理技术分别对坝型、溢洪道、沉沙池、地下厂房的结构和布置进行比选优化。

第一，在坝型比选优化阶段，EPC 团队研究发现，项目的沥青面板坝存在如下问题：①受冻融、冰推、风浪、日晒等影响，面板维护工作量大，运行维护费用高；②面板与混凝土坝段连接处易产生渗漏。为了使大坝方案

更加合理，适应当地气候，便于施工，同时增加大坝的安全度和降低投资，EPC 团队推荐采用沥青混凝土心墙堆石坝替代沥青混凝土面板堆石坝。

第二，在泄水建筑物方案比选优化阶段，考虑到混凝土坝段基础需坐落在完整且新鲜的岩石上，且两岸溢洪道均需要开挖出上、下游泄槽，故两岸都需要进行大量的岩石开挖，形成高边坡。不仅开挖量大，边坡防护工程量也大，征地范围广，而且安全性差。挑流消能冲坑靠近坝脚，危及大坝安全。针对以上不足，EPC 团队建议取消左岸表孔坝段，将右岸溢洪道采用双层过水形式，通过底孔与表孔重叠布置，减小溢流坝段的总宽度。本布置方案的优点如下：一是避免左岸高边坡开挖，减少边坡支护地质风险，方便运行期管理维修；二是堆石坝与混凝土坝段的连接是薄弱环节，取消左岸溢洪道坝段，有利于防止连接处渗漏；三是下泄高速水流被送至远离坝脚的河道，避免对坝脚的冲刷，保证拦河坝运行安全；四是电站进水口紧靠底孔布置，可以充分利用底孔拉沙功能保证进水口前实现“门前清”，管理运行方便。

第三，在沉沙池设置比选优化阶段，SK 水电站工程面临十分严峻的形势。SK 水电站为冲击式水轮机组，额定水头为 910 m，合同文件中沉沙池规模按沉沙粒径 0.3 mm 设置，则多年平均推移质沙量为 8.55 万 t，坝址处多年平均输沙总量为 42.75 万 t，不能够满足 SK 水电站水轮机过机含沙量的要求。同时，在考虑水库沉沙的情况下，无论是按沉沙粒径 0.3 mm、0.1 mm 还是 0.05 mm 设置的沉沙池，基本没有沉沙效果。为解决这一困境，EPC 团队建议电站采用“壅水沉沙、敞泄排沙”的运行方式，非汛期水库进行日调节蓄水发电，主汛期（6～7 月）水库一般在正常蓄水位发电，多余水量通过底孔排沙运行。当入库流量大于 200 m^3/s 进行敞泄排沙运行时，电站停止发电时间为 1 天，出库泥沙约 40 万 t。水库可以保持泥沙冲淤平衡状态，亦满足机组过流部件对泥沙的要求。因此，SK 水电站可不设沉沙池。沉沙池结构优化后，节省成本近 3000 万美元，保障了工期。

第四，在电厂选址阶段，EPC 团队审核了原设计方案。在原设计方案中，交通洞布置在主厂房的左端，断面形式为城门洞形，断面净尺寸为 8.0 m × 10.0 m，长度约 2338 m。EPC 团队发现原设计方案地下厂房和压力管道距主边界逆冲断层较远，要求区域构造稳定性较好，压力管道不穿越活断层，运行期地震风险小。但是，出线洞、交通洞和尾水洞仍需穿越活断层。

同时，地下厂房埋深大，存在高地应力、高地温、岩爆、涌水和软岩大变形等问题，施工期不良工程地质风险高。另外，厂房埋深大，工程量较大，导致交通洞地下厂房开挖、混凝土浇筑、机电设备安装等工序成为本工程进度计划中的关键线路，存在较高的工期风险。同时，征地范围较分散，土地获取难度大。针对以上风险，EPC 团队提出了优化方案，如表 8-5 所示。

表 8-5 电厂选址及设计方案对比 （单位：m）

建筑名称	原长度	现长度	原埋深	现埋深
地下厂房			900	350
主厂房			900	350
尾水洞	3 700	840		
交通洞	2 338	620		
电缆洞	1 580	550		
压力钢管	2 250	4 480		
低压引水隧洞	19 900	22 600		

EPC 团队推荐的方案中厂房位置外移至距昆哈河约 700 m，埋深适中，约 350 m，岩性为厚层变质玄武岩，岩石强度高。因交通洞、出线洞、尾水洞长度大幅度缩短，布置灵活，有效保障了工期。相比原合同计划，在征地移交进展不变的前提下，厂房线路工期提前了近半年。同时，就 SK 水电站项目总承包商而言，从以下五个层面对 EPC 模式进行了优化（图 8-7），优化后的模式具有四个优势。

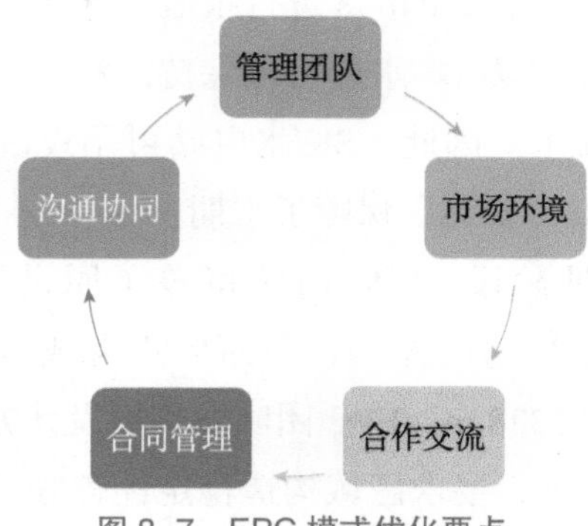

图 8-7 EPC 模式优化要点

首先，组建专业水平高、项目特别是涉外项目经验丰富的项目管理团队，定期开展专业化培训，聘用项目属地经验丰富的外籍人员或与其他项目管理机构合作，不断提升团队工作能力，增强项目管理人员的管理意识和管理能力。

其次，在进入国际EPC市场前，综合分析项目情况，对项目的技术可行性、业主的财务能力、项目所在地的自然环境、政府稳定性、国际关系、相关政策法规、社会秩序和治安、宗教习俗、市场形势等进行充分的调研与分析。

再次，在项目投标前，充分了解招标文件中的要求；在签订合同前，严格审查合同内容完整性、规范性、清晰度，并与相关方协商一致，由具有涉外项目审核经验的律师团队展开风险评估，审核无误后再签订合同；在合同签订之后，重视合同的交底和沟通管理。

最后，为了保证项目顺利开展，总承包商可以与当地或具有特殊优势的承包商组建联营体进行投标，将部分项目合理分包，树立保险意识，合理购买保险。与项目所在地的政府部门、业主、分包商、供应商等积极沟通，保障项目顺利进行。

8.3.2 欧洲建筑工程管理典型模式及特征

1. 面向全过程全生命周期的工程管理模式

丝路沿线国家和地区主要涉及的欧洲国家包括俄罗斯、乌克兰、白俄罗斯、阿塞拜疆、亚美尼亚、摩尔多瓦、格鲁吉亚、波兰、捷克、斯洛伐克、匈牙利、拉脱维亚、塞尔维亚、爱沙尼亚、保加利亚、克罗地亚、黑山、北马其顿、波黑、阿尔巴尼亚、罗马尼亚、立陶宛、斯洛文尼亚等。各国虽地域面积不同，但都具有丰富而多样的自然资源。外国投资推动了中东欧各国基础设施建设的发展，对经济的带动作用明显。总体而言，该区域产业和法律建设等方面具有良好的基础。在这些基础的支持下，为保证工程质量的进一步提升，全过程和全生命周期视角下的工程管理成为近年来备受关注和付诸实践的典型模式。

2. 典型模式 1：俄罗斯联邦莫斯科地铁工程项目的全过程造价管理模式

（1）俄罗斯联邦建筑行业预算体系结构、定额特点

俄罗斯联邦建筑行业预算体系最早可追溯到 1811～1812 年，历经多年发展，于 1832 年建立了以各类统计数据为基础的总预算体系。1869 年，沙俄政府首次确立了建筑行业预算的规范性文件。继而在 1920 年左右先后进行了多次编制预算新章程的尝试。1955～1956 年预算体系发生重大变化，当时的政府首次在发布的施工标准和规范组成文件中提出了预算标准，如苏联混凝土和钢筋混凝土结构设计规范（CH и П IV-84）是标准预算基础，其中包括 30 多万条的各类标准和价格。1990 年后随着经济贸易的自由化，市场竞争决定价格成为主流，严格的预算价格管控体制逐渐成为历史。20 世纪末随着预算定额 TCH-2001 的各类先决条件的日趋成熟，俄罗斯建筑行业的预算价格也逐步稳定并沿用至今。

总体来看，俄罗斯联邦建筑预算定额体系的建立，由国家预算定额、生产部门预算定额、区域预算定额组成。其中，俄罗斯联邦各区域内工程设计概算、施工图预算、完工核算所采用的定额属于区域预算定额（即 TCH-2001），该国不设有概算定额一级（周镇，2017）。

俄罗斯区域预算定额的特点包括：一是各专业预算定额中不体现具体的材料消耗量，如浇筑 1m^3 混凝土所消耗的水泥、砂、碎石和水的数量；二是机械台班定额中不体现变动费用所对应物品的消耗量，而体现工序或具体材料对应的基价和费率，如运行 1 台时机械所消耗的柴油、汽油、水电的数量；三是预算定额的输入工程量不是净量，需将操作损耗、扩孔量、超挖回填量加入其中；四是可用于编制铁路、公路、地铁工程等专业预算文件或投标报价。

（2）预算审批程序

莫斯科市政府对初步设计概算、施工图预算的报批有标准的流程。以地铁项目为例，初步设计报批的概算一般会按两个施工阶段等待核准。在分批上报概算获得鉴定委员会批准之后，初步设计图与施工图之间的量差将在合同价款的 2% 不可预见费中进行解决，可见该国工程中初步设计图数量及配

套概算编制的重要性，直接决定了是否可持平或突破签约合同价。

（3）定额划分和取费标准

TCH-2001涵盖了17大类的定额划分和取费标准，分别包括材料价格、机械台班价格、各专业工程定额（如公路、铁路、地铁）、设备价格、安装调试价格、修缮工程定额、历史和文化古迹修复工程定额、间接费和利润、冬季施工增加费、临建设施价格、其他作业、城市公用事业设备维修定额、运输价格、建筑费用的扩大指标、城市节日和主题装饰、TCH-2001使用总则、设备预算价值的确定规则。

（4）清单项目预算价格组成

一是直接费，包括人工材料机械使用费。该费用表现为定额直接费，即预算的“基期价格”。进而通过修正系数、冬季涨价系数、价格折算系数，可计算得到直接费“编制期”价格。

二是间接费和利润。TCH-2001.8中规定了工程类别和相应费率的取值，其中间接费和利润分别以预算定额中的人工费和机械工工费为基数，独立计算两种工费对应的间接费和利润，此外相应费率应按实际市场每月变化，具体清单项目预算价格见图8-8。

（5）临建设施价格

在TCH-2001.10中分别对以套用临建设施定额和基价、套用工程类别和相应费率取值两种编制方式进行了规定。目前，莫斯科地铁建设项目一般采用第二种方式，即临建设施按工程类别以建安费为基数进行取费计算。俄罗斯市政项目中的地铁工程取费标准为6.6%，但一般会要求承包商降到3.93%。

采用套用工程类别和相应费率取值的方式，须注意其不包含以下费用（如业主交由承包商施工则应于项目预算中另行编制）：①起重机轨道、轨道基础、安装平台的安拆费；②确保设备（重量大于40 t的设备）作业稳定性的安装费；③施工现场供应源至配电装置之间（即围挡之外部分）的临建水力管线、热力管线、电力管线、汽车道、绕行路的修建费。

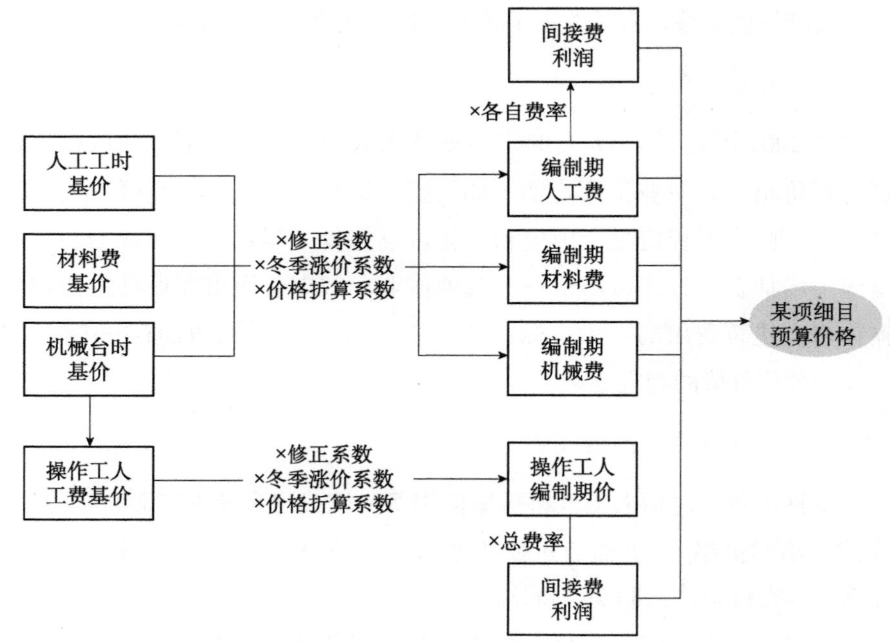

图 8–8　清单项目预算价格计算程序

3. 典型模式 2：波兰 S14 罗兹西部绕城高速公路项目的全生命周期管理模式

波兰 S14 罗兹西部绕城高速公路项目从设计单位的选择与监管、项目管理组织结构、进度管理、质量管理等方面进行全生命周期的工程管理，确保了该基建项目能够长期稳定运行。下面进行具体分析。

（1）设计单位的选择与监管

首先，在设计单位的选择上重点考虑当地设计院。该工程所在国波兰是欧盟成员国，且项目资金来源为欧盟和业主自筹，项目设计理念不仅需要符合欧盟及波兰标准要求，同时也要考虑具体施工偏好情况，以便于实施。

其次，设计单位的选择重点考虑其设计资质。一个有实力、讲履约的设计单位，能够最大限度地保证设计质量和管控施工过程中出现的各种设计冲突，减少工程返工和因设计问题未解决造成现场被迫窝工或停工的现象，保证合同履约，从而能够减少成本支出。

最后，加强对设计单位的监管。一是以契约为基础，签订完善、严谨的设计分包合同加强对设计单位的合同约束。在设计合同中明确提交履约保函、符合设计工期要求的设计计划以及任务分解的编制、拟使用的各专业设计师数量及资质、其他设计质量保证的条款等。二是组建自己的设计团队开展设计审查工作，利用与业主和监理的设计周会、月会、邮件及电话视频会议等方式监控设计进度，避免因设计原因而造成项目的成本失控。

（2）项目管理组织结构

首先是组织结构体系。由于当地劳动力供应不足，因此该项目采用了国际工程承包的方式进行建设。该项目实施经验证明，人力资源属地化以及由此形成的管理模式属地化是高端市场对工程承包商项目管理的必然要求。此外，波兰建筑市场虽然体量小，但高度成熟，项目管理体制规范、健全，工程管理技术人员专业化、职业化水平较高，具备属地化的客观物质基础。

其次是岗位职责。承包商现场代表对工程项目履约进行全面管理。在波兰，现场经理在项目管理中具有突出地位，对项目的实施发挥关键作用。波兰《建筑法》要求现场经理具有执业资质，应由拥有丰富施工管理经验、善于施工组织、熟悉施工技术和环境保护要求的工程师担任，且需具有敏锐的合同意识。合同 / 商务经理则分管合同变更与索赔、计量及支付、对外关系维护、当地员工人资管理。合同工程师负责合同变更与索赔等工作，需要由具有丰富合同管理与工程管理经验的工程师担任，对项目履约发挥重要作用。各专业技术工程师负责施工图纸审核、方案（质量保证计划）编制、施工工艺及质量检查等。环境工程师负责按照法规和合同中有关环境保护的相关要求，在施工图设计与实施过程中实施监管；协调落实环境保护专业咨询机构对工程的环保意见和建议。安全工程师负责施工安全管理，落实法规、合同对安全生产的详细规定。

（3）进度管理

波兰材料设备供应及施工分包市场较小，属卖方市场，承包商议价能力弱。在签订合同后，应立即组织现场经理及各专业人员，按照合同节点工期的要求综合考虑内外部影响因素，制定各分部分项工程施工图纸提供计划、分包规划、材料及设备采购计划、检验试验计划及资金使用计划，及早锁定材料设备供应商及分包施工单位，避免造成成本增加及工期延误。例如，河道开挖的水上挖掘机，当地市场非常有限，在各项目同时施工的高峰季节供不应求，如资源组织不及时，可能导致需要从邻国市场寻找资源，对项目成本和工期造成压力。

因劳动力供应相对紧张，故制定进度计划时需特别注重日、周和月的工作搭接问题，提高施工效率。在实施过程中，项目部管理人员通过日常沟通及每日、每周定期例会等机制，与各工区、分包单位、班组长沟通，重在监督进度计划是否滞后及原因分析，通过对不确定因素的及时处理，以及对各分包单位之间的协调，不断对工程实际实施偏离计划进行更正。

（4）质量管理

首先是质量保证计划，包括总体质量保证计划及各分项工程质量保证计划。总体质量保证计划包含施工组织机构、场内外交通、工程组织、分包队伍及资质、关键人员、质量检测等。质量保证计划的编制及审批是各分部分项工程施工的前提条件，所以要尽早组织专业工程师编制总体质量保证计划，还应根据分包计划，协调各开挖、结构物施工、机电安装等分包单位，综合考虑商混站、实验室、测量等专业机构的具体信息，制定分项工程质量保证计划，为现场施工的开展创造良好条件。

其次是施工过程质量控制。波兰的建筑工程公司虽然规模较小，但从业工程师和技术工人都具备较强的专业能力及较高的职业操守，且注重环保工程实体质量的过程控制。各工程公司重视产品安装运行手册、加工图纸等配套资料的准备，试验机构、测量公司能够提供公正且专业的咨询服务。因此，项目部应将质量管理工作的重心放在结合环境保护要求及施工图纸，选择合理的施工方法、工艺，对分包单位在实施过程中的质量、进度进行纠偏。同时，应特别注意对分包合同变更、索赔的有效管理，并且通过引入多个分包单位开展良性竞争，确保分包可控。

（5）环境健康安全管理

本项目的环境管理计划（environmental management program，EMP）中，

对工程实施给环境带来的各类影响进行了细致评估，对环境管理的要求做出了详细规定。EMP 对各具体施工区段的临时交通、开挖方式、不同季节水位控制要求、各类受保护的动植物迁移和移植、植被恢复、环境补偿（如新建生态岛）、文化遗产保护，以及土地财产、建筑物及公用设施保护等做出了非常细致的规定。

承包商环境工程师、安全工程师在开展工作过程中，积极协调当地各相关部门及咨询机构，充分体现了依章办事、坚持原则的特点。例如，施工时因探坑未遮盖、未对青蛙可能掉进去的风险采取措施，以及对大树的保护工作滞后，而被环境工程师和有关部门要求立即整改，否则停工。

（6）成本管理

投标报价的合理性是决定承包效益的关键因素之一。在工程实施过程中，重视开展定期经营活动分析，通过对主要项目的单位工程量所耗用成本的分析，从施工作业面安排、资源调配等方面查找提升空间，对成本进行动态管理。成本管理核心外部因素见表 8-6。

表 8-6　成本管理核心外部因素

序号	投标阶段调查	制定投标方案	投标报价影响
1	有关劳工准入、职业资格的法律规定	操作人员属地招聘，管理人员属地为主；法律、翻译、试验、测量和环境等专业分包	工资水平高、管理成本高
2	劳工保险、加班、节假日及年休假等规定	制定进度计划应考虑	工资福利高、资源投入大、成本高
3	环境保护、文化遗产保护等法规及招标文件要求	临时生产生活设施标准高、采用租赁方式；临时道路需硬化，租赁混凝土预制板；聘用属地环境保护专家；生产生活废弃物处理专业化；环境监测要求	临时生产生活设施租赁成本高、人材机等资源投入大、周期长、成本高
4	材料、设备供应及工程设计和施工市场	采购当地或其他欧洲国家材料；及早确定材料供应、租赁施工图设计及施工分包单位	材料采购价格高；分包单位可选择面窄，议价能力弱
5	税务规定		考虑各类税收因素
6	工程保险		考虑各类保险费用
7	风险及不可预见费用		额外资源投入造成成本增加

4. 典型模式 3：塞尔维亚高速公路苏尔钦—奥布雷诺瓦茨段项目的“工期、质量、环境、成本、安全、创新”六位一体管理模式

苏尔钦—奥布雷诺瓦茨段项目起点位于苏尔钦，连接新贝尔格莱德与贝尔格莱德公路环线，为塞尔维亚 E763 高速公路塞尔维亚境内起始段，与在建的 E763 高速公路段衔接。项目全长 17.582 km，道路部分长约 10 km，中小桥数十座，其中代表性项目为萨瓦河特大桥（1581 m），跨越萨瓦河和克鲁巴拉河，分为北引桥、主桥、南引桥。

（1）项目管理模式

苏尔钦—奥布雷诺瓦茨段项目的管理单位采用项目管理后置的总体思路，设立了“工期、质量、环境、成本、安全、创新”六位一体的建设管理目标，探索组建了项目管理小组，对海外工程项目进行针对性管理。由管理单位总经理来担任项目管理小组组长，管理单位其他领导、各职能部门负责人组成分别担任不同环节的核心管理成员。该项目工程管理模式的优势主要体现在以下四个方面。

一是搭建了良好的外部施工环境。本项目的施工单位曾成功在塞尔维亚当地实施泽蒙 - 博尔卡大桥及连接线项目，该项目的成功实施为项目施工单位在塞尔维亚人民及政府心中树立了良好形象，为本项目顺利实施创建了良好的外部环境。在苏尔钦—奥布雷诺瓦茨段塞尔维亚 E763 高速公路项目启动后，项目组通过一系列商务策划，同投资方、出资方、分包商等各方参与单位建立全方位、多层次合作关系，为项目顺利实施扫除了外部障碍，项目管理小组组织架构图如图 8-9 所示。当纵向和横向指令发生矛盾时，由最高指挥者协调或决策。

二是选择熟悉当地市场且专业的合作单位。在项目实施前，项目组通过寻找曾在当地成功实施工程项目的供应商、监理公司、试验室、环保公司和安全公司等各方合作单位，与之达成合作，提前摸清并掌握当地基建市场状况及各项办事流程，并使各合作单位在前期深度参与到项目开发的技术方案和策划工作中，来确保施工项目前期、中期和后期工作的延续性，缩短项目参建的各合作方的磨合期，使管理单位先人一步，为项目走入正轨奠定基础。

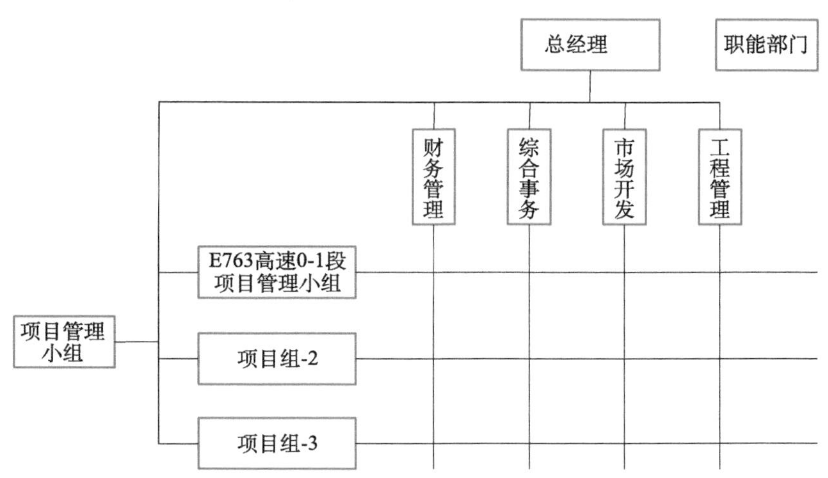

图 8-9　塞尔维亚 E763 高速公路苏尔钦—奥布雷诺瓦茨段项目管理小组组织架构图

三是项目设计与施工的自主深度融合。由于当地规章制度健全，不同阶段图纸均需要通过国家技术审查委员会、专业机构或监理的审查，承包商对审定的图纸原则上不能做出任何修改，客观上要求管理单位做好设计、施工的自主融合。为实现各方利益最大化，项目组除完成主要复杂结构物——萨瓦河特大桥设计外，还需承担项目设计优化及审核职能。为确保大量设计工作在现场完成，项目组策划分包合同，招聘当地工程师组建设计团队，使项目设计更加贴合当地项目的要求。

四是利用建筑信息模型（building information model，BIM）技术提升施工效率和质量。项目施工过程管理主要利用 BIM 技术辅助，以可视化、模拟性、信息集成性的技术手段，提高施工技术与施工质量，缩短建设工期，提升项目信息集成的准确性与信息应用的高效性，以及项目的形象建设，同时进一步探索桥梁领域监控 +BIM 的应用价值。以塞尔维亚高速公路苏尔钦—奥布雷诺瓦茨段为全线示范工程，进行 BIM 技术的应用和研究。应用性内容包括针对跨萨瓦河特大桥，部署施工协同管理平台，管控施工进度和现场质量安全，现场人员和安质巡检员通过手机填报实际进度、施工信息及巡查问题，项目管理人员通过平台查看实时进度、施工信息和处理巡查问题。研究性内容包括监测信息分类编码研究、监测信息与模型集成研究、监控信息可视化研究等内容。

（2）项目协同管理

协同平台部署包括数据库部署、模型上传、平台初始化、平台功能等多种信息技术。通过数据库部署，将现有数据库在分服务器重新部署，修改项目属性，布置地表图层。利用模型上传，将跨萨瓦河特大桥模型转换为平台格式，上传至协同管理平台，进行模型数据初始化。在平台初始化过程中，需要对平台进度、结构树、人员角色、职能、用户名与密码、质量类别等系统功能进行初始化。协同平台的主要功能包括模型浏览、形象进度查询、实际进度填报、实际进度查询、质量管理、安全管理和监控量测（研究），总结如表 8-7 所示。

表 8-7　塞尔维亚 E763 高速公路苏尔钦—奥布雷诺瓦茨段项目协同平台功能介绍

主要功能	功能介绍
模型浏览	以地理信息系统环境展示、浏览、操作三维模型，以树状结构管理模型，以构件单元查询模型设计信息和关联的进度、质量安全信息
形象进度查询	按项目组织划分工作面，自定义展示分部分项的形象进度指标，并实时自动更新进度数据
实际进度填报	现场人员利用手机填报实际施工时间和施工信息，为工程进度实时追踪及查询提供基础数据
实际进度查询	以三维模型展示任一时间节点的实际施工状态
质量管理	现场质量问题信息管理：手机端上传工序报检验收和质量巡查问题，网页端查看、处理、整改回复、统计和备查。质量文档管理：将跨萨瓦河特大桥相关施工质量文档上传至平台，具体至构件时挂接至模型，进行质量文档管理
安全管理	现场安全问题信息管理，手机端上传安全巡查问题，网页端查看、处理、整改回复、统计和备查。安全文档管理：将跨萨瓦河特大桥相关施工安全文档上传至平台，具体至构件时挂接至模型，进行安全文档管理
监控量测（研究）	将桥梁监控信息集成至平台，对监控量测数据进行可视化展示和数据统计、分析和预警

总体而言，该项目的成功实施可以总结为三个方面的成果：第一，项目组以外部实验室、安全公司、监理团队等合作方为抓手，通过周例会、阳光基金、安全日报对项目进行管理。该项目是该地区第一个提前完工的高速公路项目，截至项目竣工，项目未发生质量、安全环保事故，并提前竣工。第二，项目组资金充足，对项目资金按计划进行拨付，专款专用。对于当地货

币需求，根据合作单位的申请，结合施工进展情况，在计划内足额拨付；对于境内资金需求，要求合作单位提供详细的资金使用说明，经管理单位审定之后支付。管理单位多措并举，保证项目建设资金充足，有效提升项目抵御风险的能力。第三，与当地分包商良好合作。该项目当地分包合同额近 1 亿美元，有包括路基、路面、桥涵、排水、电力、通信、交通工程等的 13 家当地专业分包商。项目组引导项目部健全管理机构，合理划分标段，强化过程管控，推动分包管理各项工作井然有序。

该项目实践表明，高效的施工管理可以激发参建各方的工作积极性及主观能动性，通过合作促使各项工作有序推进。

8.3.3 非洲建筑工程管理典型模式及特征

1. 面向过程的系统化工程管理模式

丝路沿线国家和地区主要涉及的非洲国家包括苏丹、南苏丹、埃及、利比亚、突尼斯、阿尔及利亚、摩洛哥七国及大西洋中的葡属马德拉群岛、亚速尔群岛。这些国家人口出生率较高、经济增长较快，发展势头迅猛。不过，高速的增长也给该区域的工程管理带来一定的挑战，如各方协作对工程质量与进度的挑战、本地规制和从业人员特征对进度与安全管理的挑战等。面对种种挑战，当地成功地运用系统化的工程管理模式解决了许多难题。

2. 典型模式：埃及阿拉曼新城标志塔项目的质量 - 进度 - 安全的系统化管理模式

埃及的阿拉曼新城标志塔项目在其基础底板浇筑工程中，就采用了系统化的方式，将整个工程分为数个子系统，并保证其紧密配合，又好又快地完成了该分部工程。该项目位于埃及北部地中海沿岸，亚历山大以西约 100 km，是埃及政府 2030 规划中的重要战略城市之一，未来将建成埃及的“夏都”，成为埃及北部海岸中心，兼具文化、服务、工业、旅游功能。

非洲国家虽然经济社会发展未达到世界顶尖水平，但其良好的建筑工程管理模式仍然保证了诸多大型和标志性项目的顺利开展与完成。此类国家在

建筑工程管理方面的成功主要源于对世界范围内成功项目的学习和对先进技术方法的引进与应用。具体而言，按照工程项目的质量、进度、成本和安全四个方面，则可以归纳为：质量管理的系统化、进度管理的流水线化、成本管理的精准化和安全管理的传承化。下面将结合此案例对以上四个方面进行具体说明。

（1）质量管理的系统化

质量管理的系统化是指为确保工程项目施工质量，将涉及每个分部分项工程的施工方案、人员调配、机械调配、材料供应和进度管控等方面视为系统工程，在施工前做好每个子系统的具体安排，并在施工过程中由管理人员协调各个子系统之间的运行。

标志塔将分两次进行浇筑，是截至目前非洲最大体量的基础底板。项目团队为基础底板浇筑进行了充分准备，采用 Fast-Track 模式，即施工与设计同步开展，及时根据情况调整设计保证施工质量。在深化设计方面，每一根钢筋都细化到图纸中，以便于指导现场翻样和加工。在施工技术方面，提前明确施工缝抗剪钢筋固定方案、防水节点做法、大体积混凝土养护方案、混凝土测温方案、高区单侧支模施工方案、肥槽回填方案等各项技术工作。

为顺利完成基础底板工程，由项目经理主持，项目部组织专项策划会议，与各合作方和项目职工共同研讨施工安排、施工技术、资源采购、后勤保障等多项重点内容。同时，项目按照施工所涉及的子系统专门成立了数个小团队：驻站组、检测组、浇筑组、交通疏导组、综合保障组及降水运行保障组等，从而全方位地保障本次浇筑顺利实施。现场施工由多个组协同配合分区进行。

同时，在技术方面该项目还积极学习国际范围内相关的经验，并结合当地情况进行具体的方案设计，从而进一步保证施工质量。例如，在降水工程中，因项目临近地中海，地质条件复杂，地下层蕴含大量溶洞及裂隙，结构类似“千层饼”，地层蕴含大量溶洞及裂隙，导致水位和水流分布极其复杂，地下水补给速度快，封闭降水难度系数高。项目团队结合当地和在国际上积累的降排水经验，采用管井降水和集水井明排水相结合的方案，成功将地下水控制在标高范围，确保降水系统正常运行。

（2）进度管理的流水线化

进度管理的流水线化包含两方面的含义：一是指安排轮班制施工，保证项目施工不间断，减少施工缝；二是指运用信息技术实现设计与施工的联通，将设计方案分解到施工工序，直观地提供给前线施工人员。

在轮班制方面，由于相关国家与地区的劳动力供应相对充足，因此在部分需要连续进行施工的分部分项工程进行时，可考虑适当增加劳动力成本支出，通过多雇佣劳动力实现轮班制施工，从而保证施工的连续性，减少施工缝的设置。埃及的阿拉曼新城标志塔项目的基础底板混凝土浇筑分项工程具有工程量大、质量要求高和施工时间长的特性。因此，若仅设置一个劳动班次，那么为保证施工质量则需在每天完工前设置施工缝，次日开工时又需要花费额外的工艺处理施工缝之间的连接。可见，在一个劳动班次的情境下，仅施工缝的处理就需耗费额外的时间，并增加项目设计与施工的压力。因此，该项目通过轮班制的方式保证基础底板的连续浇筑，一方面直接缩短了施工时间，另一方面也避免因施工暂停而造成的质量保证与恢复工作对进度的拖延。施工从白天到夜晚连续进行，除人员有替换外施工机械等均不停工。

在信息技术运用方面，该项目也是一项值得学习的案例。该项目通过运用国际上先进的信息技术进行设计，不仅将设计精准化，其可视化的优势也有利于直接将施工的顺序、工艺和关键点传达给施工第一线的工人与管理人员，实现了由设计到施工的流水线化，减少了中间的教学环节。该标志塔的异形柱在项目中被普遍应用，给现场施工带来了较大困难，若采用传统的项目管理模式，则因特殊工艺教学的困难而造成进度的大幅延长。为此，项目采用了先进的信息技术方法，如树形柱的建模和钢筋方案的对比。在钢筋深化设计阶段、支撑方案设计阶段、现场施工阶段这些信息技术方法均有实际应用，主要解决了钢筋碰撞、钢筋放样、测量定位的问题。同时相关技术的应用还可以实现施工段整体和细节模型创建、工序和工艺模拟动画，通过播放动画的方式可直观地表达施工工艺促进项目相关方的交流。

此外，该项目还运用相关技术进行工序模拟及可视化交底。首先利用Revit将已建成的模型输出为.fbx格式文件，导入3DS MAX中，调整其材质参数使之符合实际情况；然后应用摄影表功能，使用关键帧控制各构配件的出现与移动；同时，调整镜头的位置及角度，渲染输出树形柱施工工序动画；最后使用 Adobe PR 软件调整抖动，加上片头、片尾、字幕、音乐进行完善，制作完整的施工模拟动画。通过运用这些技术，该项目不仅保证了施工质量，还解决了进度控制这一难题。

（3）成本管理的精准化

目前，北非国家的许多建筑工程已经实现了对成本的精准化管理，从而使工程造价管理质量高、效益好。相比于传统的成本管理方式，这种精准化的管理主要体现在对工序、材料及其变更的迅速响应以及项目前期对劳动力、建筑材料和相关机械设备供应渠道的充分筛选与预案。

以阿尔及利亚大清真寺工程项目为例，该项目使用的是总价包干合同，这意味着工程款按照进度进行支付。即首先进行工程进度的分解，确定里程碑事件，待每阶段的工程任务完成并且验收合格后，项目甲方按照事先约定的该阶段的工程款额度进行付款。因此，进度计划的准确性和造价合理性直接影响项目的现金流。项目团队在开工前建立了成本控制数据库，对项目的分部分项工程乃至工序做了详尽的分解，并将每道工序所需的劳动力、材料和机械等均做了详细的对应匹配，因此待项目施工开始后，便可以根据前期的进度计划指导资金分配，计划产值与实际产值匹配。这种方式可以避免已完结工程未结算现象，确保了项目实施过程中的资金运转良好。阿尔及利亚大清真寺工程项目成本控制数据库如图 8-10 所示。

在供应渠道方面，该项目采用了“五统一分”的采购供应模式，以设备采购为例进行说明当地市场相关设备不能完全满足项目需求，项目管理团队筛选出对施工进度影响较大、使用频次较高、采购金额较大的设备进行集中采购，集中把控设备质量、降低采购成本、减少配件库存、集中处理税务、统一保障设备售后服务。经过对当地和国际设备市场进行调研，以及对设备供应商、各合作单位需求、海外类似项目进行调研，由承建该项目的公司建立设备采购平台，采用“五统一分”采购供应模式采购设备，即统一招标、分别签约、统一支付、统一发运、统一清关、统一运输，其他设备由各合作单位自行采购[①]。

① BIM 应用 | 阿尔及利亚大清真寺项目 BIM 应用 [EB/OL]. https://m.hqwx.com/news/2019-10/15725073533668.html [2023-03-25].

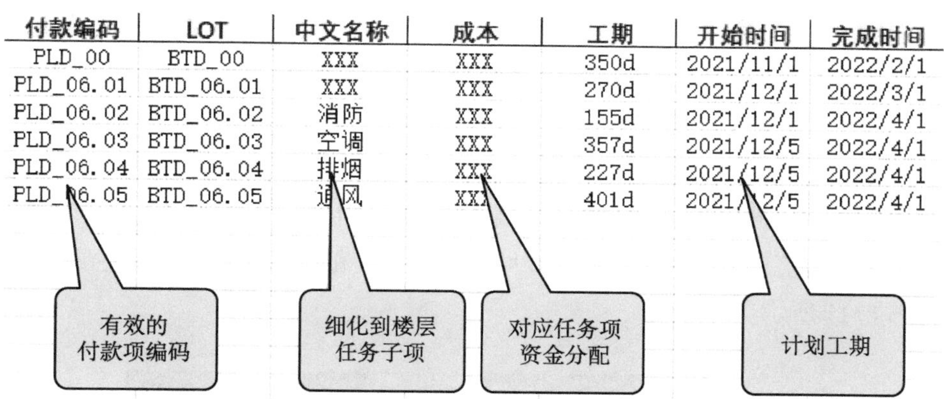

付款编码	LOT	中文名称	成本	工期	开始时间	完成时间
PLD_00	BTD_00	XXX	XXX	350d	2021/11/1	2022/2/1
PLD_06.01	BTD_06.01	XXX	XXX	270d	2021/12/1	2022/3/1
PLD_06.02	BTD_06.02	消防	XXX	155d	2021/12/1	2022/4/1
PLD_06.03	BTD_06.03	空调	XXX	357d	2021/12/5	2022/4/1
PLD_06.04	BTD_06.04	排烟	XXX	227d	2021/12/5	2022/4/1
PLD_06.05	BTD_06.05	通风	XXX	401d	2021/12/5	2022/4/1

图 8-10 阿尔及利亚大清真寺项目成本控制数据库

（4）安全管理的传承化

安全管理是工程项目管理的重要环节，其主要目的是保证施工过程中施工人员的人身安全。对于农业特色型国家而言，劳动力供给相对充足，但同时也存在行业经验有限因而对施工安全措施及注意事项理解不到位的情况。为了解决这一难题，相关项目多采用“以老带新”，有经验的从业者通过手把手的经验传授和提供帮助的方式，实现具体施工工序安全生产技术的传承。埃及的阿拉曼新城标志塔项目中，中国企业参与了施工过程，在此过程中中方相关人员通过前述方式将施工过程中的安全问题详尽地传达给经验相对有限的从业者。

8.4 丝路沿线国家和地区城镇智慧运维模式及特征

传统的城镇运维方式主要是依靠人工作业的方式来实现城镇各个部门的管理和公共服务的运转。传统城镇运维管理方式人力成本高昂、管理手段落后、效率低下等，导致城镇的正常运维和管理面临诸多困难。

过去，智慧城镇的主要目标是城镇基础设施的建设。现今智慧城镇的重点则更倾向于为城镇居民提供智慧化的服务。智慧运维是城镇建设之后的首要任务，是智慧城镇正常运作的关键。借助智能科技和先进的物联网设备，各种城市管理服务平台对城市每天产生的动态和静态数据，进行大数据分析和挖掘，为城市的智慧化和精细化管理提供决策依据，尤其是在基于城市的时间、空间、源头等多维度的异常事件智能识别巡查、城市智能危险预警、基于多部门信息整合的智能调度等城市智能运维和管理方面发挥着重要作用，如图 8-11 所示。

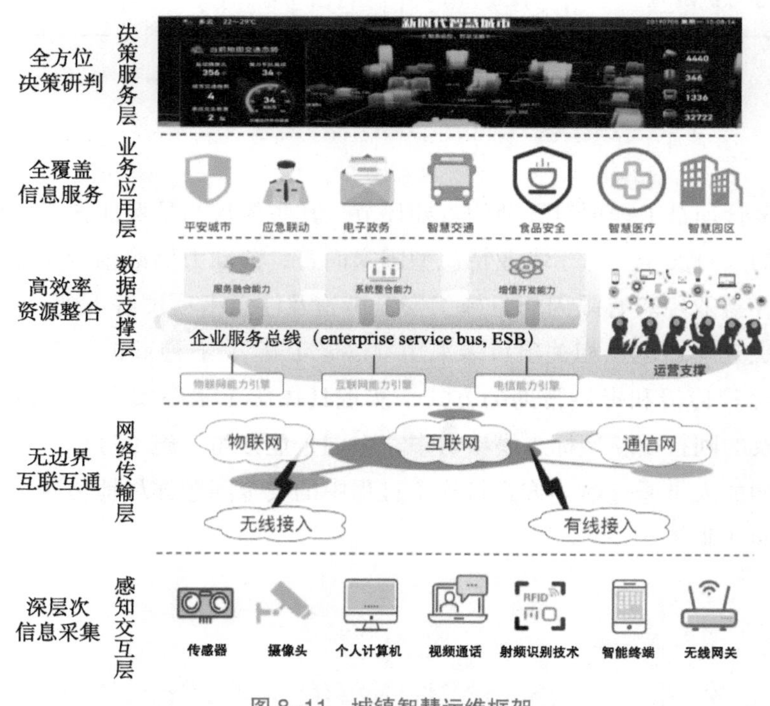

图 8-11　城镇智慧运维框架

丝路沿线国家和地区在城镇智慧运维方面积极投入建设，并取得了一定的成效。根据国家和区域类型的不同，各个国家根据当前国情推广的智慧城市战略不同，侧重点也不同。由于国家和地区经济发展的程度不同，不同国家和地区对智慧城镇的规划也处于不同的实施阶段。对于发达地区的国家和地区，由于通信和公共基础设施相对成熟，在城市大数据积累、人才和科技手段等方面更占优势，因而在智慧城市建设和智慧城市运维管理方面也较为

成熟；对于发展中国家，智慧城镇项目更有挑战性，其重点更倾向于某个领域的智慧运维与管理。

8.4.1 亚洲国家城镇智慧运维模式及特征

亚洲城镇智慧化发展现象，不仅仅是“追赶”西方智慧城市的模式和经验，更是全球经济快速增长所出现的地区独特趋势。在亚洲，尤其是东亚地区国家的大型城市都面临人口密度大、交通拥堵、地理位置处于灾害多发区的问题。因此，很多城市政府积极地投入智慧城市建设和智慧城市运维与管理，期望运用高科技手段来快速有效地解决这些问题。其中，新加坡、中国、日本和韩国在智慧城市建设方面较为领先。此外，中国和日本也积极向外拓展并输出其智慧城市建设方案。

1. 中国

中国的“智慧城市”理念更倾向于将城市本身视为一个生态系统，而城市中的民众、交通、能源、商业、通信、水资源等是构成智慧城市的一个个子系统。借助新一代的物联网、云计算、人工智能等技术，将城市的基础设施、信息系统等社会各个环节展开深度融合，从而实现城镇智慧化运维和管理。当前，中国的城镇智慧化运维与管理在以下几个方面得到广泛的应用。

（1）城市管理综合监测

基于地理信息系统对城市进行栅格化管理，直观展示网格区划内政府机构、道路、建筑物、工地信息、井盖、摄像头等的位置、状态及详细信息。支持集成城市管理各职能部门的数据资源，对公共设施、道路交通、市容绿化、道路环境、房屋土地等城市部件的核心运行指标进行综合监测与可视化分析，全面展示城市管理现状，辅助管理者全面掌控城市运行态势，提升监管力度和行政效率。

（2）公用设施监测

通过集成地理信息、物联网、视频监控、传感器检测等系统数据，对水、电、气、热、井盖、消防、通信、电力、照明等基础设施的数量、地理分布、运行状态进行实时监控，助力城市管理者准确、高效地监测城市公用设施运行状态，为设施管理、养护管理、预防性维护提供支持，提升城市基础设施服务能力。

（3）道路交通监测

通过融合住建、交通管理等部门数据，对停车场、交通信号设施、各类桥梁、公交站亭、交通标志牌等道路交通设施的运行状态进行实时监测，对乱停车、设施损坏、路面损坏等影响道路交通正常运行的异常情况进行实时告警，帮助管理者及时掌握道路交通运维态势，提升管理效能。

（4）市容环境监测

集成物联网、地理信息、视频监控、射频识别技术（radio frequency identification，RFID）等系统数据，对垃圾收集转运、环卫清扫、渣土清运等工作进行全流程、全要素可视化监管，辅助城市管理者及时发现影响市容环境的多种因素，实现快速处置，提升市容维护工作的管理水平。

（5）园林绿化监测

通过融合园林、林业、市政等多部门业务数据，集成地理信息、视频监控、各类传感器等系统数据，实现对树木绿地、护树设施、绿地维护设施、城市雕塑、街头桌椅等园林设施的数量、地理分布、运维状态进行监测，支持对毁坏设施、砍伐树木等违法事件进行可视化告警，为园林绿化设施管理提供数据支持，提升城市绿化工作效率。

（6）综合执法监测

支持集成勤务系统、执法终端、视频监控等系统数据，基于地理信息系统，对勤务人员的在岗数量、位置、管辖区域等信息进行可视化监测，可点选查询勤务人员的基本信息、所属单位、案件处置进度等信息，帮助城市管理人员快速掌握勤务人员的工作状态，为警力管理和指挥调度提供支持，如图 8-12 所示。

图 8–12　综合执法监测

图片来源：视觉中国

（7）自然灾害监测预警

通过建立自然灾害感知网络、卫星感知网络，结合人工智能技术运用对自然灾害和事故灾难的风险评估、预测和预警，全面提升对各类灾害事故应急的智慧化和精准化。例如，中国四川是地震多发区，特点为地震多、分布广、强度大、灾害重。四川省人民政府强力打造覆盖全省的地震预警系统，该系统包括省级预警中心、台站观测、通信网络、紧急地震信息服务、技术支持与保障，并建立预警专业终端、应急广播、手机 APP 和定制服务等多种预警发布信息平台，以便居民提前做好避险保护措施。

2. 印度

为了应对近年来城市爆炸的影响，印度在城镇智能技术方面投入更多的精力。这将使政府能够利用其资源，并以更可持续和更有效的方式规划其基础设施的发展。2015 年 6 月 25 日，印度总理纳伦德拉·莫迪（Narendra Modi）宣布了印度的智慧城市使命，该项目旨在通过促进当地发展和利用智能技术来推动经济增长并改善全国城市居民的生活。具体而言，该项目是从全国选中 100 个城市，这些城市拥有印度 1/3 以上的人口，项目的目的则是将这些城市转变为智慧城市。印度政府总共投入超过 20 亿卢比的总投资预算，以促进实现 5000 多个旨在改善其管理和基础设施的项目。将这些城市地区转变为智慧城市包括三个阶段。

1）城市改善者：以区域为基础的开发，通过改造和重建，将现有住宅区转变为规划更好的社区；

2）城市扩展：绿地项目，开发能够容纳不断增长的城市人口的新区域；

3）泛城市发展：通过精心挑选的智能解决方案改善现有的全市基础设施。

选定的城市必须提供关于市政服务的社会经济数据，如废弃物管理、交通流量以及水和能源的供应和使用。这将使城市规划者能够开发与基础设施和服务相关的项目改善居民的生活质量。应用“智能”解决方案来克服各种城市问题是印度智慧城市使命与以前城市改革举措的主要区别。

3. 伊拉克

伊拉克是一个常年饱受战争之苦的国家，这使得国家重建工作十分艰巨。伊拉克由于盛产石油，属于丝路沿线国家和地区中的能源国家。目前，城镇智慧化的建设重点在油田的智慧综合监控方面。中国公司完成了伊拉克哈法亚油田智慧综合监控系统项目、伊拉克马基努油田 FCC 骨干网络建设项目、IT 安全与生产优化建设项目和 Warehouse 智能化项目。项目部署多个高性能 Mesh 自组网基站和相关的应用系统，主要是针对生产数据采集与监视控制系统、智能安防监控、油田应急指挥调度等应用场景，以人工智能视频分析系统和大数据平台为基础，根据油田行业的实际情况，建立危机预警模型和人工智能视频图像识别 IE 算法库。

4. 以色列

特拉维夫是以色列的科技和经济中心，其在智慧城市的成绩得到世界的认可。“参与”是特拉维夫贯彻智慧城市原则的关键价值观，其目的是创造一个以居民为中心的政府。特拉维夫积极地推动居民参与城市体验和城市发展，将重要决策过程的参与和群众智慧与要求作为新时代智慧市政管理的措施。特拉维夫智慧城市的核心项目是 Digi-Tel 平台，该平台让居民和政府进行直接沟通，向居民提供量身定做的基于具体地理位置的信息和服务，促进城市和居民的直接的全面的联系。居民可以向政府反馈问题，政府可以向居民征集管理建议。政府在全市范围内提供免费 Wi-Fi 和政府工作的相关数据，来提高政府亲民度和办公透明度。此外，特拉维夫的智慧城市服务主要包括公共交通、公共安全和智慧能源三个领域。和其他城市一样，特拉维夫同样面临交通堵塞和停车位短缺等问题。在交通流量控制方面，特拉维夫建立一个综合性的交通控制中心，采用自动化系统 Avivim 来监督车流量。在公共安全方面，特拉维夫在全市安装了 600 个监控摄像头，并进行直播随时监控和制约一些非正常活动。此外，还在 1000 家教育机构设立紧急按钮，以便实施快速救援。在智慧能源的实施上，借助特拉维夫的天然地理特色，在居民住宅公寓和商业建筑的屋顶、港口等开放性空间全方位地获取光能、风能和海浪来发电。通过以上措施，特拉维夫利用先进的技术为民众服务。民众的参与及时反馈，使得城市更健康地发展。特拉维夫为城市管理和公民参与提供了一种示范方案，如图 8-13 所示。

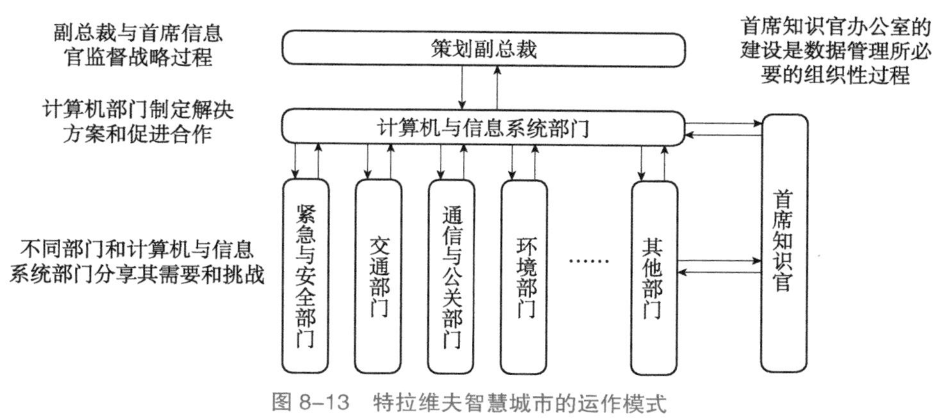

图 8-13　特拉维夫智慧城市的运作模式

5. 土耳其

土耳其的智慧城市项目数量少于美国和许多欧洲国家。资金有限、缺乏合格人力资源和全球信息系统基础设施是智慧城市建设的主要障碍。通过电子渠道和电子政务获取服务是已开始实现基础设施现代化的城市中最受欢迎的方式，但是在能源和水管理领域同样需要这样的智能应用程序。为了促进土耳其智慧城市的发展，环境和城市化部在地理空间信息学、规划和协调、应用和发展总局下设立了智慧城市和地理空间技术司。该部门制定了 2019～2022 年国家智慧城市战略和行动计划，并领导所有国家智慧城市应用，如城市信息系统软件和3D数据建模开发软件，希望最终被所有市政当局和中央政府组织采用（Bayar et al.，2020）。

（1）智能出行

许多土耳其城市正处于安装智能交通系统（intelligent traffic system，ITS）的早期阶段。交通和基础设施部在其2013～2023年行动计划中表示，所有城市将根据交通密度实施智能交通灯系统：绿波系统，汽车在遇到一个红灯后，在保持特定速度时通过随后的绿灯、数字交通标志和带有数字到达时间板的太阳能巴士站。相关的项目包括智能公交车站、在线交通密度图和安卡拉消防部门车辆在线跟踪系统。

（2）智能基础设施

土耳其地方市政当局在回收利用、水净化、废水处理、环境修复和固体废弃物管理方面发挥着重要作用。一些大型工业化城市的水务部门已经实施数据采集与监视控制系统来识别水损失和网络故障。土耳其在废弃物管理和回收方面基本符合欧洲立法，但是它缺乏源头分离回收。同时，进一步与欧盟标准保持一致可能会创造一个价值近960亿美元的环境基础设施和技术市场。

（3）机会

2021年，伊斯坦布尔成为继伊兹密尔和安卡拉之后第三个加入欧洲复兴开发银行绿色城市计划的土耳其城市，该计划确定、优先考虑城市的环境挑战，并将该计划与可持续基础设施投资和政策措施联系起来。为了支持建设一个更绿色、更可持续的伊斯坦布尔，欧洲复兴开发银行将为连接城市东西部的14 km新地铁线的建设提供财政支持。欧洲复兴开发银行和伊斯坦布尔还将共同努力，确定绿色基础设施优先领域的投资机会，包括城市更新、固体废弃物管理、废水处理、城市道路和照明、城市交通、公共建筑能源效率、可再生能源和电力基础设施能源效率。安卡拉仍处于同一计划的第一阶段。土耳其为伊兹密尔制定了第一个绿色城市行动计划，包括向伊兹密尔市政府提供1.05亿欧元的银团贷款，用于建设总长度为7.2 km的Fahrettin Altay-Narlidere地铁。

8.4.2 欧洲国家城镇智慧运维模式及特征

欧洲城镇智慧运维的范围主要覆盖社会、环境和经济三个主要领域，以城镇可持续发展和节能减排为重点，来实施城镇智慧化建设和运维。其发展特征是在保护城镇文化特色的前提下进行基础网络设施建设，以新兴的科技手段协同并统筹城镇各个系统与经济发展、城市管理和公共服务之间的业务协同与信息共享，并用智能化手段进行管理决策的预测为政府提供决策意见。

1. 德国

2013 年 4 月，德国政府提出"工业 4.0"战略，利用物联信息系统（cyber-physical system，CPS）将生产中的供应、制造和销售信息数据化、智慧化，以达到快速、有效、个人化的产品供应。目前，德国的智慧城市建设与生态城市建设相融合，融合了生态城市理念的智慧城市建设更注重可再生能源利用和能源效率提升。因此，德国在智慧城市的核心即互联网技术的基础上，将可再生能源利用作为主要目标，致力于设计一套可以整合城市中各类实体并且具有更高能源效率的综合建设方案。于是，城市公共信息基础设施建设受到德国政府的关注，因为通过这一建设可以充分利用城市运行中产生的各类数据、信息、知识、资源等，达到强化不同组织机构之间的业务协同，提高政府决策水平，提升对社会和产业服务的能力等目标。此外，德国为了更好地建设智慧城市，积极探索政府与企业合作的 PPP 模式，形成了运营模式多元化的特点，保证了智慧城市安全、高效、可持续运营。合作分为两种情况：一种是政府提出顶层设计，并通过财政补贴的方式引导企业进行相关研究，从中选出合适的合作者；另一种是借助大型公司，在试点城市利用推销大型公司的某种产品或服务的机遇，促进当地政府与企业的合作。

曾经的世界航空发动机研发心脏——柏林阿德勒斯霍夫（Adlershof）科技园改造项目是一个成功的案例。1993 年园区被德国联邦政府认定为开发区并推行孵化器战略，营造创新创业生态体系，形成了四大孵化器实体。在园区规划、开发和运营管理中，落实生态和智慧理念，将生态友好、绿色能源利用、绿色建筑、慢行交通系统、电动汽车和海绵城市等落实到园区实际建设中。阿德勒斯霍夫科技园注重园区开发与城市总体战略相结合、智慧产业发展与智慧园区建设相结合，打造产城融合和生态智慧型科技城区，已成为德国实施生态和智慧建设战略的重点示范，也为德国城镇未来发展模式提供了可复制、可推广的成功案例（Gilgarcia，2016）。

2. 英国

尽管城镇化水平已经很高，伦敦仍要面对人口和资源过度聚集带来的多方面挑战。英国通过私有公司合作的方式，建立大规模的物联网网络。在英国十大城市，包含伦敦、爱丁堡和利物浦等地架设低耗电网络，并串联停车场、烟雾警报器、手机等设备，通过此项举动来帮助政府推动公共服务和管理。伦敦生活实验室（London Living Lab）是智慧伦敦的建设实验之一。通过在海德公园、布里克斯顿和恩菲尔德三个地区部署传感器网络，对土壤、空气、水质、噪声、光污染和公众参与进行监测，经过数据获取和分析，对试点区域内的发展情况进行科学评估，将数据科学与设计科学相结合，以了解政府管理人员、公共服务部门、市民、游客等多个利益主体的各种应用场景，从而为改善区域的生活环境提供建议。

伦敦市政府通过以人为本的宗旨来建设智慧城市，其建设思维从技术优先转向注重对接公民需求，这种需求的满足从设施建设到人才培养，再到政策、法律建设均有表现。这一宗旨体现出公众利益在路线图中的重要性，从而促进了社会的公平正义。伦敦的智慧城市建设涉及多方面、多层次的工作。伦敦市政府在工作中也协同实施了多项战略，促进了城市建设的协同。伦敦市政府依靠网络化治理模式协调多方利益，统筹多方资源，使智慧城市建设工作的推进得到了有效的行政模式支撑。

8.4.3 非洲国家城镇智慧运维模式及特征

在共建“一带一路”倡议下，以“路”为代表的基础设施建设不断向非洲大陆延伸，有力地推动了非洲区域一体化进程和物流基础设施的逐步完善。非洲国家在智慧城市建设方面，更侧重于智慧城市网络通信和数字基础设施建立和维护，将智能设备嵌入建筑物道路的传感器中，以便收集数据，优化基础设施的交通、智能通信服务，改善公民的生活。

1. 卢旺达

卢旺达首都基加利市周围部署的LoRaWAN基础设施，作为诸多物联网应用的连接平台，为整个非洲地区的智慧城市项目提供蓝图。LoRaWAN网络由Inmarsat投资，由Inmarsat与工业物联网领域的低功耗广域网络行业领导企业Actility共同开发。该解决方案覆盖基加利全市，支持各行各业实现物联网应用的大规模开发与部署。企业家可通过中间件层轻松连接其前端物联网设备，这些应用可解决诸多城市需求问题，如交通、公用事业、健康及教育等。LoRaWAN网络的建设可实现多种物联网功能，包括环境监测，如在建筑物中部署传感器以监测空气质量；为智慧公交配备卫星互联网，从而为偏远社区提供无处不在的连接，该智慧公交由LoRaWAN提供支持，为所服务社区提供实时数据采集；制订提高作物产量、更好地管理水资源的精准农业计划。

2. 埃及

埃及的城镇智慧化运维是政府在重点实验城市或地区建立特定的工业或服务重点城市的形式，实验城市为不同类型的城市，如工业区、“斋月第十城”和“开罗的智慧村”等科技城市。埃及政府和私营部门投资者的“智慧村”项目可以被认为是从技术专业的角度应用智慧城市标准的成功模式，其提供基本的服务标准，如网络安全、高标准建筑、景观和其他设施。

努尔城（Noor City）是埃及独创性的标杆，也是Talaat Moustafa集团的一个成功项目案例。该项目是依靠本国技术和经验进行设计的智慧村社区，重新定义埃及的现代智能生活，也是埃及城市空间技术整合的转折点。

努尔城占地面积超过21 km^2，由几家国际设计公司（包括SWA、SASKI、Perkins Eastman和BCG）共同设计完成。从数字化工作空间到智能家居的实施，努尔城内每一个角落都建立在21世纪最新技术之上，旨在简化和保持舒适的生活。

由于大多数设施、交通和购物都可以通过移动应用程序访问，政府鼓励居民首次在埃及利用全市范围内的5G网络。努尔城的使命是利用支持5G的技术为城市建设与运行奠定基础，为埃及城镇发展提供巨大的飞跃，同时改善当代社区生活方式，将居民的健康和安全放在首位。努尔城提供根据个人喜好量身定制的各种住宅。从独立的别墅到联排别墅和宽敞的公寓，所有单元都配备了设备齐全的智能设施。场所内的所有设施都可以通过移动应用程序和智能手表进行控制。每个单元都附带智能物联网系统，以监控家庭的安全、健康和空气质量。

努尔城致力于可持续发展和可持续交通。凭借太阳能电池板，该市能够以很少或几乎没有碳排放的方式运行街道照明、电动自行车和电动汽车。城市构建智能排水管理和邻里循环系统，确保在消费过程中不浪费水，以此作为其循环经济的一部分，以确保废弃物得到有效利用，而不会损害居民居住的环境。该市的“智能区”概念确保个人无论身在努尔境内何处，都可以按需获得免费的互联网服务和交通服务。

8.5 小　　结

总体来看，受文化风俗、经济条件和技术积淀等因素的影响，丝路沿线国家和地区在建筑工程管理与城镇运维方面具有各自的特点：亚洲国家的工程管理重点在多方的协调与统筹管理，城镇运维则更加注重智能化和信息化的基础设施建设；欧洲国家的工程管理注重全生命周期问题，城镇运维则注重对信息互联的建设与强化；非洲地区的工程管理需要重点关注多工作、多阶段和多工种的系统化管理，城镇运维则注重统筹规划与相关基础设施的建设。

本章参考文献

阿努阿尔. 2015. 哈萨克斯坦交通运输管理体制研究 [D]. 大连：大连海事大学.

方雪双. 2017.《北哈萨克斯坦州公路重建项目招标文件》节选翻译报告 [D]. 呼和浩特：内蒙古师范大学.

玛迪娜（BEKMUKHAMBETOVA MADINA）. 2018. “一带一路”背景下哈萨克斯坦与中国交通运输合作研究 [D]. 武汉：武汉大学.

王晓璐. 2019. 非洲地区工程项目风险管理研究 [D]. 兰州：兰州交通大学.

谢兆琪. 2017.《西欧—中国西部国际公路运输走廊工程采购招标文件》翻译报告 [D]. 呼和浩特：内蒙古师范大学.

闫娜，李涛. 2017. 伊朗油气合同（IPC）及谈判关键点研究 [J]. 中外能源，22（8）：17-24.

周镇. 2017. 俄罗斯联邦莫斯科地铁工程预算编制体系研究 [J]. 价值工程，36（21）：71-73.

Meiirzhan T. 2020. 基于 GIS 的哈萨克斯坦铁路网扩张规律与规划研究 [D]. 兰州：兰州交通大学.

Merey Y. 2020. 哈萨克斯坦阿拉木图快速公交项目温室气体减排研究 [D]. 徐州：中国矿业大学.

Bayar D Y, Guven H, Badem H, et al. 2020. National smart cities strategy and action plan: the Turkey's smart cities approach[J]. The International Archives of the Photogrammetry, XLIV-4-W3-2020: 129-135.

Gilgarcia J R. 2016. Smarter as the New Urban Agenda: A Comprehensive View of the 21st Century City[M]. Berlin: Cham Springer International Publishing.